프로젝트 수행을 위한

디지털 전자회로

박문수 · 남채우 공저

도서출판 상학당

欲爲大者 當爲人役

크고자 하거든 남을 섬기리라

머리말

최근 반도체 소자기술의 발전과 회로설계기술의 고도화에 따라 정보화 사회에서 전자공학기술은 첨단산업의 핵심기술이 된 지 오래다.

디지털 전자기술은 전자공학의 한 분야가 아니고 컴퓨터와 데이터 통신의 급속한 발전과 더불어 IT 분야의 핵심기술로서 실용전자, 계측제어, 정보통신 분야 산업전반에 걸쳐 광범위하게 응용되고 있다.

디지털 전자기술에 광기술을 융합한 기술이 광전자기술이다. 광전자기술 및 광전자기술 제품은 통신, 정보처리, 정보저장, 정밀가공, 계측, 의료, 우주과학, 방위산업, 오락 등 다양한 산업 분야에 응용 또는 활용되고 있다. 최근의 광전자기술은 우리 인간생활에 없어서는 안 될 매우 중요한 기술 분야로서 광반도체는 친환경 저에너지 광원으로서 조명용 LED가 각광을 받고 있으며, 스마트폰, 광통신, 반도체 조명, 레이저, 열화상장치, 광센서, 디지털 광학기기, 첨단 디스플레이용 광원으로 그 응용 분야가 급속히 확산되고 있다.

디지털 전자회로는 수준 높은 광융합 전자기술을 습득하는 과정에서 기본이 되는 아날로그 및 디지털의 기초 지식과 기술을 응용하여 간단한 시스템을 설계 제작할 수 있는 능력을 갖도록 핵심 수행과제를 편성함으로써 창의력을 키울 수 있도록 하였다.

이 책의 1장에서는 창의성 개발 및 프로젝트의 개념과 운영방법에 관한 내용을 수록하여 창의적인 프로젝트를 수행할 수 있는 기틀을 마련하였고, 2장에서는 기초 전기전자 이론을 바탕으로 기본적인 전자기술을 습득할 수 있도록 물질의 저항, 전압, 전류의 개념을 알고 반도체, 기본 전기회로 및 측정기술 등 기초적 전자기술을 수록하여 초보자도 스스로 공부할 수 있게 편성하였다.

또한, 3장에서는 아날로그 회로의 이론을 바탕으로 실전에서 사용되는 실험과제를 편성하여 전자기술의 기본을 다지도록 하였으며, 4장은 중급 디지털 회로의 이론과 실전과제로 편성하여 학습자 개개인이 프로젝트를 수행하기 위한 기본적 지식과 기술을 습득할 수 있도록 하여 주어진 과제 수행이 끝난 후에는 학습자끼리 스스로 팀을 구성하여 관련 기술 분야 초급 시스템의 아이템을 만들고 설계 및 제작에 소요되는 모든 공정을 수행할 수 있도록 함으로써 팀별 프로젝트를 완수할 수 있도록 하였다.

이 책이 창의성이 요구되는 스마트 시대에 맞는 창의적 프로젝트의 목표를 달성할 수 있는 지침서로 활용될 수 있기를 기대한다.

저자 씀

차 례

Chapter 1

프로젝트 11

Chapter 2

전자기초 39

Chapter 3

아날로그 회로 123

Chapter 4

디지털 회로 207

chapter 1

프로젝트

1-1 창의성 개발
1-2 창의적 공학설계
1-3 제품개발
1-4 창의성 개발도구
1-5 프로젝트 수행

1-1 | 창의성 개발

(1) 창의성

창의성(Creativity)은 라틴어의 Creo(만들다)를 어근으로 하는 Creatio라는 말에서 유래되었으며, '무에서, 또는 기존의 자료에서 새로운 것을 발견하고, 새로운 것을 만들고 산출하는 것'을 뜻한다.

창의성(創意性)의 創(비로소 창)은 倉과 刀의 합성어인데, 倉은 곳집(곡식을 저장하는 창고)을 의미하며, 이를 새로 지으려면 나무를 칼(刀)로 다듬어서 새로 지어야 되기 때문에 '새롭게(처음으로) 시작하다'의 의미를 지니게 된다.

창의성은 새로운 것을 만들어 내거나 발견해 내는 능력으로 어떤 문제에 대한 새로운 해결안, 새로운 방법이나 고안, 새로운 예술적 대상이나 형태 등으로 구체화된다.

동기유발과 학습유인 분야에서의 심리학적 실험 결과에 따르면 새로운 것을 좋아하는 마음이 그것을 찾아내는 또는 발명해 내는 계기가 된다고 한다. 고등지능을 갖춘 생물의 경우 자신을 둘러싸고 있는 환경을 그대로 유지하려는 성향과 새로운 가능성을 실험하기 위해 기존의 균형상태를 깨뜨리려는 충동 사이의 긴장이 늘 존재한다.

창의적인 사람들의 심리를 연구한 결과에 따르면, 이러한 긴장은 지능과 직관, 의식과 무의식, 정신적 건강과 정신이상, 평범과 비범, 복잡과 단순 등의 양극(兩極) 형태로 존재한다.

일정 수준을 넘어서면 지능은 창의성과 큰 관계가 없어 보인다. 즉 대단히 지적인 사람이 반드시 대단히 창의적인 사람은 아니라는 뜻이다. 이 때문에 지능 중에서도 집중적 사고능력과 확산적 사고능력을 구분하게 되었다.

전자는 지능검사에서 분석적 추리능력을 나타내는 지표이고 후자는 사고의 다양성과 독창성을 나타낸다. 창의적 활동에는 이 양자가 모두 필요하지만 사람의 직업이나 하는 일의 종류에 따라 그 필요성의 정도가 달라진다(수학자는 집중적 사고능력을, 예술가는 확산적 사고능력을 더 필요로 하는 등의 예를 들 수 있음).

많은 창의적인 사람들은 무질서 · 모순 · 불균형 등에 강한 흥미를 보인다. 그들은 때로 불균형과 무질서가 하나의 재미있는 현상이라고까지 여긴다. 또한 창의적인 사람들은 심리적으로 불안정한 것 같은 인상을 주기도 한다.

그러나 미숙한 듯이 보이는 퍼스널리티가 실은 평균보다 더 넓은 경험의 폭과 행동양식을 외부적으로 드러내는 것일 수도 있다. 이런 사람들은 이례적일 정도로 깊고 넓고 탄력적인 자아의식을 갖고 있을 수도 있다. 그러나 여러 가지 심리연구에 의하면, 창의적인 사람은 여러 가지 문제에 대해 아주 민감한 감수성을 가진 지적 지도자의 경우가 많다는 것이 밝혀졌다. 또한 자신감과 자율성의 정도도 높다. 남을 압도하는 힘이 있으며 비교적 내적 갈등이나 구속 등을 받지 않는다.

지적 호기심의 범위가 대단히 넓으며 복잡하고 도전적인 일을 매우 좋아한다. 창의적인 사람들이 가끔 내놓는 기발한 생각은 동화(同化)에 대한 저항으로서, 이들은 동화에 의해 자신의 근본적이고 독창적인 성격이 포기된다고 생각한다. 이 때문에 평범한 도덕적 태도를 배격하기도 하지만 그렇다고 해서 도덕심 그 자체가 저하되는 것은 아니다.

현재 생존해 있는 창의적인 사람들과 과거의 창의적 천재들을 연구 · 조사한 결과, 창의성이 발동되는 과정에 대한 몇 가지 사실이 알려지게 되었다. 그 결과 창의적 과정 중 가장 중요한 요소는 독창성 또는 독특함이라는 것이 발견되었다.

(2) 창의성의 형태

1) 혁신(Innovation)

혁신적 창의성은 새로운 것(아이디어, 이론, 가설, 조직의 관리방법 등)을 만들어 내는 것을 말한다.

2) 종합(Synthesis)

여러 가지 원천으로부터 아이디어를 흡수하는 능력을 말한다. 종합자는 얼핏 보기에 상호 관련성이 없어 보이는 자료와 개념을 연결하여 유용한 아이디어나 산출물을 만들어 낸다.

3) 외연(Extension)

어떤 사람의 기본적인 혁신을 취하여 그 이용도를 넓히는 것을 말한다. 대부분의 연구발전은 이미 이루어 놓은 업적을 바탕으로 그 활용도를 확대한 것이다.

4) 복사(Duplication)

다른 사람의 성공을 그대로 본떠서 흉내 내는 것을 말한다. 이는 창의적이 아닌 것 같으나 조직에 새로운 것을 가져다준다.

(3) 창의성 개발과정의 유형

1) 이론적 사고

주어진 문제에 대하여 논리적 가설이나 이론을 가지고 접근하여 검사, 검증함으로써 해결방안을 이끌어 내는 과정을 말한다. 논리적 사고에는 연역법과 귀납법이 있다.

2) 아이디어 연결

주어진 문제와 관련이 있을 것 같은 여러 아이디어나 다양한 정보들을 연결시켜 보고 그중에서 유용한 방안을 찾는 것을 말한다. 교육은 구성원의 지식을 증대시켜 연결 가능성을 높이고, 경험은 연결방법을 찾는 창의성을 증대시킬 수 있다.

3) 문제해결 훈련

창의성을 자극하고 창의성을 개발하는 데 가장 널리 이용되고 있는 방법이다. 이 방법은 다음 순으로 진행된다.

① 현상파악
② 문제점 확인
③ 선택 가능한 해결 대체안의 검토
④ 최적 해결방안 선정
⑤ 선택된 해결방안의 실행

4) 자유연상(Free Association)

기존의 논리나 습관의 제약을 벗어나서 자유분방하게 아이디어가 흘러나올 수 있도록 하는 비합리적 · 무의식적 사고의 가치를 중요시하는 방법이다. 확인 가능한 의식의 세계보다 비중이 훨씬 더 큰 무의식의 세계를 중요시하여 개발하려는 것이다.

(4) 창의성 촉진방안과 저해요인

1) 창의성 촉진방안

조직구성원의 창의성을 촉진하기 위해서는 명확한 목표와 기한의 설정, 적절한 보상, 의사결정권의 이양과 임파워먼트를 통하여 자율성을 주어야 한다. 나아가 조직문화가 실패에도 관용할 수 있는 개방적이고 유연하며 자유분방하고 후원적인 분위기일 때 창의성이 촉진된다.

2) 창의성 저해요인

실패에 대한 불안과 공포, 평가에 대한 두려움, 방어성향 등은 창의적 행위의 저해요인이 된다. 권위적이고 억압적인 조직분위기, 예측할 수 없는 환경, 집권화된 조직구조, 공식화된 규범과 엄격한 위계질서 등은 창의성을 위축시킨다.

1-2 | 창의적 공학설계

창의적 공학설계란 기존과 다른 창조적인 제품설계방법을 가르치는 목적을 가지고 있다. 그러므로 새로운 설계개념을 생성, 발전, 실현시키는 여러 가지 방법을 주로 다루게 된다. 하지만 교과 제목 그대로 이해하고 수업을 진행하는 데는 몇 가지 문제가 있다.

특히 특정 제품의 설계보다는 제품의 효율적 개발이나 경영적 관점에서 접근하는 산업공학으로서는 단순히 새로운 제품설계방법을 배운다는 것에 대하여 몇 가지 고려할 점이 있다.

① 처음 공학에 입문하는 학생들을 위한 과목으로서 특정 설계방법 이전에 전체 설계 프로세스 혹은 제품개발 프로세스를 경험하고 이해하는 것이 우선되어야 한다. 특히 산업공학에서는 제품의 특정 형상이나 기능 구현에 대한 물리적인 설계보다는 요구사항 도출, 상품기획, 프로젝트 관리, 품질관리, 그리고 제품정보 관리 등의 제품개발 전체에 대한 이해를 바탕으로 참여하는 역할이 주를 이루므

로 전체 제품개발과정에 대한 이해가 필수적이다. 이는 나무를 보고 숲을 보지 못하는 오류를 방지해 준다.

② 공학설계에 대한 기본적인 기법이 우선 교육되어야 한다. '창의적 공학설계' 에서 앞의 '창의적' 이라는 단어보다는 '공학설계' 가 보다 근본적이고 중요하다. 즉 창의적이지만 공학적이지 않다면 의미가 없는 것이다. 그러므로 산업공학에서 기본적으로 제품개발에 적용해야 할 기법들이 먼저 교육되어야 할 것이다.

③ '창의적' 이라는 용어의 재해석이 필요하다. 창의적과 공학설계는 한마디로 제품혁신(Product Innovation)으로 재해석할 수 있다. 제품혁신이란 독창적인 개념을 기존과 다른 구현방법으로 시장에서 성공시키는 활동을 뜻한다. 창의적 공학설계보다는 매우 확대된 개념이며, 제품개발기업 입장에서 꼭 필요한 활동이다. 특히 기존의 산업공학은 제품개발의 비용, 시간, 품질이라는 가치를 제품개발 프로세스 상에서 관리하고 확대하려고 노력하였다. 이제 기존의 가치에 제품혁신이라는 가치를 하나 더 확대하여 전체 제품개발 프로세스를 통하여 제품혁신을 관리하고 확대하여야 한다.

④ 앞에서 설명한 문제점들을 고려하여 '산업공학도를 위한 창의적 공학설계' 에서는 기계나 전자에서의 좁은 의미의 물리적 제품 기능설계 범위를 확대하여 산업공학에서 필요한 제품개발 프로세스를 소개하고 제품개발 프로세스 상에서 적용될 수 있는 산업공학적 기법들을 다룬다. 아울러 제품설계에서 다루는 창의적 설계의 범위를 확대하여 제품혁신을 소개한다.

⑤ 산업공학도를 위한 창의적 공학설계는 다음과 같은 목적을 가진다.

- 제품개발 프로세스를 이해한다.
- 제품개발 프로세스에서 사용되는 산업공학적 관리기법을 이해한다.
- 제품혁신의 의미를 이해한다.
- 제품혁신방법을 이해한다.
- 제품개발 프로세스에서 제품혁신 적용방법을 이해한다.

1-3 | 제품개발

제품(Product)이란 원료를 사용하여 만든 물건을 뜻하며, 제품개발(Product Development)이란 새로운 물건이나 서비스를 시장에 출시하기까지의 준비 프로세스를 뜻한다. 제품개발은 문명화된 인간의 역사와 같이한다. 제품개발을 발전 순으로 분류하면 원시제품 개발, 수공상품 개발, 대량생산제품 개발, 대량 맞춤생산제품 개발과 같이 4단계로 나눌 수 있다.

(1) 원시제품 개발

원시제품은 주로 스스로 사용하기 위하여 수공으로 만들어졌다. 원시 농기구나 무기를 예로 들 수 있다. 원시제품 개발에서는 명시적인 치수나 형상을 포함한 제품설계가 존재하지 않으며 개인의 경험과 생산조건에 의하여 생산 시 사양이 결정되었다. 제품사양이 미리 정해져 있지 않았기 때문에 생산 시 분업이 제한되었다.

수공상품 개발은 교역이 발전하여 팔기 위한 제품개발이 이루어졌다. 예로 고려자기의 경우 도공이 사용하기 위하여 만들어진 것이 아니라 판매하기 위하여 대량으로 만들어졌다. 하지만 기술 및 에너지원의 부재로 수공으로 작업이 이루어졌다. 수공상품 설계도 역시 경험에 의하여 암시적으로 정해졌으나, 제품의 대체적 형상과 특징은 미리 정해졌다. 대량생산을 위하여 분업이 도입되었다.

(2) 대량생산제품 개발

근대 산업화에 의한 기계 및 에너지 기술의 발달은 대량생산을 위한 제품개발을 가능하게 하였다. 이는 생산의 효율화와 규모의 경제를 달성하기 위하여 단순한 사양의 제품을 대량으로 생산하여 값싸게 공급하는 것을 목적으로 하였다. 예로 포드 자동차 모델 T의 경우 효율적인 대량생산을 위하여 모든 차의 색을 검정색 하나로 통일하였다.

대량 맞춤생산제품 개발은 산업사회가 성숙하면서, 많은 제품공급자들이 시장에서 경쟁하게 되었다. 이 경쟁에서 생존하기 위하여 기업은 다양한 고객요구를 만족시키는 다양한 종류의 제품을 값싸게 개발해야만 한다. 많은 종류의 제품을 경제적으로 제공하기 위하여 제품개발 시 가능하면 많은 부품 모듈을 공유하여 다양한 종류의 제품을 조합할 수 있도록 하는 제품구성(Product Configuration)을 중시하는 개발방법이다.

(3) 현대 제품개발과 설계

현대적 의미에서 제품개발은 위에서 설명한 제품개발 역사의 네 단계 중 후반 두 단계인 대량생산과 대량 맞춤생산을 만족시키는 새로운 물건이나 서비스를 만들어 내는 활동을 뜻한다.

1) 맞춤생산

대량생산은 제품을 정의(설계)하는 설계자와 제품을 만드는 생산자 그리고 제품이 판매된 후에 유지보수를 지원하는 고객서비스 담당자를 분리시켰다. 그러므로 더 이상 암시적이거나 묵시적인 제품정의(설계)로서 대규모 생산부서에 설계정보를 전달할 수 없다. 설계자는 표준화되고 객관적인 제품정의방법을 채택하였으며, 이것이 우리가 보는 표준화된 도면, 부품 리스트, 제품구조를 표현한 Bill Of Materials(BOM) 등이다(BOM이란 제품을 구성하는 부품을 목록화한 것이다). 또한 설계에도 분업이 일어나 제품생산방법을 정의하는 공정설계자와 고객서비스 부품과 방법을 정의하는 서비스부품기획자(Service Part Planner)가 생기게 되었다.

대량 맞춤생산은 제품개발에 제품구성(Product Configuration) 개념과 이에 관련된 활동들이 제품개발단계에 추가되도록 하였다.

2) 제품설계

제품에 관한 명세(Product Specification)로서 여러 가지 다른 관점이 있을 수 있다. 이 책에서는 제품설계는 새로운 제품을 고안하고 이를 생산할 수 있도록 다른 제품개발 담당자와 의사교환(Communication)하는 활동으로 정의한다. 이 정의에서 설계자는 과학이론과 기술을 이용하여 제품을 고안하고 이를 생산과 고객서비스를 포함한 제품개발의 다른 사람들에게 전달하여야 한다. 이 전달은 서술이나 자의적 전달을 사용할 수 없으므로 객관적이고 표준적인 방법을 사용한다. 요즈음 이 의사교환에 컴퓨터를 이용하여 생성한 전자매체를 많이 사용한다.

설계 = 요구되는 제품이나 서비스를 고안 + 제품정의를 생산과 고객서비스에 전달

(4) 제품개발의 목적

일반적으로 제품개발에 관련된 모든 개선 혹은 혁신 활동은 제품의 품질, 비용, 그리고 시간의 3가지 요소(Quality, Cost, Delivery ; QCD)를 개선하는 데 목표를 둔다.

① 보다 복잡하고 신뢰도 높은 제품을 오류 없이 개발함으로써 신제품 품질 향상
② 신기술 및 신소재 도입, 시작품 감소, 오류 방지로 신제품 개발비용 감소
③ 제품개발시간 단축으로 개발비용을 감소시키고 시장 점유율 상승

최근에 경쟁이 세계화됨에 따라 차별화된 제품과 서비스를 제공해야 하는 제품혁신(Product Innovation)이 제품개발의 목표로 떠오르고 있다.

(5) 40가지 발명원리(40 Principles) : 인간이 가지고 있는 사고의 틀

① 분할(Segmentation)
② 추출(Extraction)
③ 국부적 성질(Local Quality)
④ 비대칭(Asymmetric)
⑤ 통합(Consolidation)
⑥ 범용성(Universality)
⑦ 포개기(Nesting)
⑧ 평형추(Counterweight)
⑨ 선행 반대조치(Prior Counteraction)
⑩ 선행조치(Prior Action)
⑪ 사전 예방(Compensation)
⑫ 높이 맞추기(Equipotentiality)
⑬ 역발상(Do It Reverse)
⑭ 구형화(Spheroidality)
⑮ 역동성(Dynamicity)
⑯ 과부족 조치(Excess or Shortage)
⑰ 차원 바꾸기(Dimension Change)
⑱ 기계적 진동(Vibration)

⑲ 주기적 작용(Periodic Action)
⑳ 유용한 작용의 지속(Continuity of Useful Action)
㉑ 고속 처리(Rushing Through)
㉒ 해로움을 이로움으로(Convert Harmful to Useful)
㉓ 피드백(Feedback)
㉔ 매개체(Mediator)
㉕ 셀프서비스(Self-service)
㉖ 모방(Copying)
㉗ 일회용품(Cheap Short Life)
㉘ 기계적 시스템의 대체(Replacement of Mech. Sys.)
㉙ 공기 및 유압의 활용(Pneumatic or Hydraulic)
㉚ 유연한 박막(Flexible Membranes)
㉛ 다공성의 재료(Porous Materials)
㉜ 색깔 변경(Color Changing)
㉝ 동질성(Homogeneity)
㉞ 폐기 또는 재생(Rejection and Regeneration)
㉟ 속성 변환(Properties Change)
㊱ 상전이(Phase Transition)
㊲ 열팽창(Thermal Expansion)
㊳ 산화 가속(Oxidant)
㊴ 불활성 환경(Inert Environment)
㊵ 복합재료(Composite Materials)

1-4 | 창의성 개발도구

세계적으로 창의적 문제해결력을 높이는 교육이 널리 퍼지고 있다. 지금까지 널리 쓰이는 교육방법은 창의적 사고의 기술을 의미 있게 구조화해 놓은 '사고기법'을 배워서 활용하게 하는 것이다. '두뇌 폭풍'이라 불리는 브레인스토밍 기법이 가장 대중적인 사례다.

(1) 결점 열거법

아이디어를 내는 것은 현재의 상태에 문제가 있기 때문이다. 문제가 있다는 것은 본질적으로는 어떤 결점이 있다는 것이다. 특성 열거법에서 세분하여 아이디어를 낼 때에도 결국은 좋은 특성의 방법으로 변경시키기 위한 아이디어를 내고 있는 데 불과하다. 때문에 의식적으로나 무의식적으로나 어떠한 결점을 알고 있다는 것이다. 여기에서 결점을 알게 되면 그 결점을 제거하기 위해 어떻게 하면 좋은가 라고 하는 극히 아이디어가 나오기 쉬운 상태로 되기 때문에 토론자가 모여서 제품의 조그마한 흠이라도 열거하면서 가능한 한 많은 단점을 찾아낸다.

그러나 결점 열거법은 문제점을 파악하는 방법으로는 소극적이다. 즉 현재의 결점을 바꾸는 것뿐이므로 본질적으로 원형에서 분리해 나가는 것이 대단히 어렵다.

(2) 희망점 열거법

어떤 일이나 사물이 어떻게 바뀌었으면 좋겠다는 희망사항을 열거함으로써 개선점을 찾아내는 방법이다. 결점 열거법에 비하여 희망점 열거법은 적극적인 의미를 가지고 있다. 적극적으로 희망점을 발언시켜 보면 단순한 결점의 이면 이상의 아이디어가 나온다. 원래 위대한 아이디어는 적극적인 꿈으로부터 나오는 경우가 많다.

(3) 특성 열거법

이 방법은 문제를 넓은 부분에서 좁은 부분으로 나누어 생각하는 기법으로 특정한 좁은 부분을 명확히 밝히는 것이 문제를 해결하는 지름길이 되는 경우가 많다.

어떤 물건을 개선하기 위해 아이디어를 얻고 싶을 때 우선 그 물건이 가지고 있는 특성을 열거하여 거기서 어떤 문제점 발견의 힌트를 얻고자 하는 기법이다. 물건의 문제를 분석하는 데 사용하면 편리하고 이것을 터득하고 있으면 아이디어에서 막혔을 때 또는 아이디어가 편중되었을 때 나오지 않는 아이디어를 인출할 수가 있다.

특성은 어떠한 물건에도 있으나, 크게 나누면 다음 3가지로 분류할 수 있다.

① 명사적 특성(물질, 전체, 부분, 재료, 제조방법, 물리적 특성)
② 형용사적 특성(성질, 크기, 모양, 색, 맛, 무게)
③ 동사적 특성(그 물건이 갖고 있는 기능, 작용)

(4) 브레인스토밍 기법

문제해결 상황이 있을 때 주관자는 사람들을 모아 주제에 대해 자유롭게 말하도록 한다. 다른 이의 제안에 대한 비판과 평가는 하지 못하도록 한다. 무조건 많은 아이디어를 내게 하는 것이다. 주제에 대한 전문성도 필수요건이 아니다. 주관자는 이 가운데 좋은 아이디어를 골라낸다. 이런 과정을 통해 가치 없었던 아이디어가 좋은 아이디어로 발전한다. 아이디어의 양이 많아지면 그 가운데 질적으로 좋은 아이디어가 나타날 가능성이 더 크다는 게 이 기법이 전제하는 중심원리다.

브레인스토밍의 이런 가정과 활용 상황이 주거지를 옮기면서 생활한 유목민의 전통에 기반을 두고 있다고 믿는다. 유목민들은 항상 새로운 곳으로 이동한다. 경험하지 못한 새 문제에 부닥칠 가능성이 그만큼 크다. 이들이 갖춰야 할 생존무기는 어떤 상황에서도 바로 쓸 수 있는 기술, 즉 기법이었을 것이다.

그러나 이제 사회구조가 바뀌었다. 한 장소에 정착해서 사는 사람들은 새로운 것을 자주 접하지 않기 때문에 교육내용도 달라져야 한다. 이들은 과거의 역사에서 문제해결의 모든 상황을 추출해 이들 문제를 유형화한다. 문제해결을 위한 사고의 특성을 찾아내기 위해서다. 사고의 특성은 '생각의 틀', 즉 인지구조다. 이제는 생각의 틀을 창의적 문제해결에 요구되는 창의적 사고의 틀로 바꾸면 된다.

창의적 문제해결에 요구되는 창의적 사고의 특성들을 '창의성의 틀'로 유목화하고, 다음과 같은 공식으로 정리할 수 있다.

$C=f(DESK)$
여기서 C : 창의성, D : 성향(태도), E : 경험, S : 기능, K : 지식

먼저 창의적 성향 또는 태도는 창의적 사고가 발현되기 위해 개인에게 필요한 정의적 · 태도적 특성이다. 창의적인 아이디어를 실현하려면 이전의 믿음, 기존의 지식, 다른 이들과의 의견충돌을 피할 수 없는 경우가 생기는데 이를 이겨내는 용기, 다른 사람의 아이디어를 비판하기보다는 자신의 독창적인 사고를 해내려고 노력하는 태도, 항상 새로운 것을 추구하는 진취적인 자세 등이 있다.

경험 역시 창의적 사고력을 길러주는 데 필수요소다. 교사가 주도하는 창의적 사고 수업, 친구들과의 창의적 놀이 등 창의적 사고를 자극하는 경험들을 되도록 많이 하는 게 중요하다. 또 자신의 과거경험을 존중하는 것이 무엇보다 중요한데 여기에는 유쾌한 경험뿐 아니라 부끄러운 것까지 포함된다.

기능은 창의적 사고 능력을 연마하면서 길러진다. 서로 다른 것처럼 보이는 둘 이상의 대상을 하나로 연결하는 연합 능력, 아이디어를 더 많이 산출해 내는 유창한 사고 능력, 통상적으로는 구획이 확고해서 넘나들기 어려운 영역들을 쉽게 넘나들면서 사고하는 융통성 있는 사고 능력, 대체적으로 떠오른 설익은 아이디어를 정교화하는 능력 등이 여기에 속한다.

창의적으로 되려면 관련 지식을 많이 접하게 할 필요가 있다. 창의적으로 사고하는 이들의 사고과정을 정리한 자료, 인간의 사고에 대한 여러 이론 등이 그것이다.

창의적으로 문제를 해결하려는 이들은 먼저 사고하는 방법을 배울 것이 아니라 자신의 사고의 틀을 창의적으로 바꿔야 한다. 사고의 기본 틀이 창의적으로 바뀐 사람은 그 어떤 문제 상황에서도 창의적으로 접근하고 해결할 것이다.

(5) TRIZ(창의적 문제해결 이론)

Teoriya Resheniya Izobretatelskih Zadach (러시아어)
↓ ↓ ↓ ↓
Theory Solving Invention Problem
Theory of Invention Problem Solving (영어)

기술의 발전과 성공적인 문제해결 사례로부터 공통의 방법론을 추출하여 정립한 과학적이고 창의적인 문제해결 이론, 쉽게 말해서 인간이 문제해결을 할 때 하는 공통적인 생각을 정리한 것이다.

TRIZ의 핵심 3대 개념은 TRIZ의 근간을 이루는 기본 개념들로 창의적 사고를 위해 꼭 필요한 TRIZ만의 독특한 핵심 사상이다.

1) IFR(이상해결책)

원하는 목표를 설정한다. 이상적 목표설정을 통하여 고정관념과 심리적 관성에서 탈출하고 정확한 목표설정을 통하여 시행착오를 최소화한다.

2) 모 순

TRIZ 문제는 적어도 하나 이상의 모순을 포함하며 다음 2가지 모순이 있다.

① 기술적 모순(Technical Contradiction) : 서로 다른 특성들 간의 상호 배타적 관계

② 물리적 모순(Physical Contradiction) : 하나의 변수가 서로 다른 값을 동시에 가져야 하는 것

〈모순의 예〉 화승총

- 재장전의 시간을 줄이기 위해서 총신의 길이는 짧아야 한다.
- 사격의 정확도, 사거리를 높이기 위해서는 총신이 길어야 한다.

3) 자 원

자원이란 문제를 해결하기 위하여 사용할 수 있는 모든 것으로 TRIZ는 문제와 관련된 모든 것을 문제해결을 위한 자원으로 변환시키는 사고법이다. 해결도구로서 모순을 일으키는 요소를 제거한다.

(6) GM사법

미국의 GM사가 개발한 방법으로 현장에 근무하는 종업원들에게 10개 항목의 사고를 하는 데 필요한 다음과 같은 체크리스트를 카드로 만들어서 배포하고 항상 휴대하도록 하여, 작업장에서 기계장치와 작업방법을 개선하도록 하고 있다.

① 작업의 능률을 좋게 하기 위하여 무엇인가 적당한 기계를 이용할 수는 없는가?

② 현재 사용하고 있는 설비에 개량의 여지는 없는가?

③ 슬라이드 컨베이어 등과 같은 운반장치의 위치와 순서를 바꿈으로써 작업을 개선할 수는 없는가?

④ 작업을 동시화하기 위하여 무엇인가 특별한 공구나 도구를 이용할 수는 없는가?

⑤ 작업의 순서를 바꿈으로써 부품의 품질을 개선할 수 없는가?

⑥ 현재 사용하고 있는 것보다 값싼 재료로 대용할 수 없는가?

⑦ 재료의 절단법과 절삭법을 바꿔서 더욱 경제적으로 재료를 활용할 수 없는가?

⑧ 더욱 안전하게 작업할 수 없는가?

⑨ 현재의 작업공정을 가장 간단하게 할 수 없는가?

1-5 | 프로젝트 수행

(1) 프로젝트

프로젝트(Project)는 어떤 목표를 달성하기 위한 계획을 말한다. 여기서 목표는 개인적 목표 또는 단기간의 목표보다는, 비교적 오랜 기간에 걸친 조직적인 목표를 주로 의미한다. 또 그 계획을 실현하기 위한 일의 진행과정까지를 포함하여 일컫는 경우도 있다.

프로젝트는 독특하고 잘 정의된 생성물 또는 결과를 만들어내기 위해 수행되는 일시적인 노력으로서, 시간, 예산, 수행요구물(Performance Requirements)로 구체화된다. 즉, 구체적이며 활용 가능한 최종 제품을 만드는 것을 목표로 주어진 과제를 뜻한다. 작품의 제작을 위해서는 그에 필요한 모든 관련 지식과 기능을 숙지할 것이 필요하다.

(2) 프로젝트 관리

프로젝트 관리(Project Management)는 프로젝트의 성공적인 완성을 목표로 움직이는 활동을 말한다. 여기에는 프로젝트를 구성하는 각각의 활동계획 입안, 일정표 작성 및 진척관리를 포함한다.

1) 프로젝트 관리에 포함되는 활동기획

① 위험(risk) 측정
② 이용 가능한 자원의 산정
③ 작업분류 체계(Work Breakdown Structure : WBS)의 작성
④ 필요한 인적·물적 자원 확보
⑤ 비용산정
⑥ 팀원에의 작업 할당
⑦ 진척관리

⑧ 목적에 따른 결과가 도출되게끔 작업의 방향성을 유지
⑨ 달성한 결과를 분석

2) 프로젝트 관리의 목적

프로젝트 관리의 개념이 확립되기 이전에 프로젝트 진행은 경험이 많은 사원 스스로의 감과 같이 진행자의 개성에 의존하는 부분이 많았다. 프로젝트 관리 방법을 사용하는 것으로 기술의 전달이나 표준화가 가능하게 되어 프로젝트 성과가 보다 높아지게 되었다. 간트 차트 등을 포함하는 프로젝트 관리 제품을 이용하는 것으로 효율적인 업무수행이 가능하게 되었다.

(3) 유명한 프로젝트

① 맨해튼 계획(Manhattan Project) : 제2차 세계대전 기간 동안 미국이 영국과 캐나다의 협조 아래 수행한 인류 최초의 핵무기 개발 계획
② 인간 게놈 프로젝트(Human Genome Project, HGP) : 2005년까지 인간 게놈에 있는 약 30억 개의 뉴클레오티드 염기쌍의 서열을 밝히는 것을 목적으로 한 프로젝트
③ 아폴로 계획(Project Apollo) : 1961년부터 1972년까지 미국항공우주국에 의해 이루어진 일련의 유인 우주비행탐사 계획

(4) 프로젝트 학습

교수자가 주도적으로 진행하는 전통적 교실수업과 이에 따른 평가에서는 학습자들의 대립이 조장되고 집단의 소수만이 목표를 달성하는 구조가 되기 쉽다. 이러한 문제점을 극복하기 위하여 '개별화 학습'을 시도하기도 하지만 우리 현실에서와 같은 다인수 학급에서는 적용하는 데 어려움이 많다.

1) 소그룹 협동학습의 배경

최근 교실을 '복잡한 사회 체계'로 간주하는 연구들이 활발하게 진행되고 있는데, 사회 체계로서 교실의 구성요소를 교실, 학습과제, 교수자의 수업 방식, 의사소통 및

학습자의 사회적 · 학문적 행동 등으로 보고 이에 걸맞은 수업 유형의 개발을 시도하고 있다. 이러한 시도는 문제기반학습이나 상황학습, 실제적 과제의 선택 등 구성주의적 학습이론을 기반으로 하고 있으며 학습자를 교실환경 내에서 능동적인 참여자로 간주하는 한편, 소그룹 협동학습에 관한 연구와 실험으로 이어지고 있다.

2) 소그룹 협동학습의 개념

소그룹 협동학습은 학습자가 교실환경 내에서 동료 간 상호작용을 전제로 하는 학습 형태이다. 이러한 형태의 수업에서는 학습자 서로에 대한 태도와 책임감, 타인에 대한 존경심을 바탕으로 학습이 진행된다. 학습능력이 각기 다른 학습자들이 동일한 학습목표를 향하여 소그룹 내에서 함께 활동하는 학습 방식(Slavin, 1983)이기도 하다. 웹기반수업에서 극복해야 할 점 중의 하나가 '정보획득의 불균형 현상' 인데 이러한 현상을 극복하기 위한 대안으로도 적극적으로 검토되고 있기도 하다.

전체는 개인을 위하여(All For One), 개인은 전체를 위하여(One For All)라는 슬로건은 집단 내에서 학습자들이 공동의 목표를 성취하기 위하여 어떻게 협력해야 할지를 암시하고 있다. Cohen(1994)은 소그룹 협동학습을 일컬어 모든 학습자가 명확하게 할당된 공동과제에 참여할 수 있는 소그룹에서 함께 하는 학습이라 하였다. 이러한 소그룹 협동학습의 유형으로는 다음과 같은 것들이 있다.

① Jigsaw I, II 모형
② 성취과제 분담 학습
③ 팀 경쟁 학습
④ 팀 보조 개별 학습
⑤ 집단조사 학습
⑥ 어깨동무 학습

3) 프로젝트 학습에서 팀의 구성

소그룹 크기는 2~6명이 적당하다. 7명 이상의 경우에는 수동적이거나 소외되는 학습자가 발생할 수 있기 때문이다. 학습시간이 적을 때에는 소그룹 크기를 작게 하는 것이 좋고 학업성취 면에서 학습의 구성원을 이질적으로 하는 것이 유리하다. 아울러 단순하게 집단을 나누는 것보다는 정확한 역할을 부여하는 것이 독점하거나 소외되는 학습자를 최소화할 수 있다.

팀에서 학습자 역할 분담의 예를 들어 보면 다음과 같다.

① 요약, 점검자 : 소그룹 학생들의 학습과제 이해 정도를 점검
② 연구 · 정보 조달자 : 필요한 교재의 조달 및 다른 소그룹, 교수자와 의사소통
③ 기록자 : 소그룹의 결론, 결정을 기록하고 정리
④ 격려자 : 소그룹 구성원의 공헌에 격려하기
⑤ 관찰자 : 소그룹이 서로 어떻게 협력하는지를 관찰하고 협동을 유지

(5) 프로젝트 수행의 단계별 절차

1) 기획준비단계

① 과제분석

과제분석(Analyzing Assignment) 과정은 영업단계에서 고객에게 요청한 PP를 바탕으로 고객의 요구(Needs)를 정확히 파악하고 시장현황, 제반 사항과 요구되는 비즈니스 전략에 맞추어 주어진 과제를 포괄적으로 이해하여 향후 올바른 기획과정에 반영될 수 있도록 한다.

② 일정계획(PSS : Project Schedule Sheet)

일정계획에는 크게 작업 스케줄과 인력체제의 편성, 그리고 개발비 등의 비용관리 계획 등을 포함시킬 수 있다. 이 일정계획 요소 중 작업 스케줄의 작성과 자원관리(인력체제의 편성)는 필수적으로 계획되어야 하는 요소이다. 정확한 예측에 의해 계획된 일정은 지정된 형식의 PSS를 통해 고객과 사내에 보고되어야 한다.

2) 시나리오 기획 단계

① 아이디어 회의(IMP : Idea Meeting for Production)

기본적인 과제분석이 끝나고 프로젝트 진행 일정이 계획된 후에는 프로젝트를 보다 효과적으로 수행하고 창의적인 작업물을 얻기 위하여 구체적인 아이디어 회의에 들어가야 한다.

이 단계에서는 프로젝트로 구성된 인원 전체가 충분한 시간을 들여 아이디어 회의를 진행한다.

② 시나리오의 구상 (Sketch of Site Scenario)

아이디어 회의가 어느 정도 수행된 후에는 차후 구체적인 기획서를 제작하기 위한 사이트 시나리오(혹은 프로그램 시나리오) 구상작업을 진행한다. 이 작업을 통해서는 전체 프로젝트의 뼈대라고 할 수 있는 개괄적인 내용들을 충분한 논의를 통해 인원 모두에게 명확히 이해시킬 수 있어야 한다.

③ 시나리오 리뷰

시나리오의 구상 이후 프로젝트 팀원들과 함께 리뷰(Review)를 가진다. 시나리오 리뷰는 기획구현단계에 필요한 자료확보가 충분히 되었는지, 아이디어와 시나리오에 관한 내용을 검토, 토론, 확인한다.

3) 기획구현단계

기획구현단계에서는 기획서, 자료수집 및 코드화 분류표, 스토리보드, 플로차트를 준비한다.

① 기획서

고객정보, 프로젝트 이름, 작성자, 날짜, 본 프로젝트의 목적, 프로젝트의 요약, 타깃 관중, 아이디어 요약을 담은 기획서를 준비하며 다음의 나열된 과정에서 도출된 결과물을 첨부한다.

② 자료수집 및 코드화(GPD : Gathering Project Data)

대략적인 프로젝트의 구성내용들을 도출해 낸 후에는 프로젝트 진행을 위한 관련 자료 수집과 수집한 자료를 일목요연하게 데이터베이스화하는 작업과 향후 작업의 결과 생성되는 결과물을 코드화할 작업이 시작되어야 한다.

모든 메뉴명과 매체별 파일명을 일관된 체제와 기호로 정의하는 것을 자료의 코드화라 하는데 이런 코드화 작업을 각 과정별 담당자들이 일관되게 수행함으로써 제작단계별 자료관리와 의사전달에 큰 도움을 줄 수 있다.

이러한 코드는 일정한 룰과 형식을 갖추고 만들어지며 팀원들이 이해하기 좋고 혼란을 주지 않는 약칭으로 표현되어야 한다.

③ 플로차트

플로차트(Flow Chart)란 웹사이트의 전체적인 뼈대를 제공하는 흐름도로 웹사이트에 접속하여 어떠한 과정을 거쳐 사이트를 내비게이션하게 되는 것인가를 한눈에 알 수 있게 로직으로 표현한다.

플로차트는 스토리보드가 제작과정상의 분업을 관리하고 효율적으로 진행하기 위한 작업지침서라면 이러한 스토리보드의 핵심 대화내용이라고 할 수 있다. 그러므로 개발에 참여하는 모든 제작진은 기본으로 플로차트를 이해하고 작성하는 법을 알고 있어야 하며 작성자는 정해진 표준에 따라 작성하여 누구라도 이해할 수 있도록 해야 한다.

[그림 1-1]은 일반적인 기능성 플로차트의 표현요소들을 나타낸다.

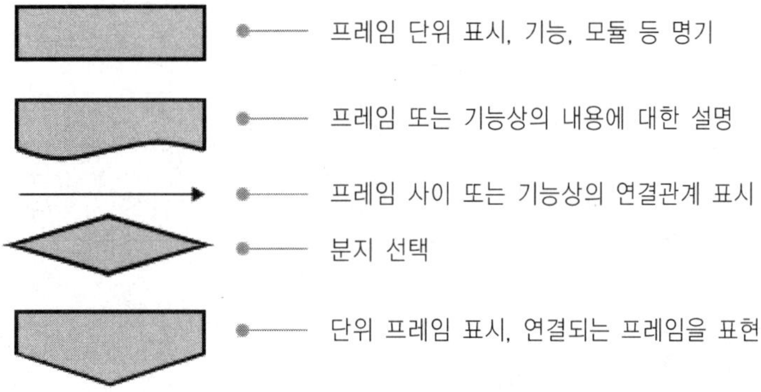

[그림 1-1] 플로차트의 표현요소

④ 스토리보드 (Storyboard : SB)

스토리보드는 웹사이트 개발의 설계도이며 구체적인 작업지침서이다. 즉 웹사이트 설계 단계의 최종 목표를 달성하기 위한 내용을 컴퓨터 화면상에 맞도록 종이 위에 구성화한 형태로서 디자이너의 화면계획서를 대신한다.

스토리보드 작성 시, 기획자는 스토리보드에 필요한 화면구성 및 화면구성안 설명을 1차 준비한 후 디자이너와 회의를 통해 그래픽과 로직을 완성한다.

스토리보드가 완성된다는 것은 기획단계가 완료되었음을 의미하며, 디자이너는 스토리보드에 명시된 내용을 가지고 화면 디자인부터 시작하여 각각의 일러스트 데이터를 그려 알파 리뷰를 준비한다. 프로그래머는 스토리보드를 보고 프로그램을 설계하고 각 세부로직을 코딩하게 된다.

따라서 스토리보드가 완성되면 사이트 개발 기획이 완성되었다고 말할 수 있으며 다음 작업은 구체적인 제작만이 남게 된다. 잘못된 설계도를 가지고 작업하면 잘못된 개념의 집을 짓게 되어 기초가 무너지게 되는 것처럼 스토리보드는 정확하고 치밀하게 작성되어야 한다. 스토리보드의 장수와 완성된 웹사이트의 홈페이지 개수는 일치하여야 한다.

〈표 1-1〉은 일반적으로 사용할 수 있는 스토리보드의 구성 예이다.

① 프로젝트명 : 프로젝트명을 기입한다.
② 페이지 주제 : 해당 화면의 내용, 용도를 이해하기 쉽게 기획자가 명기한다.
③ 페이지 ID : 이 화면의 코드명이다. 플로차트 상의 프레임 장면(Scene) 번호와 일치해야 한다.
④ Page : 페이지 번호는 스토리보드의 단순한 일련번호이다.

〈표 1-1〉 스토리보드

<table>
<tr><td colspan="6">Project : ①</td></tr>
<tr><td>페이지 주제</td><td>②</td><td>페이지 ID</td><td>③</td><td>Page</td><td>④</td></tr>
<tr><td colspan="2" rowspan="2">화면구성
⑤</td><td colspan="4">화면설명
⑥</td></tr>
<tr><td colspan="2">F/C
⑦</td><td colspan="2">Logic
⑧</td></tr>
<tr><td>Text</td><td>Graphic/Video</td><td colspan="2">Effect</td><td colspan="2">Music/Sound</td></tr>
<tr><td>⑨</td><td>⑩</td><td colspan="2">⑪</td><td colspan="2">⑫</td></tr>
</table>

⑤ 화면구성(Page Elements) : 각 작업자가 화면의 내용과 구성을 시각적으로 이해하기 쉽도록 스케치로 표현한다. 메뉴 내비게이션의 구성과 위치, 아이콘, 텍스트, 필요한 이미지 등의 화면구성 요소를 가능한 한 정확히 묘사해야 불필요한 작업상의 손실을 막을 수 있다. 일반적으로 화면구성 요소는 다음의 항목을 포함한다.

- Header : 〈title〉 〈meta …〉
- Body : 본문의 내용과 기능을 구현하기에 필요한 요소

- 헤드라인, 각 항목의 제목, 소제목 - 컨텐츠 : 주요 문장, 키워드, 완성된 텍스트 컨텐츠 - 그래픽 : 아이콘, 머리글표, 도표, 테이블 - 내비게이션 : 각 컨텐츠군의 기능적 · 내용적 분류에 따른 내비게이션 배열 - 웹마스터에게 메일 보내기(mailto :) - 라디오버튼, 체크박스, Submit 버튼의 표시

- Footer : (예 모음)

Copyright 1998-2000 인터넷㈜ All rights reserved. © 1998-2000 인터넷㈜ Copyright 1998-2000 Hongik Internet, Inc. All rights reserved. © 1998-2000 Hongik Internet, Inc.

⑥ 화면설명(Page Description) : 그림이나 플로차트로 표현하기 어려운 화면분위기 및 요구사항을 글로 설명하는 부분이다. 특별히 강조되는 기획의도를 디자이너와 프로그래머에게 각인시킬 필요에서 명기하는 것이다. 애니메이션의 순서나 화면이 뜨는 순서, 특정화면 부분에 대해 설명한다.

⑦, ⑧ F/C와 Logic : 화면 내에 이루어지는 인터랙션을 표시한다. 화면의 시작에서 다음 화면으로 연결되는 흐름을 논리적으로 정확하게 표현한다. 사용자가 요구하는 의도에 따라 제시되는 화면의 순서나 화면을 움직이는 조직, 연결되는 프레임을 명확히 기록한다.

⑨ Text : 화면에 나타나는 텍스트 내용을 적는 곳이다. 그래픽으로 처리된 제목이나 글씨는 제외하고 텍스트로 편집 가능한 데이터는 모두 적는다. 이 칸에 다 들

어갈 수 없으면 별도의 용지를 첨부한다. 텍스트는 짧고 간결하여 가독성이 높도록, 건조하지 않은 단어나 문장으로 적는다.

⑩ Graphic/Video : 그래픽 요소는 실제로 작업에 들어가는 그래픽 데이터를 표현하는 곳이다. 지정된 기업의 로고, 캐릭터 등이 있다면 반드시 명시하고 기타 강조할 만한 그래픽 요소와 비디오 요소가 들어간다면 이의 자세한 설명을 덧붙인다.

⑪ Effect : 자바 스크립트 등의 특정화면 이벤트를 기록한다.

⑫ Music/Sound : 페이지에서 사용될 음악, 효과음, 내레이션 등을 상세하게 기록한다.

(6) 프로젝트 실습

프로젝트 실습은 교수자의 지도에 따라 학습자들이 팀을 구성하여 과제에 대한 구상, 기획, 설계, 시작품 제작, 시험평가 등의 과정을 수행한다. 학습자는 프로젝트의 문제해결을 위해 요구되는 지식과 기능을 숙지해야 하며, 자료 및 정보 수집, 계획수립, 과제수행 및 평가과정에서 발생되는 의사결정 등을 학습자가 자주적으로 해결해야 한다.

프로젝트 진행의 단계는 대략 4~5단계로 나누며, 과제의 제시단계, 준비단계, 수행단계, 발표 및 평가 단계로 진행된다. 특히 학습자들의 창의성과 자발적 문제해결 능력을 배양하는 목표에 접근하도록 노력해야 한다.

① 과제제시단계 : 과제가 제시되면 과제의 개요, 수행목표, 팀의 구성, 수행절차, 수행방법, 결과처리 등의 내용이 결정되어야 한다.

② 준비단계 : 리더의 선정, 팀원의 역할분담, 과제의 분석, 자료의 조사 및 수집, 재료의 산출 및 확보, 수행계획수립

③ 수행단계 : 수행계획에 의거하여 역할 분담된 과제의 수행, 수행 중 발생하는 문제의 토의 및 의사결정

④ 평가단계 : 수행과정에서 학습자 및 팀원 간 중간평가를 진행하고 과제수행 완료 후 최종 평가, 결과 보고서작성 및 발표

(7) 효과적인 발표(프레젠테이션)

프로젝트 결과물에 대한 효과적인 발표를 위해서는 사전준비를 철저히 해야 한다. 자료를 만들기 전에 청중에 대한 분석도 필요하며, 청중을 이끌 수 있는 명백하고 간

결한 내용으로 작성하여 발표내용을 효과적으로 전달할 수 있도록 한다. 발표내용의 전달방법이 성공적인 발표로 이어진다는 것을 인식해야 하며, 청중의 요구와 기대에 맞는 내용으로 전개되어야 한다. 또한 적절한 시각자료를 사용함으로써 효과적인 발표가 될 수 있다.

1) 발표의 구성요소

① 스토리

상대방에게 전달할 메시지를 명확하게 설정한 뒤, 이 메시지를 논리적으로 증명해야 한다. 스토리는 논리적이며 상대방이 이해하기 쉽도록 전개해 나가야 한다.

② 시각자료

시각자료는 말하고 싶은 것을 확실하게 전달하기 위한 보조도구이다. 사실을 효과적으로 전달하기 위해 데이터를 그래프로 만들거나 그림, 사진 등의 삽화를 넣는다.

③ 발표

발표는 주어진 시간 내에 메시지를 명확히 전달하는 것이 중요하다. 그러나 모든 자료가 생각처럼 쉽게 이해되기는 어려우므로 상대방이 이해하는 정도를 보면서 설명을 전개하는 임기응변이 필요하다.

④ 질의응답

자료발표 말미에 발표자가 전달하고자 하는 내용에 대한 상대방의 질문에 답할 수 있도록 충분한 준비가 필요하다.

2) 스토리의 작성

발표에서 가장 중요한 것은 핵심 메시지가 있어야 한다는 점이다. 세 개 이상의 메시지는 사람들이 기억하기 힘들다. 따라서 1~3개 정도의 핵심 메시지를 중심으로 발표내용을 구성하되 다음의 규칙을 이용한다.

① 핵심 메시지를 정한다.
② 핵심 메시지를 뒷받침할 논리를 구축한다.
③ 각 하위 메시지를 증명할 자료를 준비한다.

④ 발표내용의 순서와 강조할 점을 정하여 스토리를 설계한다.
⑤ 준비한 증거자료를 가시화하고 스토리에 맞게 배열한다.
⑥ 핵심 메시지를 다시 한 번 요약하고 마무리한다.

발표내용의 구성에서 발표자가 가장 많이 하는 실수는 주제의 범위를 넓히거나 주제에서 벗어나는 것, 세부적인 내용을 너무 많이 설명한다는 것이다. 자세한 설명을 이것저것 듣는다 해도 사람들은 금방 잊어버릴 뿐 아니라 지루해하게 된다. 또한 주제에서 벗어난 이야기는 듣는 사람들이 시간을 낭비하는 것과 같다.

3) 발표자료 준비

효과적인 발표를 하기 위해서는 발표시간을 고려하여 체계적인 발표자료를 준비하고, 발표과정에서 언제든 참고할 수 있도록 인덱스카드에 발표내용을 적어두어야 하며, 발표문을 그대로 읽어서는 안 된다. 청중을 지루하게 만들게 되므로 발표내용을 충분히 연습한다.

① 체계적인 발표준비를 한다. 발표의 이유가 표현되어야 하고, 얻고자 하는 결과를 다시 한 번 명확히 하여 초안을 미리 잡는다.
② 전체 구성은 서론, 본론, 결론의 구성 등 체계를 갖추고, 특히 핵심내용의 배치에 신경 써야 함은 물론 청중의 동기와 이해력을 기준으로 구성한다.
③ 발표의 흐름을 미리 구성하여 이에 필요한 자료를 준비하고, 예상되는 질문을 만들어 대비한다.
④ 발표시간에 맞춰 내용을 준비하고, 주어진 시간 내에 요점을 정리할 수 있어야 한다.
⑤ 발표 중 중요한 내용을 빠뜨리거나 실수가 없도록 충분한 연습을 하여야 한다.

4) 시각자료의 작성

발표에는 시각적 자료가 필요한 경우가 많이 있다. 시각자료는 발표내용의 전달력이 커지고 청중의 집중력이 분산되는 것을 막을 수 있다.

시각자료 작성은 파워포인트와 같은 툴을 사용하고, 자료를 구성할 때의 중요한 규칙은 바로 '단순하게 하라' 는 것이다. 복잡함은 전달력을 감소하는 데도 많은 사람들이 복잡한 것을 고집하는 경우가 있다. 간단한 그림, 막대차트, 파이차트 등 간단한 표를 사용하는 것이 좋다.

또한, 시각자료를 너무 많이 이용하면 오히려 전달력이 떨어진다. 슬라이드는 2분에 한 프레임씩 진행하는 것이 적당하다.

시각자료 작성의 포인트는 다음과 같다.

① 한 화면에 너무 많은 내용을 담지 않도록 한다. 문자는 한 프레임당 6~7줄 정도로 작성한다.
② 시각자료의 크기는 모두가 볼 수 있도록 충분히 커야 하며, 자세한 내용보다 요점을 요약하여 작성한다.
③ 숫자나 통계자료를 적극적으로 활용하여 명확함과 신뢰감을 주도록 하며 너무 많고 복잡한 숫자의 나열은 피한다.
④ 하나의 그림이 열 마디를 표현한다. 그림은 주의를 집중시키고, 내용을 요약하고, 쉽게 설득시킬 수 있게 된다. 그림은 가능하면 단순하게 그리거나 도표를 만든다.
⑤ 시각적인 일관성을 유지한다.
⑥ 중요한 곳이나 강조하고자 하는 곳은 별도 표시를 해둔다.
⑦ 현란하고 불안정한 느낌의 색, 글꼴이나 특수효과를 너무 많이 사용하지 않도록 한다.
⑧ 각종 멀티미디어 자료(동영상, 음향 등)의 활용을 검토한다.
⑨ 오자나 탈자는 성의와 신뢰성을 의심하게 하므로 철저히 확인한다.

5) 발표의 최종 준비

① 발표 장소와 환경을 미리 파악한다. 즉, 발표장의 크기, 사용 가능한 도구, 스크린의 크기, 마이크 필요 여부, 도구의 배치, 조명/밝기, 소음, 전망, 입구 등이다.
② 여벌의 파일 카피, 다른 도구(OHP)용 발표자료 등 비상 발표물을 준비한다.
③ 발표시간, 언어, 진행절차 등을 점검하기 위해서 미리 리허설을 반드시 해본다.
④ 내용전개를 요약한 메모를 준비한다.

6) 발표자의 태도

발표자가 발표의 핵심이다. 청중에게 편안하고 신뢰감을 주면서도 아이디어가 정확하고 직접적이며 만족스럽게 전달되도록 하여야 한다. 질문은 내용 발표가 끝난 다음이나 새로운 주제로 넘어갈 때 질문이 있는지 물어보고 답하는 방법이 효과적이다.

① 옷차림과 머리 모양에 신경 쓴다.
② 자연스럽게, 확신 있게 말하고 행동한다.
③ 발표내용에 흥미를 갖고 내용이 중요하다는 확신을 갖도록 해야 한다.
④ 자신을 유능하다고 생각한다. 그리고 청중과 친밀감을 형성하도록 한다.
⑤ 질문은 관심을 갖고 듣고 메모하며, 자신 있고 성실하게 답변한다.
⑥ 발표자의 음성은 방의 뒤쪽을 향해 내보내야 하며, 음성이 너무 작으면 마이크를 사용하는 것이 좋다.
⑦ 두 손은 편안히 앞으로 탁상에 올려서 자연스럽게 손을 움직여 제스처를 사용할 수 있게 한다.
⑧ 한 번에 한 명씩 돌아가며 실내에 있는 사람들과 눈을 맞춘다.

chapter 2 전자기초

2-1 | 기초 전기회로

(1) 물질의 구조

물질 내부의 입자인 원자는 중심에 원자핵이 있고, 그 주위를 일정한 궤도상에 −극성의 전기를 띤 전자가 원운동하고 있다. 그리고 원자핵은 +전기를 띤 양(성)자와 전기를 갖지 않는 중성자로 구성되어 있다. 그런데 전자와 양(성)자는 전기량의 크기도 같고, 그 개수도 같으므로 모든 원자는 중성이고, 또한 모든 물질은 중성이다.

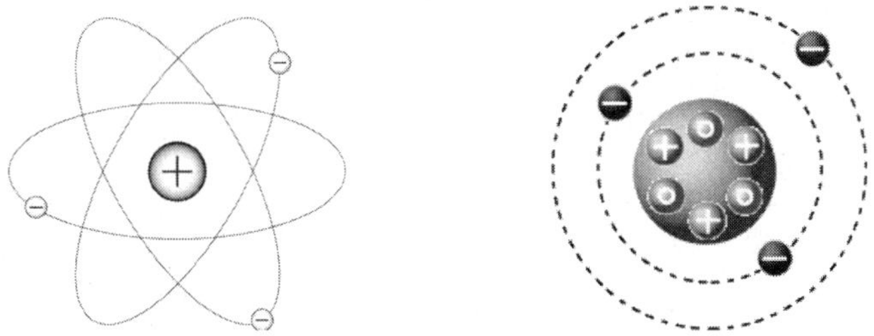

[그림 2-1] 원자의 구성

1) 원자의 구조

중심부에 존재하는 핵과 주위의 전자로 구성되어 있다.

- 양성자(Proton) : 핵 내에 존재하며 +의 전하를 가진다.
- 중성자(Neutron) : 핵 내에 존재하며 전하를 띠지 않는다.
- 전자(Electron) : 핵 주위의 궤도상에서 고유의 운동을 하며 −의 전하를 가진다. 양성자에 비하여 질량이 매우 작다(양성자의 1/1840).
- 전자의 전하량과 질량 : $e = -1.602 \times 10^{-19}$C, $m = 9.1083 \times 10^{-31}$kg
- 각 궤도상의 전자의 수 $N = 2n^2$(n은 궤도번호)

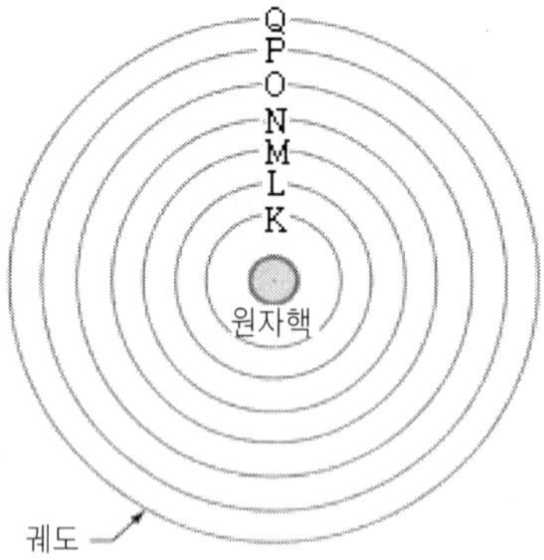

각	전자수
K	2
L	8
M	18
N	32
O	18
P	12

[그림 2-2] 반도체 원자의 구조

최외각 궤도의 전자를 가전자라 하며 외부로부터 열, 빛 또는 전압 등의 에너지가 가해지면 가전자는 쉽게 이탈하여 －극성인 자유전자가 되고, 동시에 중성이었던 그 원자에 가전자가 떠난 빈자리인 ＋의 전하량을 띤 정공(Hole)이 생긴다. 그래서 이 물질에 －전하인 자유전자와 ＋전하인 정공이 생성되어 이들 전하량의 이동으로 전자전류와 정공전류가 발생하게 되는 것이다.

2) 전기저항에 따른 물질의 분류

- 도체(Conductor) : 자유전자가 많아 전기를 잘 통하는 물질이며 온도가 증가하면 저항도 증가한다.
- 절연체(Insulator) : 부도체라고도 하며 자유전자가 없어 전기를 잘 통하지 못하는 물질을 말한다.
- 반도체(Semiconductor) : 도체와 절연체의 특성을 나타내며 온도가 증가하면 저항이 감소(Si, Ge, GaAs, InS, CdS 등)한다.

(2) 전 류

도전체는 자유전자를 갖는 물질이고 전형적인 도전체는 금, 은, 구리 등이며 전기는 전하의 흐름을 말한다. 전자는 －로 충전된 입자이며 전자는 ＋전하에 의해 견인력을 받는다.

1 쿨롱(Coulomb)은 6.242×10^{18}개의 전자가 갖는 전하를 말하며, 전류(Current)는 일정 시간 동안 특정 점을 통과하는 전하의 쿨롱 값이 되는 것이다.

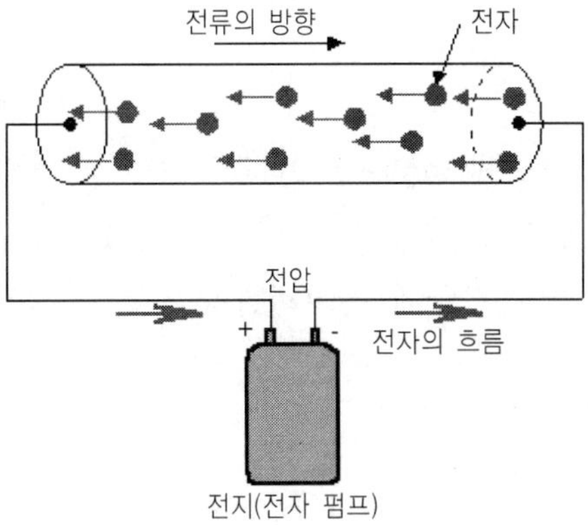

[그림 2-3] 전류의 흐름

(3) 전 압

건전지 두 단자 사이의 전기적 위치에너지의 차이를 전위차라 하며, 이를 전압차라고 한다.

건전지의 두 단자 사이에 도전체를 연결하면 전위차에 의해 전자가 －로부터 ＋로 이동하게 된다. 즉, 전류가 흐르게 된다.

$$\text{전류(Current)}: I = \frac{Q}{t} : \text{전류} = \frac{\text{전하}}{\text{시간}}$$

$$\text{전압(Voltage)}: V = \frac{W}{Q} : \text{전압} = \frac{\text{전력}}{\text{전하}}$$

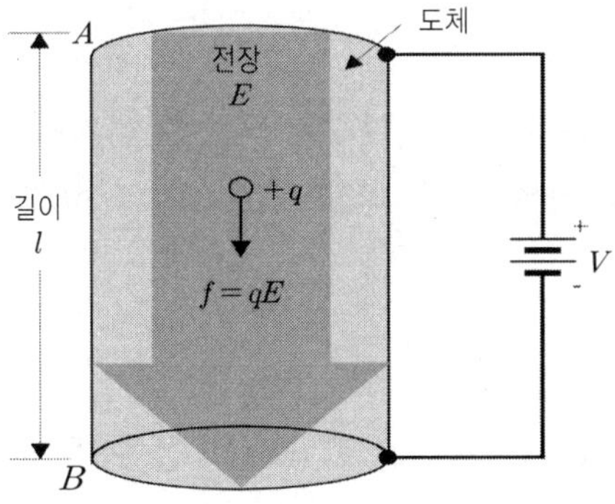

[그림 2-4]

(4) 전기저항

전기저항(Resistance)은 도체(導體)에 전류가 흐르는 것을 방해하는 작용을 말한다. 전압을 전류로 나눈 값으로 나타내며, 단위는 옴(Ω)이다. 도선에 흐르는 전류의 세기는 전압에 비례하고 전기저항에 반비례한다.

1) 물질의 전기저항

도선에 흐르는 전류의 세기는 도선을 이루는 물질의 종류에 따라 다르며, 같은 종류의 도선이라도 도선의 단면적이 넓을수록 단위 시간에 그 단면을 지나는 자유전자의 수가 많아지므로 굵기가 굵으면 전류가 잘 흐르고, 도선의 길이가 길수록 자유전자가 원자들과 충돌하는 횟수가 많아지므로 길이가 길면 전류가 잘 흐르지 못한다.

다시 말해, 도선의 전기저항 R은 도선의 단면적 S에 반비례하므로, 다음과 같이 표현할 수 있다.

$$R = \rho \frac{l}{S} [\Omega]$$

여기서, ρ는 도선을 이루는 물질의 종류에 따라 정해지는 값으로 물질의 비저항이라 하며, 그 단위는 Ω·m이다. 비저항의 값은 도체의 모양이나 길이에 관계없이 물질에 따라 그 값이 달라진다. 즉, 어떤 물질의 길이가 1m이고 단면적이 $1m^2$인 전기저항을 그 물질의 비저항이라고 한다.

2) 온도에 따른 저항의 크기

온도가 높아지면 전기저항의 값은 일정한 비율로 커지는데 그 비율은 물질에 따라 다르다. 0℃일 때 어떤 도선의 전기저항의 값이 R_o라 하면 t℃일 때 전기저항 R은 다음과 같다.

$$R = R_o(1 + \alpha t)$$

α는 저항의 온도계수이며, 일반적으로 금속은 정(+)의 온도계수를 갖고, 반도체는 부(−)의 온도계수를 가진다.

(5) 직류와 교류

물질 내의 전하들이 이동하는 것을 전류라 하는데, 금속과 같은 도체의 내부에는 상당수의 자유전자들이 있어 －전기를 띤 전자들이 ＋전하 쪽으로 잘 이동할 수 있으나, 고무와 같은 부도체 내부에는 자유전자가 존재하지 않으므로 전하의 이동이 어려워 전류가 흐르지 못한다.

도체 내의 자유전자들이 한쪽 방향으로 이동하기 위해서는 이들을 밀어내는 압력이 필요한데 이것을 전압이라고 한다. 따라서 도체에 전압이 가해지면 전류가 흐르게 된다. 전압의 단위는 볼트(Volt; V), 전류는 암페어(Ampere; A)이다.

1) 직 류

전지에는 ＋극과 －극이 있는데 전지의 두 극을 전선으로 연결하면 전류는 ＋극에서 －극으로 흐른다. 이때 전선에 흐르는 전류는 시간이 흘러도 변하지 않는다. 이와 같은 전류를 직류(Direct Current; DC)라고 한다.

2) 교 류

가정이나 공장에 공급되는 전기는 발전소의 발전기로부터 만들어지는데 발전기에는 ＋, －극이 구분되어 있지 않고 전류의 방향도 1초에 60번 변하는 특성이 있다. 이와 같이 전극이 수시로 바뀌는 전류를 교류(Alternate Current; AC)라고 한다.

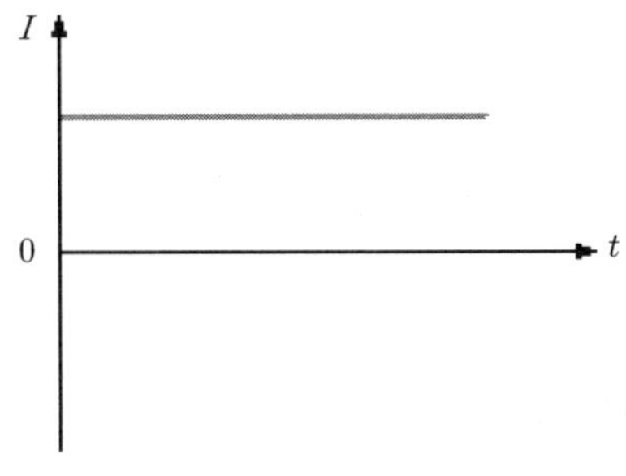

(a) 직류

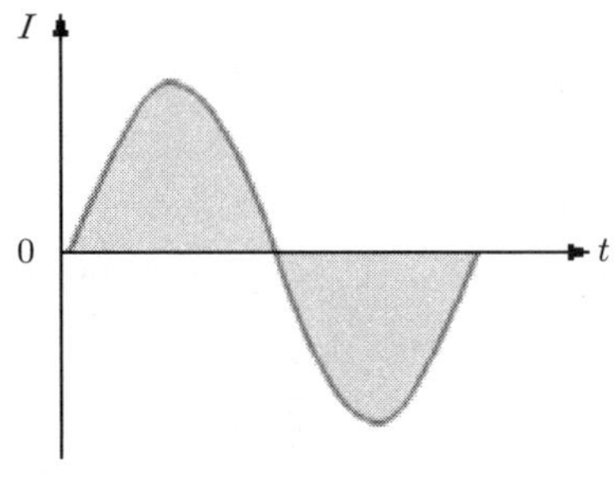

(b) 교류

[그림 2-5] 직류와 교류

(6) 전기회로

[그림 2-6]에서 스위치(SW)를 닫으면 회로가 연결되어 전구가 점등된다. 이때 전기는 전지의 양극(+) → 스위치 → 전구 → 전지의 음극(-) 방향으로 흐른다. 이와 같이 전기가 흐르는 통로를 전기회로라 하고, 전기를 가하는 전지를 전원(전기공급원)이라 한다. 또한 전기를 소비하는 전구를 부하라고 한다. [그림 2-7]은 [그림 2-6]의 실체도를 전기회로로 표현한 것이다.

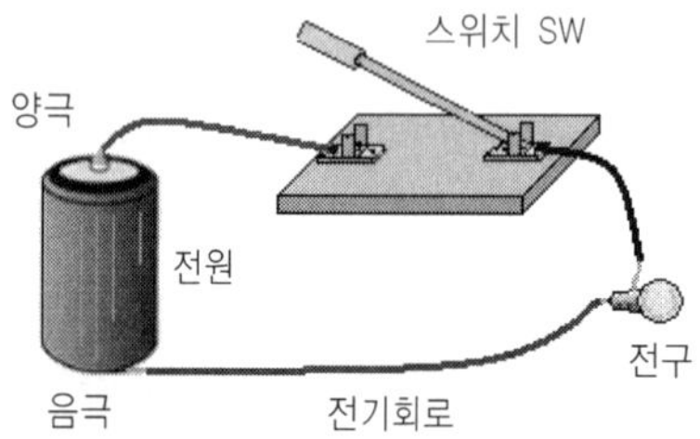

[그림 2-6] 실체도

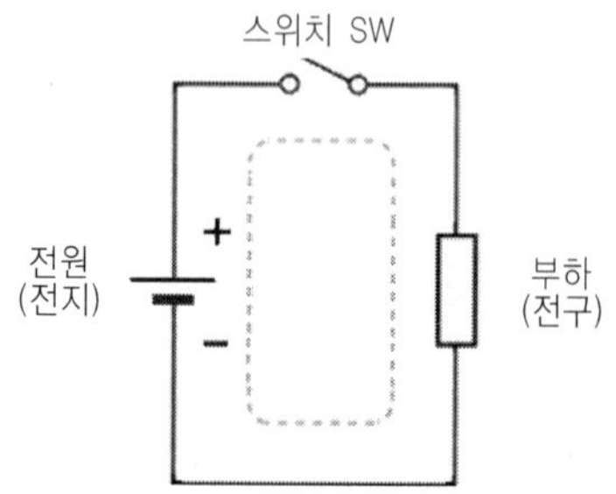

[그림 2-7] 전기회로

1) 전기회로의 전류

전기는 전자의 흐름이다. 전자는 -전위에서 +전위로 이동한다. 따라서 전기는 -에서 +로 흐르지만 [그림 2-8]에서와 같이 회로상에서 전류의 방향은 +에서 -로 흐른다고 약속한다. 그 이유는 전자가 발견되기 전에 과학자들이 전기의 흐름을 +에서 -로 보았기 때문이다. 1A의 전류는 1초 동안에 1C의 전하가 이동한 양이다.

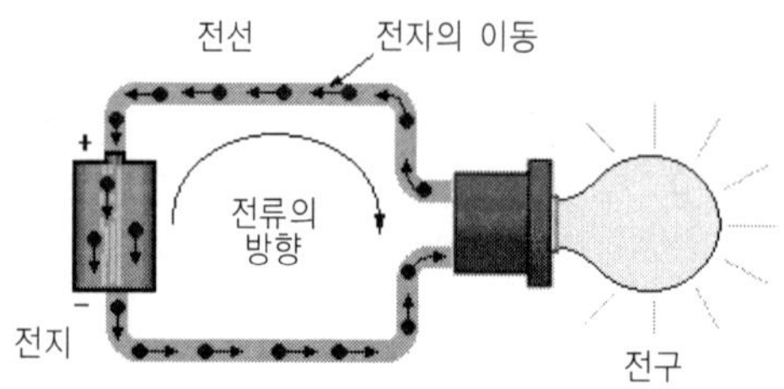

[그림 2-8] 전구의 전류

2) 전기회로의 전압

전지의 전기적 압력을 전압이라고 한다. 또한 전류를 연속적으로 만들어 주는 힘을 기전력이라고 한다. 기전력은 발전기나 전지 등이 가지고 있다.

어떤 기준점에서의 전기의 위치를 전위라 하고, 전위의 상대적인 차이를 전위차라 한다.

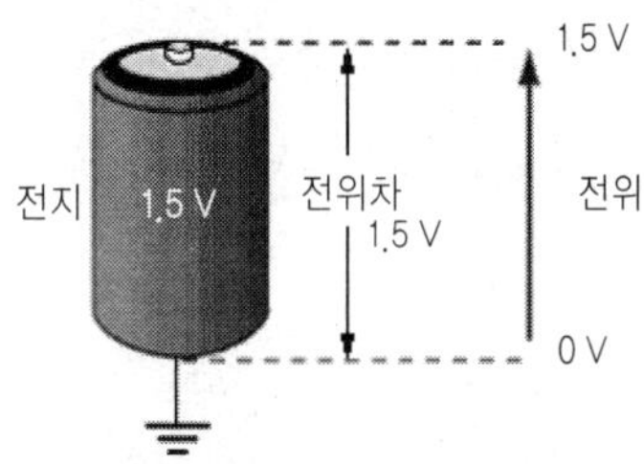

[그림 2-9] 건전지의 전위

(7) 옴의 법칙

전기의 흐름을 방해하는 작용을 전기저항이라 하며 저항이 클수록 전류는 적게 흐른다. 전기회로의 전압과 전류 그리고 저항의 관계식을 옴의 법칙이라 한다.

$$I = \frac{V}{R}\ [\mathrm{A}]$$

전류의 크기는 전압에 비례하고 저항에 반비례한다.

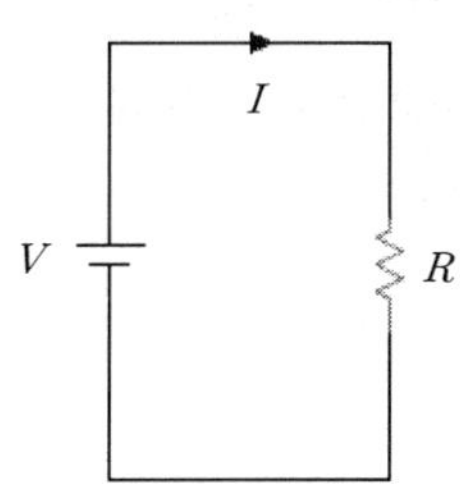

[그림 2-10] 옴의 법칙

1) 전압강하

전기회로에 전류가 흘러 저항을 통과하면 저항에는 옴의 법칙에 따라 전압이 생긴다. 이때 저항에 생기는 전압을 전압강하라 한다. 저항의 전압강하는 $V = IR$[V]로 구한다.

[그림 2-11]의 회로에서 저항 2Ω과 3Ω에서 생기는 전압강하는 다음과 같다.

- 저항 2Ω의 전압강하 : $V_1 = 1 \times 2 = 2\text{V}$
- 저항 3Ω의 전압강하 : $V_2 = 1 \times 3 = 3\text{V}$
- 각 저항의 전압강하의 합 :

$$V = V_1 + V_2 = 2 + 3 = 5\text{V}$$

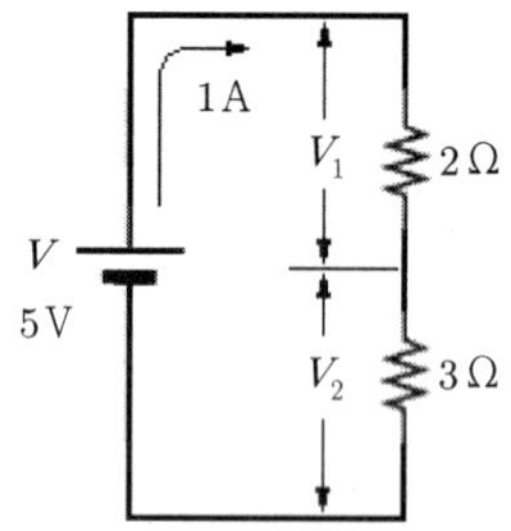

[그림 2-11] 전압강하

2) 저항의 직렬접속

직렬접속 합성저항 $R_o = 1 + 2 + 3 = 6\Omega$

$$\text{회로의 전류 } I = \frac{V}{R_1 + R_2 + R_3} = \frac{6}{1+2+3} = 1\text{A}$$

각 저항의 전압강하

- $V_{R1} = I \times R_1 = 1 \times 1 = 1\text{V}$
- $V_{R2} = I \times R_2 = 1 \times 2 = 2\text{V}$
- $V_{R3} = I \times R_3 = 1 \times 3 = 3\text{V}$
- $V = 1 + 2 + 3 = 6\text{V}$

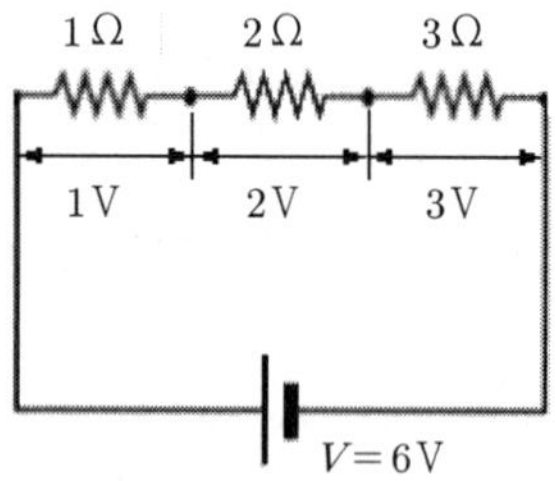

[그림 2-12] 저항의 직렬접속

각 저항에는 저항값에 비례한 전압이 분배된다. 각 저항에 생기는 전압강하는 저항값에 비례하고 이를 합하면 전원전압과 같게 된다.

3) 저항의 병렬접속

저항이 병렬로 접속된 회로에서는 각 저항마다 동일한 전압이 가해지고 저항에 흐르는 전류는 저항값에 반비례하여 흐른다. 회로의 전전류는 각 저항에 흐르는 전류를 합한 것과 같다.

[그림 2-13]과 같은 저항의 병렬접속회로에서 합성저항과 각 저항에 흐르는 전류는 다음과 같다.

- 병렬접속 합성저항 :

$$R_o = \frac{2\times 5}{2+5} = \frac{10}{7} \fallingdotseq 1.43\Omega$$

- 병렬저항에 인가되는 전압 : $V = 10\text{V}$
- 회로의 전체 전류 : $I = 7\text{A}$
- 각 저항에 흐르는 전류 :

$$I_1 = \frac{10}{2} = 5\text{A}, \quad I_2 = \frac{10}{5} = 2\text{A}$$

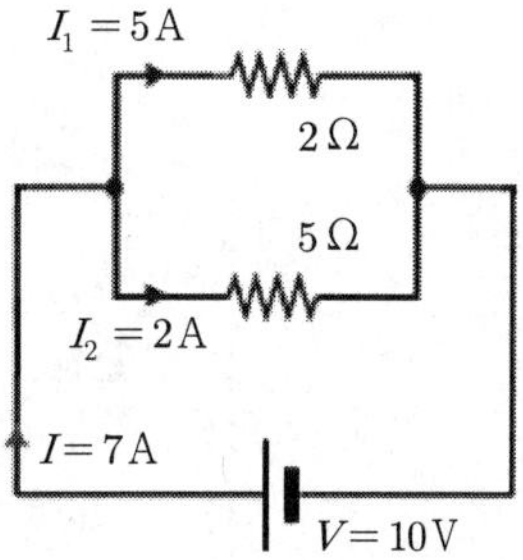

[그림 2-13] 저항의 병렬접속

4) 저항의 직병렬접속

- 합성저항 : $R_o = R_3 + \dfrac{R_1 R_2}{R_1 + R_2} = 10 + \dfrac{10\times 10}{10+10} = 15\Omega$
- 전체 전류 : $I = \dfrac{V}{R_0} = \dfrac{30}{15} = 2\text{A}$

각 저항에 강하되는 전압

- $V_{R3} = IR_3 = 2\times 10 = 20\text{V}$
- $V_{R1} = V - V_{R3} = 30 - 20 = 10\text{V}$

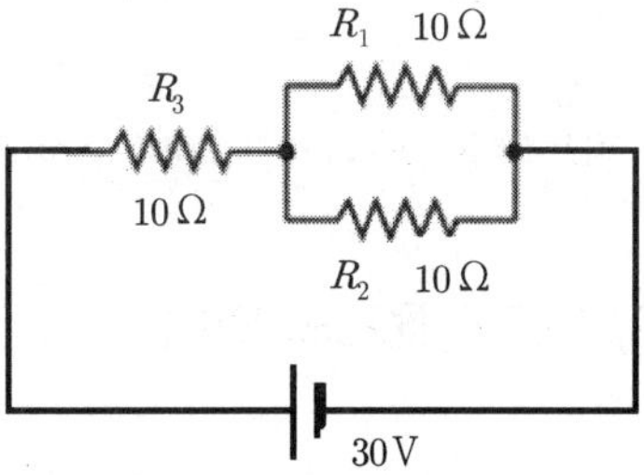

[그림 2-14] 저항의 직병렬접속

(8) 휘트스톤 브리지

브리지(Bridge)는 다리를 뜻하는 의미로 다이아몬드형 철교에서 유래하며 그 이름을 따온 것이다.

[그림 2-15]와 같이 4개의 저항을 다이아몬드형으로 대칭 접속하여 검류계(G)를 접속하여 직류전원을 인가하면 회로에 전류가 흘러 각 저항에 전압강하가 생긴다.

검류계가 접속된 c점과 d점의 전위차가 0이면(전압이 같으면) 검류계에 전류가 흐르지 않아 검류계 지침은 0을 지시한다. 이때 브리지는 평형이 되었다고 한다.

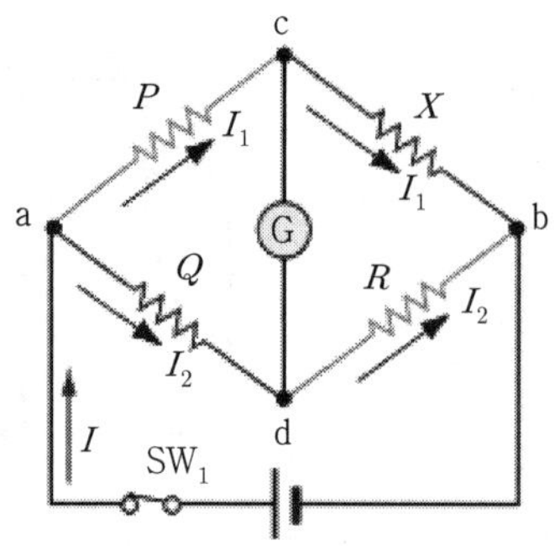

• 브리지의 평형조건

$$PR = QX$$

[그림 2-15] 휘트스톤 브리지

각 저항의 전압강하는 저항의 크기에 비례하므로, 이를 이용하여 미지의 저항을 구한다. 브리지의 마주 보는 저항을 서로 곱한 값은 같다.

즉, P, R, Q의 3변의 저항값을 알고 모르는 저항 X를 구하려면 다음과 같은 식을 이용하여 구할 수 있다.

$$X = \frac{P \times R}{Q} \ [\Omega]$$

휘트스톤 브리지(Wheatstone Bridge)는 정밀저항을 측정하는 장치이다.

(9) 키르히호프의 법칙

회로망 내에 전원이 2개 이상 존재할 때 옴의 법칙만으로 회로를 해석할 수 없다.

키르히호프의 법칙(Kirchhoff's Law)은 이와 같이 회로망 내에 전원이 2개 이상 존재하는 회로의 해석을 위해 사용한다. 키르히호프의 법칙은 전류에 관한 제1법칙과 전압에 관한 제2법칙이 있다.

제1법칙은 회로의 한 접속점에 흘러들어오는 전류의 합은 흘러나가는 전류의 합과 같다는 것이고, 제2법칙은 회로에 인가된 전원전압과 각 저항에서 발생하는 전압강하의 합이 같다는 것이다.

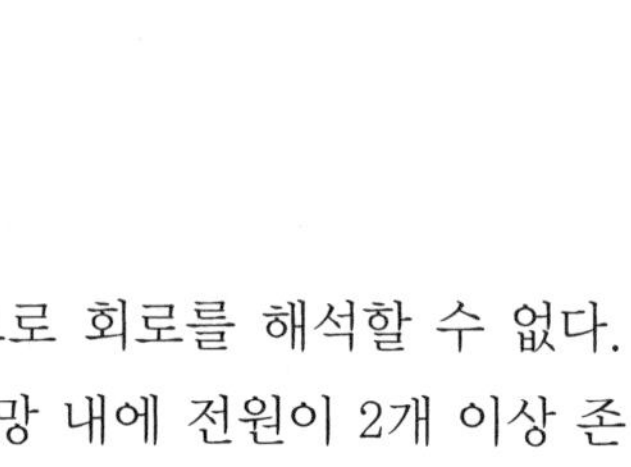

[그림 2-16] 2전원 전기회로

1) 제1법칙(전류법칙)

회로에 가해진 전원전압으로 각 저항에 전류가 흐른다. 이때 전류의 크기는 저항값에 반비례하며, 전전류는 각 저항에 흐르는 전류를 합한 것과 같다. 따라서 회로의 한 접속점에 유입되는 전류의 합은 그 점에서 유출되는 전류의 합과 같다.

[그림 2-18]에서 회로의 전전류는 7A이며, 2Ω과 5Ω의 저항에 각각 5A와 2A의 전류가 흐른다. 저항이 접속된 점 P에서 볼 때 5A와 2A가 흘러들어오고 7A가 흘러나가는 것이다. 즉, 유입되는 전류의 합은 유출되는 전류의 합과 같다.

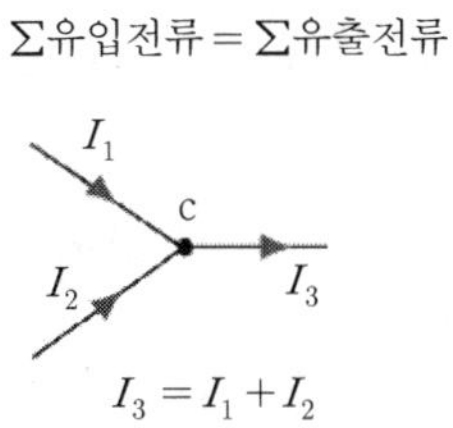

[그림 2-17] 전류

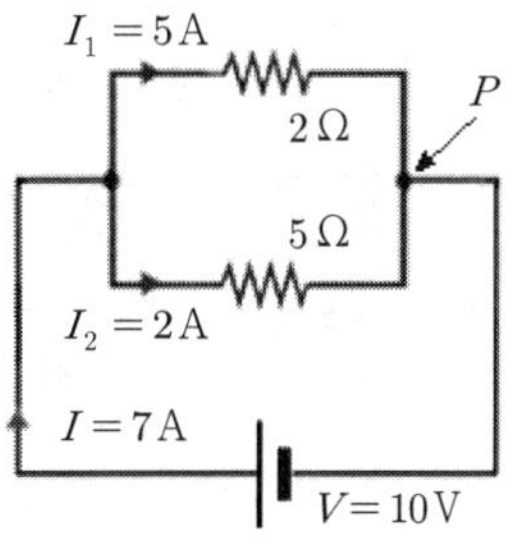

[그림 2-18] 분로전류

2) 제2법칙(전압법칙)

[그림 2-19]의 회로와 같이 폐회로 안에 2개의 전지가 존재하는 경우 각 전지에서 공급되는 전류는 I_1과 I_2이고, 두 전류는 서로 반대방향으로 흐른다. 그러나 폐회로 내의 전류는 순환하므로 전전류 I의 크기는 두 전류의 차이값이 되고, 전전류의 방향은 두 전류 중 큰 전류의 방향과 같다.

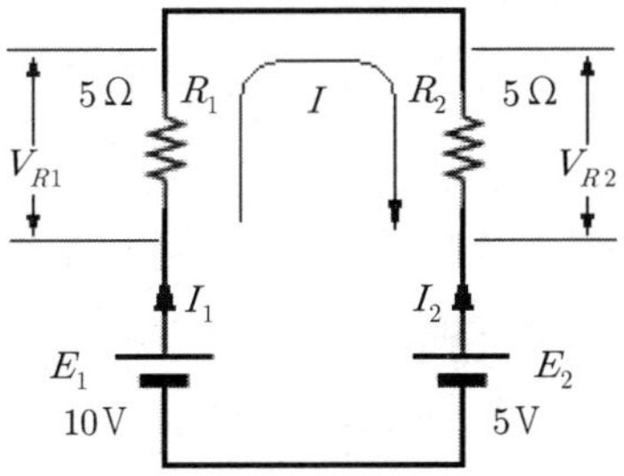

[그림 2-19] 전원전압과 전압강하

즉, 회로에서 I_1이 I_2보다 크다면 전전류 I의 방향은 I_1의 방향과 같다.

- I_1의 크기 : $I_1 = \frac{V_1}{R_1} = \frac{10}{5} = 2\text{A}$
- I_2의 크기 : $I_2 = \frac{V_2}{R_2} = \frac{5}{5} = 1\text{A}$
- 전전류 : $I = I_1 - I_2 = 2 - 1 = 1\text{A}$

각 저항의 전압강하는 다음과 같다.

- $V_{R1} = I_1 R_1 = 2 \times 5 = 1\text{V}$, $V_{R2} = I_2 R_2 = 1 \times 5 = 5\text{V}$

여기서 I_2는 전전류의 방향과 반대방향의 전류이므로 V_{R2}은 부(−)의 값이다. 이 회로의 전원전압은 각 저항의 전압강하의 합과 같다.

- $E = V_{R1} + V_{R2} = E_1 - E_2 = 10 - 5 = 5\text{V}$

(10) 온도계수

금속은 온도가 증가하면 원자의 진동이 격렬해져 전자가 이동할 때 원자와의 접촉이 심해져서 전자운동에 방해를 받는다.

반도체는 전자가 금속과 같이 많지 않은 물질로서 온도증가는 원자핵의 구속력이 감소하는 결과를 가져온다. 따라서 전자의 에너지가 증가하고 전자이동이 더욱 활발해진다.

1) 금속의 온도계수

[그림 2-20]에서와 같이 자유전자가 많은 물질인 금속은 온도증가가 원자의 접촉을 심화시켜 전자운동에 방해가 되어 저항이 커지는 결과를 가져오고, 이와 반대로 반도체는 온도증가가 전자의 에너지 증가로 이동이 더욱 쉬워져서 저항의 감소현상이 생긴다.

온도변화에 따른 저항의 변화 정도를 저항의 온도계수라 한다.

$$\alpha(t) = \frac{1°\text{C 온도상승에 따라 증가하는 저항값}}{\text{기준이 되는 온도의 저항값}}$$

$$\alpha(t) = \frac{R_1 - R_2}{R_1(t_2 - t_1)} \, [1/°\text{C}]$$

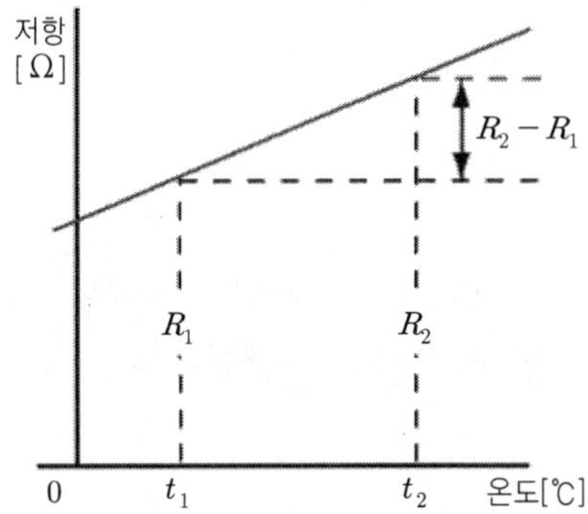

[그림 2-20] 온도와 도체의 저항

2) 반도체의 온도계수

반도체의 온도계수는 부(−)의 특성을 가진다. 반도체를 이용하는 전자기기나 컴퓨터의 부품 등은 온도증가를 방치하면 과전류로 인하여 부품의 손상을 가져오므로 적당한 방열장치나 냉각장치를 부가시킨다.

서미스터(Thermistor)는 Thermal과 Resistor의 합성어로 온도에 민감한 저항체이다.

온도를 감지하는 센서, 장치, 기기 등에 사용된다.

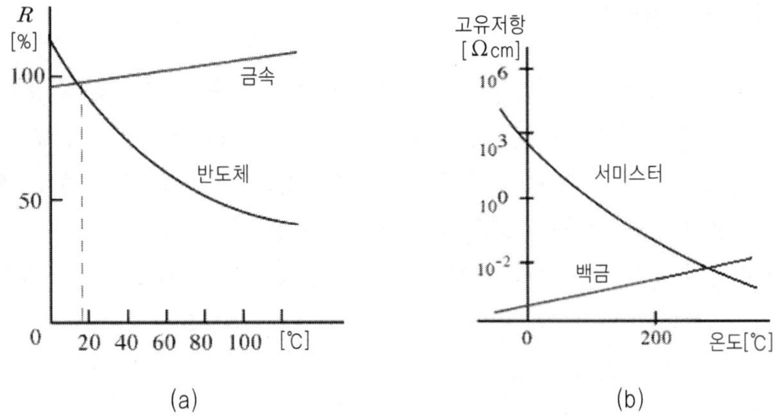

[그림 2-21] 금속과 반도체의 저항 온도특성

(11) 전류의 발열작용

1) 줄(Joule)의 법칙

도체는 전류가 잘 흐르는 물질이다. 도체에도 전류의 흐름을 방해하는 성질이 있다.

전류가 흐를 때 저항으로 인하여 열이 발생하는데, 이는 전기에너지가 소비된 결과이다.

전기의 힘을 전력이라 하고 전력(P)은 전압(V)과 전류(I)의 곱으로 표현된다.

$$P[\mathrm{W}] = V[\mathrm{V}] \times I[\mathrm{A}]$$

저항에 전력이 공급되면 전기에너지는 열에너지로 변환된다. 이것은 전력이 어떤 시간만큼 일을 한 결과이다. 즉, 전력에 일한 시간을 곱한 값이 된다.

$$W = H[\mathrm{J}] = Pt[\mathrm{Ws}]$$

줄의 법칙은 저항에 전류가 흘러 발생하는 열에너지를 정의하는 것이다.

$$H = I^2Rt\,[\mathrm{J}]$$

1 cal는 4.186 J이므로

$$H = 0.24\,I^2Rt\,[\mathrm{cal}]$$

2) 온도상승과 허용전류

[그림 2-22]와 같은 절연전선에 전류가 흐를 때, 전선에 흐를 수 있는 전류가 있을 것이며, 이 값을 초과하면 전선에는 열이 발생한다. 이것은 흘러야 할 전류보다 더 많은 전류가 흐르기 때문이며, 저항에서 발생하는 열이 밖으로 방출되지 못하기 때문이다.

허용전류란 전선에 안전하게 흘릴 수 있는 최대 전류를 말한다.

금속은 정(+)의 온도계수를 갖기 때문에 온도가 증가하면 저항이 증가하여 전류가 감소하게 되는데 강제적으로 흘려야 하는 전류의 양은 열의 발생을 증가시킨다.

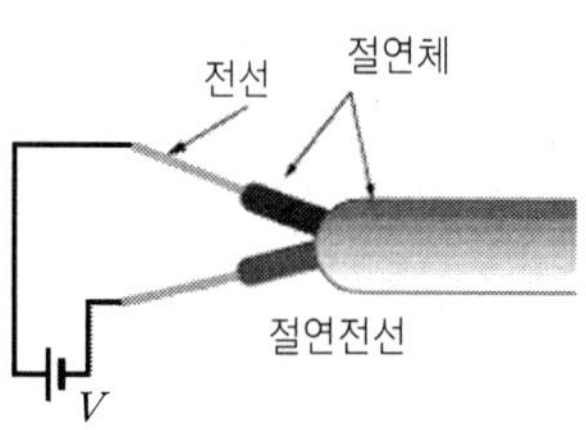

[그림 2-22] 절연전선의 전류

2-2 | 전자기초 실습

(1) 전자공구의 종류

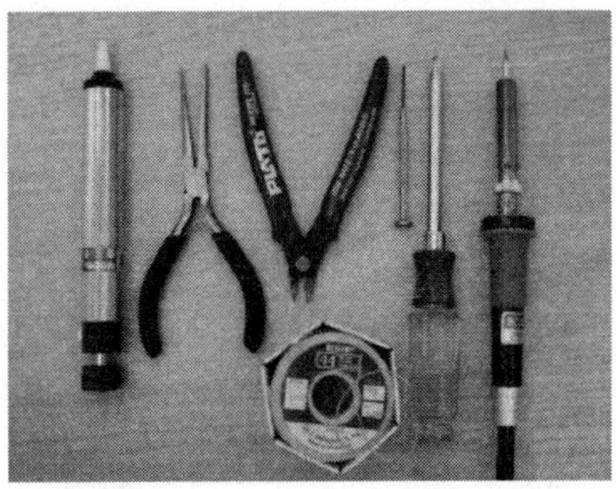

[그림 2-23] 전자 작업 공구

(2) 기본 전자공구 사용법

〈표 2-1〉 전자공구 사용법

공구명	외형	용도와 사용법
니퍼	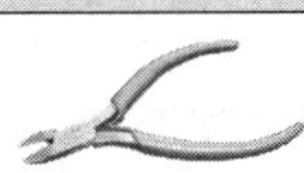	-전선을 절단하거나 피복을 벗긴다. -오른손으로 잡고 검지로 조작한다.
롱노즈 플라이어	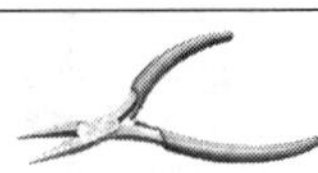	-전선이나 부품 리드를 잡거나 구부린다. -오른손으로 잡고 검지로 조작한다.
스트리퍼	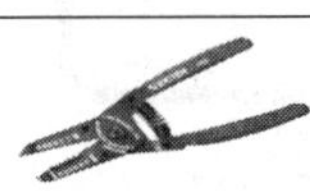	-전선의 피복을 벗긴다. -전선의 지름에 따라 이의 위치를 다르게 한다.
드라이버	 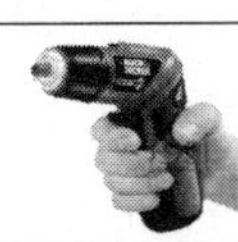	-볼트를 조이거나 푼다. -수동 드라이버, 전동 드라이버
전기인두	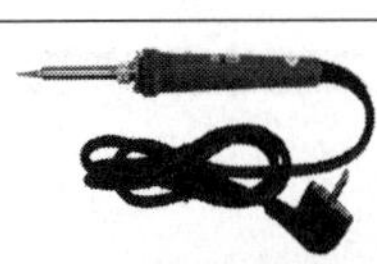 	-부품의 리드나 전선을 납땜하여 접착한다. -연필같이 잡는다. 
디지털 멀티미터	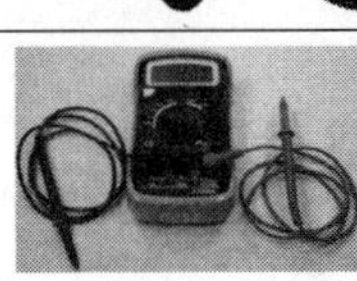	-회로의 단선 · 단락 상태를 검사한다. -저항, 전압, 전류를 측정한다. -리드봉을 젓가락같이 잡는다.

(3) LED 구동

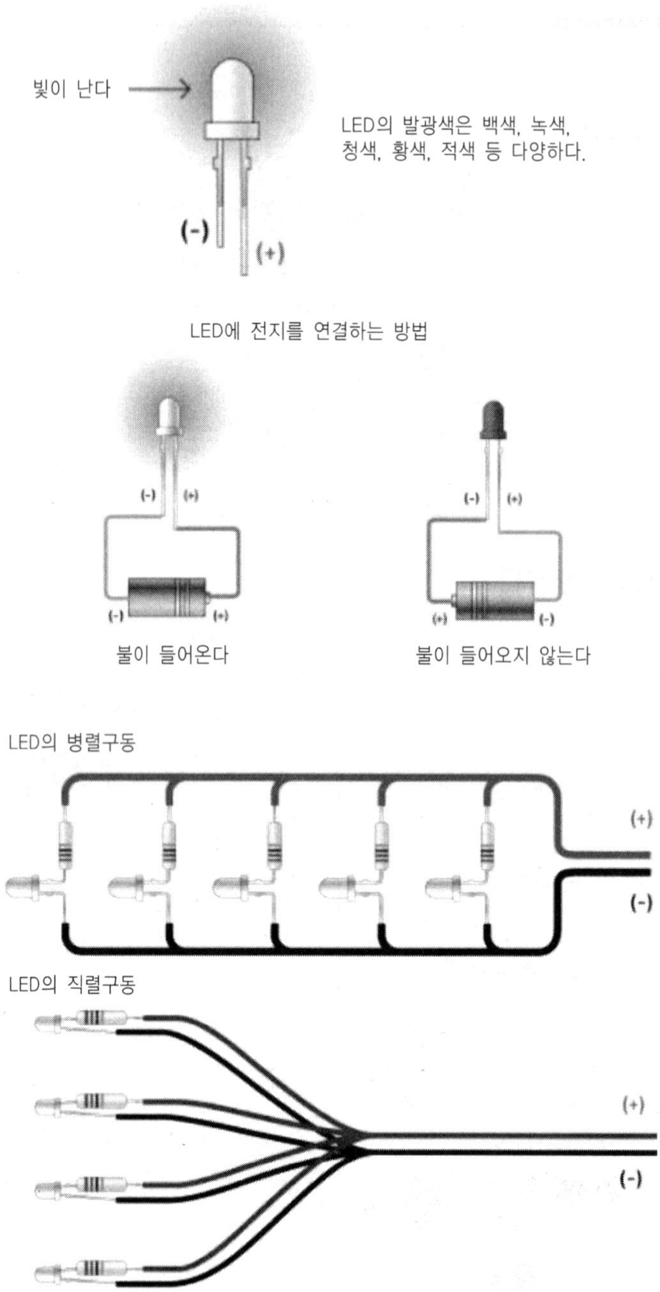

[그림 2-24] LED 구동

(4) 직류회로 실습

① [그림 2-25 (a)]의 회로와 같이 전지홀더, 스위치, LED, 전선을 사용하여 주어진 패널에 구성하고 전지홀더에 1.5V 전지를 넣은 후 스위치를 단속해 본다.

② [그림 2-25 (b)]의 회로와 같이 전원전압을 1.5V로 하고 전구(LED)를 2개 직렬로 접속하여 전구의 밝기를 확인한다.

③ 이 회로의 전원전압을 3V로 조정하여 같은 밝기를 확인한다.

④ 회로를 [그림 2-25 (c)]와 같이 구성하여 실험을 반복하여 그 결과를 〈표 2-2〉에 기록한다.

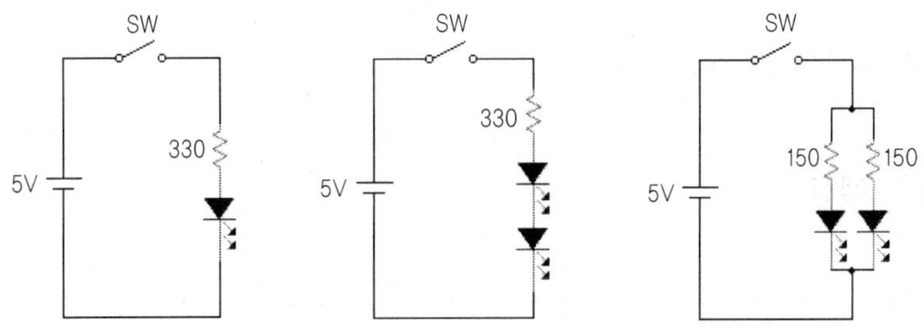

(a) 기본 회로 (b) 부하의 직렬접속 (c) 부하의 병렬접속

[그림 2-25] 전기회로

〈표 2-2〉 전기회로의 구성

순서	부하의 접속	전원전압	전구의 점등상태
a	전구 1개	1.5[V]	
b	전구 2개 직렬접속	1.5[V]	
		3[V]	
c	전구 2개 병렬접속	1.5[V]	
		3[V]	

(5) 전 력

1) 전기에 의한 열

전열기구란 전기에너지를 열에너지로 바꾸어 주는 장치를 말한다. 우리 주위에는 전기밥솥, 커피포트, 헤어드라이어, 에어컨 등 많은 전열기구가 있다. 이 전열기구에는 전기히터가 들어 있는데 히터의 재료로는 니크롬선이 많이 사용된다. 니크롬은 니켈 80%, 크롬 20%의 합금이며 약 1000℃까지 온도를 높여도 녹지 않는다. 전기히터에 t초간 전기를 공급하면 다음과 같은 열이 발생한다. 이 열을 줄열(Joule 熱)이라 한다.

$$W = VIt = I^2Rt = \frac{V^2}{R}t\,[\mathrm{J}]$$

2) 전력의 계산

전기의 전력은 단위 시간당의 에너지 $P = \frac{W}{t} = \frac{VIt}{t} = VI$로 표현된다.
전력의 단위는 와트(W)이며, 전력이 행한 일을 소비전력량이라고 한다.

$$W = Pt\,[\mathrm{Wh}]$$

(6) 교류회로 실습

① 전선, 플러그, 패널, 볼트, 스위치, 퓨즈, 전구, 전구 소켓을 이용하여 [그림 2-26]의 교류전기회로를 구성한다. 이때 감전을 예방하기 위하여 전선 접속부는 절연 테이프나 열수축 튜브를 사용한다.

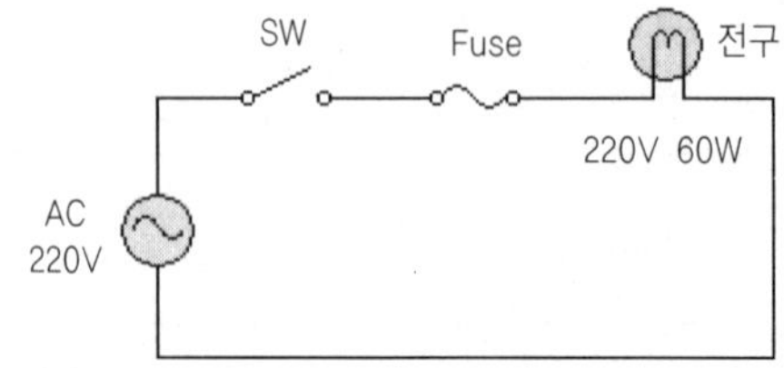

[그림 2-26] 교류전기회로

② 전구의 저항이 얼마인지 전구저항값을 측정해 본다.

③ 전구 소켓에 백열전구를 꽂아 회로를 완성한다.

④ 스위치를 닫고(On) 백열전구가 점등되면 전구 양단의 교류전압을 측정한다.

구분	측정값	계산값
전구저항		
교류전압		

2-3 | 회로시험기 사용법

(1) 회로시험기

1) 회로시험기의 기능

회로시험기는 테스터, 멀티미터 등으로 부르며 회로의 전압, 전류, 저항을 측정하는 공구로서 아날로그 방식과 디지털 방식이 있다. 회로시험기의 외관과 기능은 〈표 2-3〉과 같다.

〈표 2-3〉 회로시험기의 외관과 기능

외 관	기 능
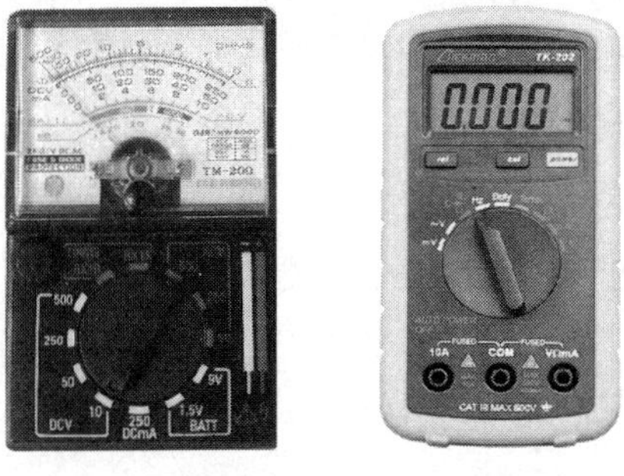 (a) 아날로그 방식 (b) 디지털 방식	• 교류(AC)/직류(DC) 전압 : 0~600V • 직류(DC) 대전류 : 0~10A • 직류(DC) 소전류 : 0~200mA • 저항 : 0~20MΩ • 부저기능 : 도통시험 • 다이오드 체크 • 온도측정 : 0~400℃ • 트랜지스터 측정

2) 저항의 측정

① 적색과 흑색 리드봉을 접촉하고 0점을 조정한다.
② 측정하고자 하는 저항기의 리드를 적 · 흑 리드봉에 접촉시키고 지시값을 읽는다.
③ 측정값이 불명확할 때는 레인지 스위치를 변경하고 다시 측정한다.
④ 읽은 숫자에 레인지 스위치 선택값을 곱한 값이 측정값이다.
⑤ 아날로그 방식의 저항측정 눈금은 로그(Log) 눈금이다.

3) 직류전압의 측정

① 측정 레인지를 DCV(직류전압)의 특정 값에 위치한다.
② 측정하고자 하는 전지나 전원의 +단자를 적색 리드봉에 접촉하고 −단자를 흑색 리드봉에 연결한다.
③ 지시값을 읽어 레인지값을 곱하여 환산한 값이 측정값이다.
④ 지시값이 오버플로가 나오면 측정 레인지를 한 단계 높은 위치에 놓고 측정한다.
⑤ 아날로그 방식의 전압과 전류측정 눈금은 균등 눈금이다.

4) 교류전압의 측정

① 측정 레인지를 ACV(교류전압)의 특정 값에 위치한다.
② 측정하고자 하는 전원의 단자에 적, 흑 구분 없이 리드봉을 접촉시킨다.
③ 지시값을 읽어 레인지값을 곱하여 환산한 값이 측정값이다.

5) 직류전류의 측정

① 측정 레인지를 DCmA(직류전압)의 특정 값에 위치한다.
② 측정하고자 하는 회로를 끊고 단선된 부분의 +전원 측에 적색 리드봉을 연결하고, −전원 측에 흑색 리드봉을 연결한다.
③ 측정 레인지를 가장 높은 값에 위치한다.
④ 지시값을 읽어 측정 레인지값에 곱하여 환산한 값이 측정값이다.
⑤ 지시값이 너무 낮게 나오면 측정 레인지를 한 단계 낮은 위치에 놓고 측정한다.
⑥ 측정 레인지의 위치와 측정값이 다를 경우 멀티미터가 파손될 수 있으므로 레인지 위치를 반드시 확인한다.

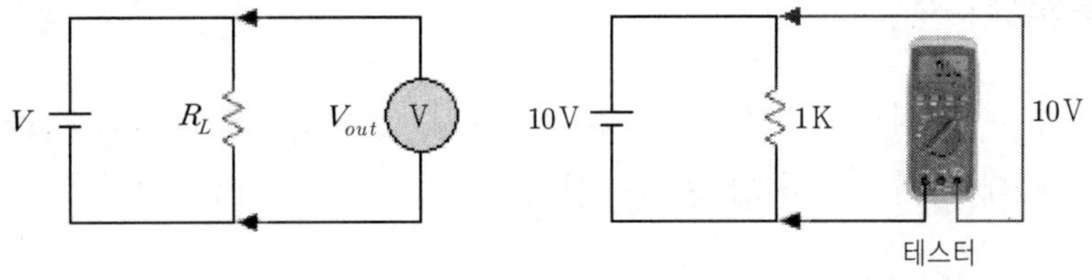

(a) 전압측정회로와 디지털 멀티미터 접속도

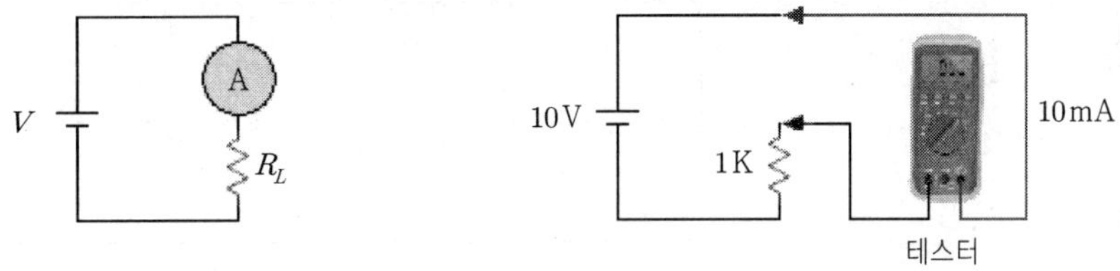

(b) 전류측정회로와 디지털 멀티미터 접속도

[그림 2-27] 전압 · 전류의 측정

(2) 회로시험기 측정 실습

1) 저항의 측정

① 색저항 100Ω, 330Ω, 470Ω, 1kΩ, 2kΩ, 68kΩ, 470kΩ의 저항값을 디지털 멀티미터로 측정한다.

② 1kΩ, 2kΩ 저항 2개를 직렬로 접속하여 합성저항을 측정한다.

③ 1kΩ 저항 2개와 1kΩ, 2kΩ 저항 2개를 각각 병렬로 접속하여 합성저항을 측정한다.

측정방법	측 정 값							
색저항 측정	100Ω		470Ω		2kΩ		68kΩ	
직렬측정	1kΩ 2개 직렬				1kΩ, 2kΩ 직렬			
병렬측정	1kΩ 저항 2개 병렬				1kΩ, 2kΩ 병렬			

2) 직류전압의 측정

① 다음과 같은 회로를 구성하고 각 저항에서 강하되는 전압 V_1, V_2를 측정한다.
② 각 저항에 강하되는 전압을 계산한다.

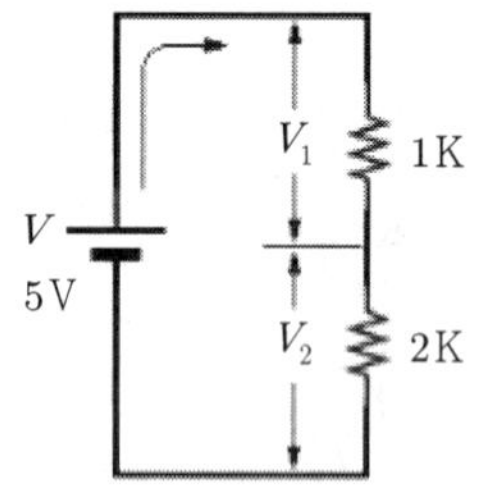

전압강하	측정값	계산값
V_1		
V_2		

3) 교류전압의 측정

① 전원 트랜스 1차 측에 전원코드를 연결한다.
② 트랜스 1차 측에 220V의 교류전압을 가한다.
③ 트랜스 2차 측 단자전압을 측정한다.

4) 직류전류의 측정

① 다음과 같은 회로를 구성하고 각 저항에 흐르는 전류를 측정한다.
② 각 저항에 흐르는 전류를 계산한다.

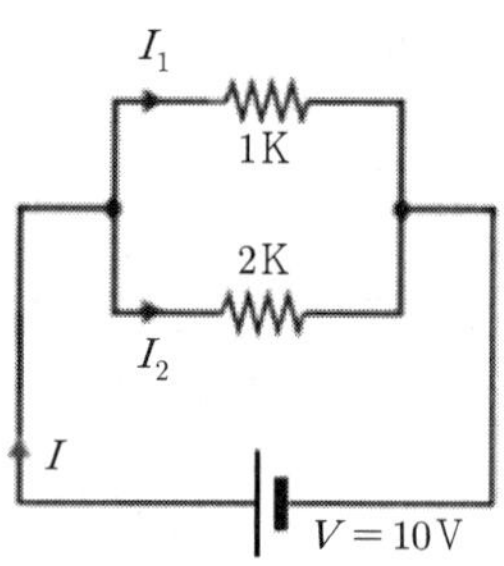

분로전류	측정값	계산값
I_1		
I_2		

2-4 | 전자부품 판별

(1) 수동소자

[그림 2-28] PCB에 조립된 전자부품

1) 저 항

① 저항기의 종류

저항이란 말 그대로 전기의 흐름을 방해하는 부품이다. 즉, 전기의 흐름에 '저항(Resist)' 한다는 의미에서 나온 단어이다.

저항은 전기회로 안에서 전기의 흐름을 제한하여 회로 안에서의 전류(또는 전압)의 크기를 바꾼다. 전류 또는 전압의 크기를 바꾼다는 말은 저항을 통과한 전기의 흐름에서 전압 또는 전류의 크기가 바뀐다는 것을 의미한다. 저항 자체가 제한하는 것은 전기의 흐름 즉, 전류이지만 그 결과로 저항을 통과하면 전압이 떨어지는 결과를 가져온다. 이때 저항과 전압과 전류의 관계는 가장 기본적인 전기 공식인 $V = I \times R$ 로 표시할 수 있으며 저항의 크기 단위는 Ω 으로 표시하고 옴(ohm)으로 읽는다.

실제 회로에서 사용되는 저항의 범위는 0Ω 에서 수MΩ 에 이르기까지 다양하다.

〈표 2-4〉 저항의 종류

저항	탄소피막 저항기	어레이 저항기 (Array Resistor)	볼륨형 가변저항	반고정 가변저항
모양		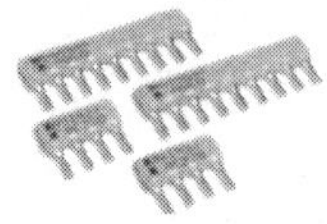		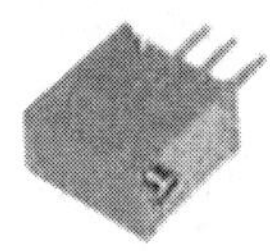
심벌		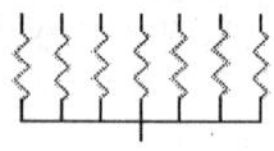		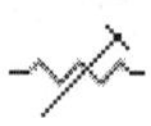

② 색저항 판별

〈표 2-5〉 색저항 판별법

색 (Color)	제1색대 (1st band)	제2색대 (2nd band)	제3색대 (3rd band)	승수 (Multiplier)	오차 (Tolerance)
흑색(Black)	0	0	0	10^0	
갈색(Brown)	1	1	1	10^1	±1%(F)
적색(Red)	2	2	2	10^2	±2%(G)
등색(Orange)	3	3	3	10^3	
황색(Yellow)	4	4	4	10^4	
녹색(Green)	5	5	5	10^5	±0.5%(D)
청색(Blue)	6	6	6	10^6	±0.25%(C)
자색(Violet)	7	7	7	10^7	±0.1%(B)
회색(Gray)	8	8	8	10^8	±0.05%(A)
백색(White)	9	9	9	10^9	
금색(Gold)				10^{-1}	±5%(J)
은색(Silver)				10^{-2}	±10%(K)

③ 저항값의 환산

〈표 2-6〉 색저항값의 환산

색저항	환산법	저항값
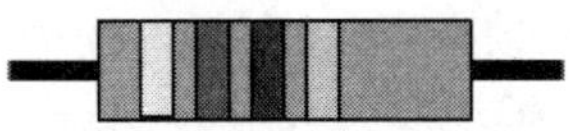	1색대 - 노란색 : 4 2색대 - 보라색 : 7 3색대 - 빨강색 : 승수 10^2 4색대 - 금색 : 허용오차 ±5%(J)	4.7kΩ
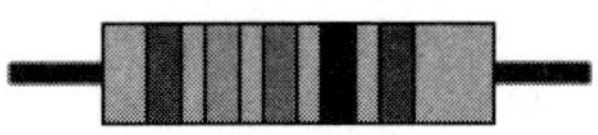	1색대 - 빨강색 : 2 2색대 - 주황색 : 3 3색대 - 보라색 : 7 4색대 - 검정색 : 10^0 5색대 - 갈색 : ±1%(F)	237Ω

④ 저항값의 판독

다음과 같은 저항기의 저항값을 판독한다.

〈표 2-7〉 저항값의 판독

색저항	색대	저항값 환산
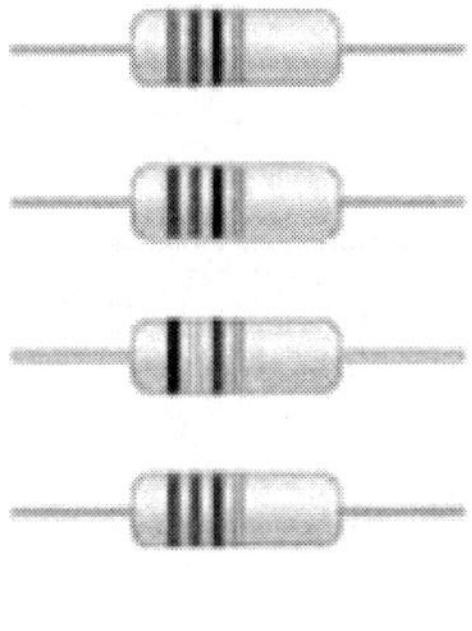	녹적청금	
	적녹흑금	
	황자갈금	
	갈녹적금	

2) 콘덴서

① 콘덴서는 전기(정확한 표기는 전하)를 저장하는 부품

콘덴서(Condenser)라는 이름은 전기를 압축(Condense)한다는 의미에서 붙은 이름이지만 영문 표기로는 Condenser 이외에 Capacitor(커패시터)라는 표기를 많이 사용한다. 영문에서 Condenser에는 축전기라는 의미도 있지만 실제로는 냉매를 압축하는 응축기라는 뜻으로 더 많이 사용된다. 그런데, 우리나라에서 콘덴서라는 단어를 일반적으로 사용 하는 이유는 일본에서 콘덴서라는 명칭을 사용하기 때문이다.

② 콘덴서의 규격과 특성

콘덴서가 전기를 저장한다는 의미는 실제로는 전기의 전하를 저장하는 것이다. 콘덴서는 전하를 정해진 용량만큼 저장하고 다시 이 전하를 방출하는 기능을 함으로써 직류 차단과 교류 통과, 축전지, 필터 등의 기능을 한다. 콘덴서의 용량 단위는 F(패럿 또는 파라드; Farad)이며 이것은 영국의 물리학자인 마이클 패러데이(Michael Faraday)의 이름을 딴 단위이다.

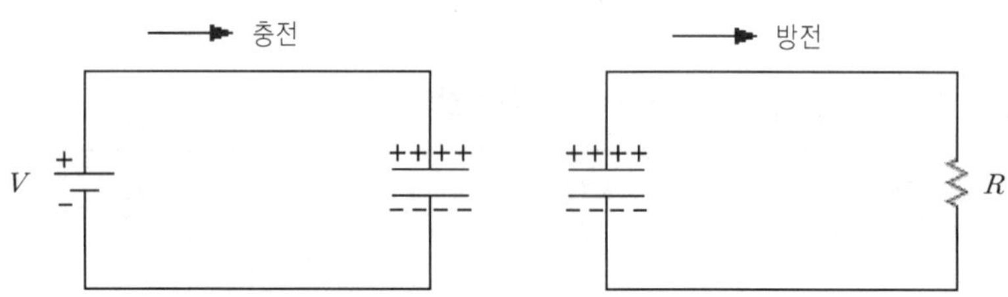

[그림 2-29] 콘덴서의 충전과 방전

〈표 2-8〉 콘덴서의 종류

콘덴서 종류	전해	마일러	세라믹	탄탈
모양		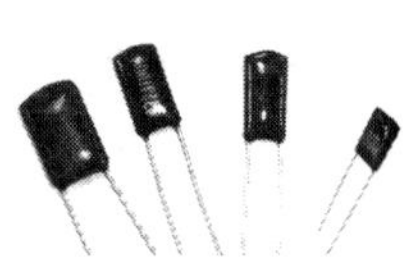		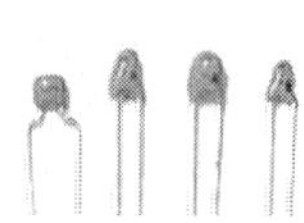
심벌	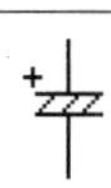	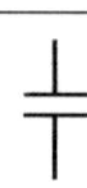	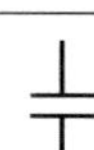	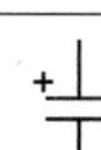

③ 콘덴서 규격판독

세라믹 콘덴서	첫째 숫자	둘째 숫자	셋째 숫자	문자	용량
104J	1위수 용량	2위수 용량	승수	오차	10×10^4pF

마일러 콘덴서	첫째 숫자	둘째 문자	셋째 숫자	넷째 숫자	다섯째 숫자	여섯째 문자	용량
1H224J	내압	내압	1위수	2위수	승수	오차	50V 22×10^4pF

④ 콘덴서의 내압 구분

구분	A	B	C	D	E	F	G	H	J	K
0	1	1.25	1.6	2.0	2.5	3.15	4.0	5.0	6.3	8.0
1	10	12.5	16	20	25	31.5	40	50	63	80
2	100	125	160	200	250	315	400	500	630	800
3	1000	1250	1600	2000	2500	3150	4000	5000	6300	8000

⑤ 콘덴서의 양부 판별

회로시험기(테스터, 디지털 멀티미터)로 두 리드 간의 단락시험 및 저항 레인지에서 충방전시험으로 단락 및 단선을 판별한다.

⑥ 다음 콘덴서의 규격을 판독한다.

구분	실측숫자 및 문자 표시	계산값	오차	내압
세라믹	681K			
	100J			
마일러	2A472J			
	2G222K			

3) 코 일

① 코일이란 동선과 같은 선재(線材)를 나선 모양으로 감은 것이다.

코일의 성질 정도를 나타내는 단위로 헨리(Henry; H)가 사용된다. 선재를 감으면 감을수록 코일의 성질이 강해지며 헨리의 값도 커진다. 코일은 내부에 아무것도 넣지 않은 공심으로 하는 것보다 철심에 감거나 코어라 부르는 철분말을 응고시킨 것에 감는 편이 보다 큰 헨리값이 얻어진다. 통상 전기회로에서 사용하는 코일은 마이크로 헨리(μH)부터 헨리(H)까지 폭넓게 사용된다.

코일을 인덕터(Inductor) 또는 인덕턴스(Inductance)라고 하는 경우가 있다(엄격히 말해서, 인덕턴스라 하는 것은 코일 성분의 정도를 나타내는 것이며, 부품 그 자체를 나타내는 말은 아니다).

코일에 교류전류가 흐른 경우, 코일에 발생하는 자속이 변화한다. 그 코일에 다른 코일을 가까이 했을 경우, 상호유도작용(Mutual Induction)에 의해 접근시킨 코일에 교류전압이 발생한다.

이 상호유도작용의 정도를 상호 인덕턴스(단위는 헨리; H)로 표시한다. 코일이 하나만 있는 경우에도 자신이 발생하는 자속의 변화가 자신에게 영향을 준다. 이것을 자기유도작용이라 하며, 그 정도를 자기 인덕턴스(Self Inductance)로 나타낸다.

헨리의 정의는 어떤 코일에 매초 1 A의 비율(1 A/s)로 전류가 변화할 때, 다른 쪽의 코일에 1V의 기전력을 유도하는 두 코일 간의 상호 인덕턴스를 1헨리(H)로 한다고 되어 있다.

자기 인덕턴스의 경우는 전류의 변화율이 1 A/s일 때 1 V의 기전력을 발생하는 경우의 자기 인덕턴스를 1 H로 한다고 되어 있다.

② 코일의 성질

- 전류의 변화를 안정시키려고 하는 성질이 있다.
- 상호유도작용이 있다.
- 전자석의 성질이 있다.
- 공진하는 성질이 있다.

③ 코일과 트랜스의 종류

〈표 2-9〉 코일과 트랜스의 종류

코일과 트랜스	전원용 초크코일	전원 트랜스	고주파 초크코일
모양			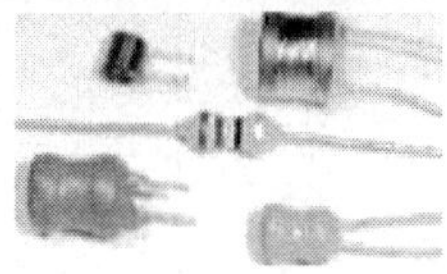
심벌			

④ 코일의 판독

피킹코일	1색	2색	3색	인덕턴스
적황갈	1위수	2위수	승수	$24 \times 10^1 \mu H$

초크코일	1색(은색)	2색	3색	4색	5색	인덕턴스
은등황등	초크코일	1위수	2위수	승수	오차	$33 \times 10^4 \mu H$

⑤ 다음 코일의 규격을 판독한다.

구분	색대	인덕턴스	오차
피킹코일	등황등		
	적등갈		
초크코일	은적황갈		
	은등녹적금		

⑥ 코일의 양부 판별

회로시험기(테스터, 디지털 멀티미터)로 두 리드 간의 단선, 단락시험 및 저항값을 측정하여 양부를 판정한다.

(2) 반도체 소자

〈표 2-10〉 반도체 소자의 종류

소자 종류	용도	심벌	모양
다이오드	정류, 검파, 가변용량, 제너, 터널, 발광, 브리지 다이오드		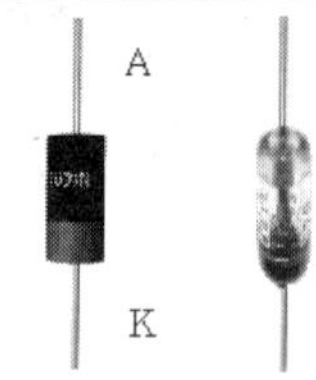
트랜지스터	전류와 전압을 증폭하며 NPN형은 +전압으로 PNP형은 −전압으로 동작한다.	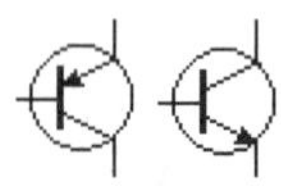 PNP NPN	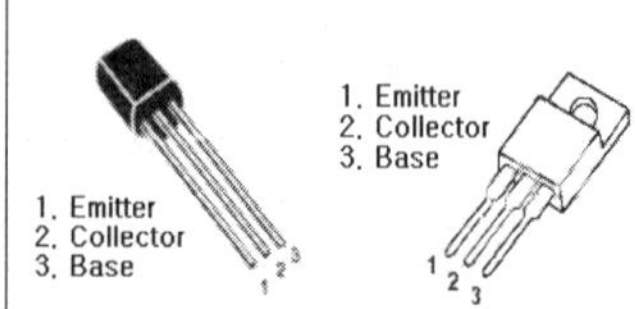
LED	발광 다이오드, 숫자 표시기	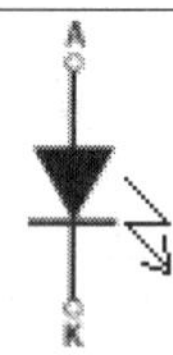	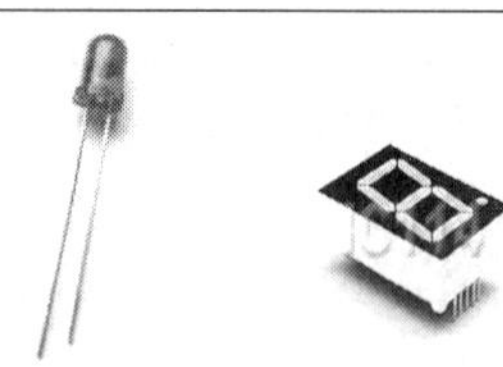
사이리스터	SCR, TRIAC 등으로 전력 제어소자로 사용	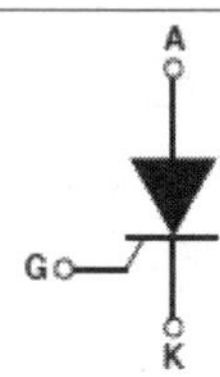	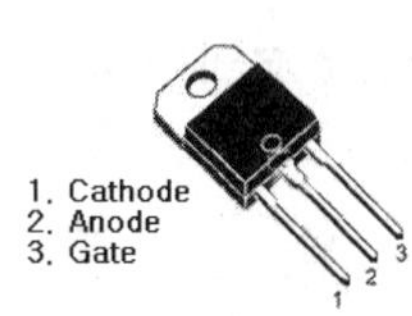
IC	OP AMP : 아날로그 신호의 증폭, 오디오, TV 등 디지털 IC : 디지털 신호의 처리 등 컴퓨터 부품으로 사용	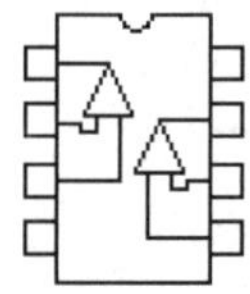	
반도체 센서	포토다이오드, 포토TR, 서미스터, 홀센서, 온도IC, CdS 등	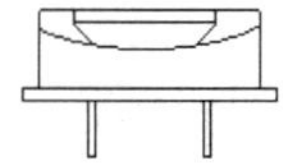	

(3) 기타 부품

1) 스피커와 릴레이

〈표 2-11〉 스피커와 릴레이

부품	용도	모양
스피커	스피커(Speaker, 혹은 Loudspeaker)라고 하는 것은 앰프에서 나온 전기신호를 사람이 들을 수 있는 '공기의 진동', 즉 소리로 바꾸어 주는 역할을 한다. 사람이 들을 수 있는 소리의 범위는 20Hz~20kHz이다. 즉 보통 1초에 20번을 진동하는 낮은 소리부터 2만 번을 진동하는 높은 소리까지 듣는다고 하는데, 이를 가청대역이라 한다. 낮은 소리를 흔히 저역이라 하며, 높은 소리는 고역, 그리고 중간 소리를 중역이라고 한다. 원론적으로 말하자면 좋은 스피커는 저역, 중역, 고역을 충실히 잘 내주어야 한다.	 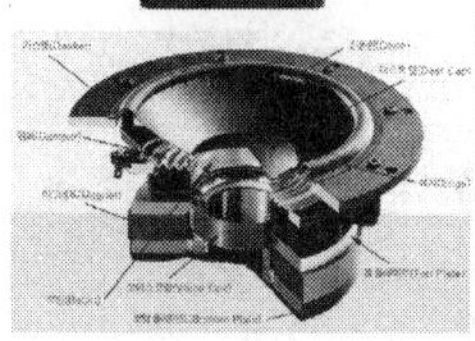
릴레이	전자 릴레이는 철심에 코일을 감고, 여기에 전류를 흘리면 전자석이 되어 가동철편을 흡인한다. 이때 a접점은 폐로(On)가 되고, b접점은 개로(Off)상태가 된다. 이것을 릴레이가 작동한다고 한다. 전자 코일에 전류가 끊기면 각 접점은 원상태로 복귀된다.	 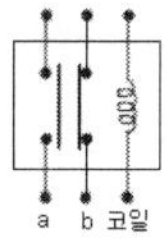

2) 스위치

전기회로의 개폐나 접속상태를 변경하기 위해서 사용하는 기구로 작동 방식에 따라 수많은 종류가 있다.

〈표 2-12〉 스위치의 종류

종류	택트 스위치	푸시 스위치	마이크로 스위치	슬라이드 스위치	로커 스위치	토글 스위치	로터리 스위치	마그네틱 스위치	Dip 스위치
모양									
심벌			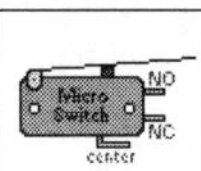	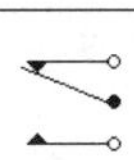	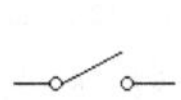	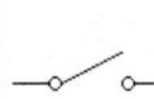	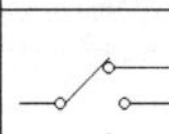	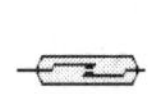	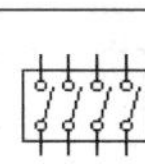

3) 커넥터

장치와 장치 사이, 장치와 부품을 연결하는 접속장치로 용도에 따라 여러 가지 종류가 있다.

〈표 2-13〉 커넥터의 종류

커넥터 종류	용도	모양
동축 커넥터	많은 종류의 동축 커넥터가 있지만 그림은 많이 사용되고 있는 BNC 타입의 동축 커넥터이다. 주로 고주파 신호용으로 사용된다.	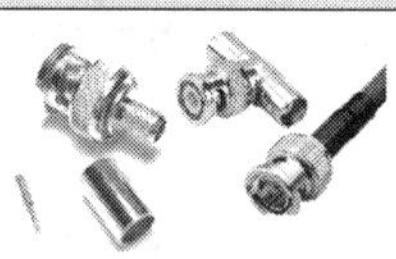
D-SUB 커넥터	컴퓨터와 주변기기를 접속할 때에 많이 사용하는 커넥터로 수십 개의 핀으로 구성되어 있다. 그림은 36핀의 센트로닉스 커넥터로 프린터에 사용되고 있다.	
기판-케이블용 커넥터	PCB 기판에서 인출되는 전선 다발이나 버스선의 연결	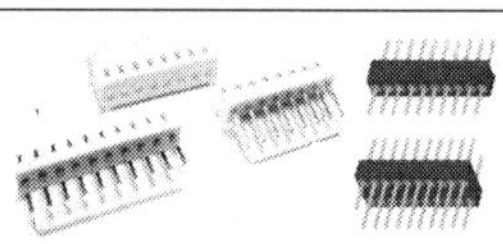
오디오 잭	오디오 기기의 입출력 단자의 접속용 플러그 및 잭	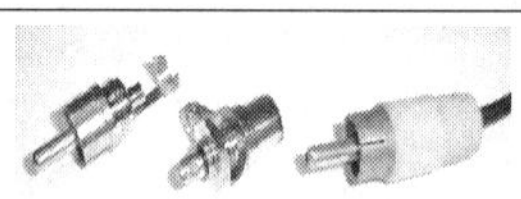
DC전원용 플러그 잭	직류전원용 플러그 및 잭 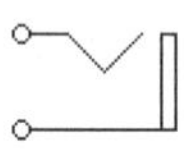	

4) 전기부품

〈표 2-14〉 전기부품의 종류

전기부품	용도	모양
전구 소켓	백열전구용 소켓	
플러그	220V 전원용 플러그	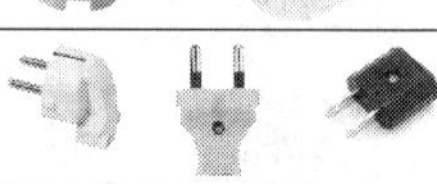
콘센트	220V 전원용 콘센트	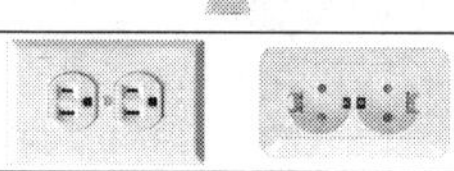
전선	전기회로 배선	

2-5 | 납 땜

(1) 납 땜

① 납땜이란 납을 녹여 금속과 금속을 표면 합금시키는 것이며, 완전한 납땜을 위해서는 우선 접합시킬 부분의 표면을 깨끗이 처리한다.

② 가열된 전기인두의 팁을 접촉시켜 열을 가한 후 땜납을 주입하여 납이 녹아들게 한다.

③ 이때 열을 너무 적게 가하거나 너무 많이 가하면 산화납이나 냉납이 되므로 적당한 시간 동안 가열하여야 한다.

④ 반도체 소자 등 소형의 열에 약한 부품의 납땜은 소용량(20W 이하)의 전기인두를 사용하는 것이 좋다.

⑤ 납땜 면이 크거나 새시 등의 큰 부품의 납땜은 대용량(30W 이상)의 전기인두를 사용하며, 플럭스 인입 납을 사용하거나, 납땜 부위에 플럭스를 칠한 후 납땜한다.

(2) 납땜 시 주의사항

① 납땜 전에 먼저 전기인두의 팁을 깨끗하게 하고 전기인두를 예열하여 둔다.

② 납땜 중에 인두 팁이 오염되지 않도록 부드러운 천으로 닦아 주거나 항상 청결하게 관리한다.

③ 전기인두의 팁이 흔들리지 않는지 확인한다.

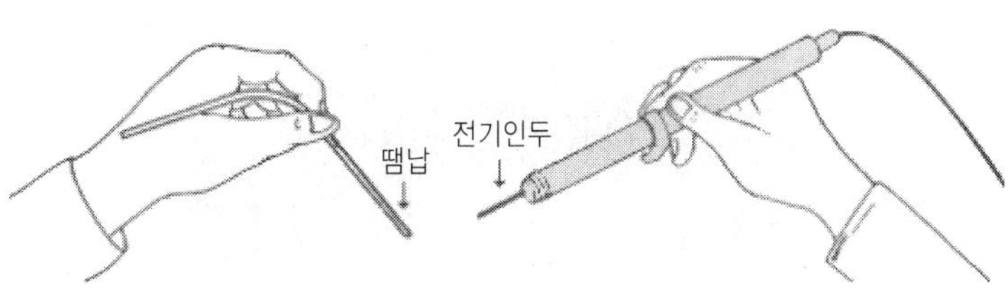

[그림 2-30] 전기인두와 사용법

④ 동박 면에 전기인두 팁을 너무 오래 접촉하지 않는다.
- 동박 과열로 동박 면이 기판에서 떨어질 수 있다.
- 반도체 부품들은 열에 약하기 때문에 전기인두의 과열로 인하여 부품이 파손될 수 있다.

⑤ 전기인두로 인한 화상 및 화재에 주의한다.

⑥ 전기인두를 가열시켜 놓은 상태에서 납땜을 하지 않는 순간에는 인두 받침대에 꽂아 두거나 안전하게 관리한다.

(3) 선 납땜

① 연결하고자 하는 전선의 피복을 벗긴다.

② 피복이 벗겨진 나전선 부분이 펴지지 않도록 각각 꼬아 준다.

③ 열수축 튜브를 한쪽 전선에 씌워 준다.

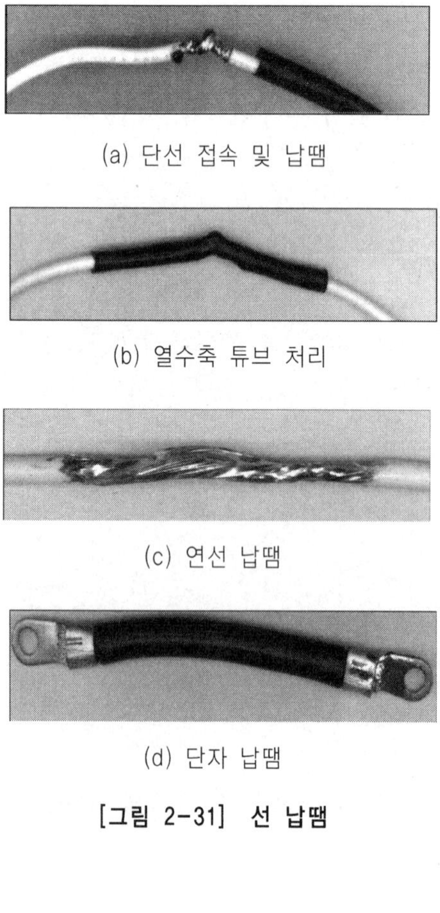

(a) 단선 접속 및 납땜

(b) 열수축 튜브 처리

(c) 연선 납땜

(d) 단자 납땜

[그림 2-31] 선 납땜

④ 두 선의 꼬아진 부분을 어긋나게 접쳐서 상대방 전체에 대고 마주 꼬아서 연결한다.
⑤ 연결하여 접속된 전선 부분에 전기인두를 사용하여 납땜한다.
⑥ 납땜된 부분에 열수축 튜브를 옮겨 씌우고 열을 가하여 굳힌다.

(4) 부품 납땜

① 부품을 PCB나 만능기판에 꽂고 부품의 리드 선을 구부려 부품이 기판에서 빠져 나가지 않도록 한다.
② 기판의 동박 면과 부품 리드에 전기인두 팁을 접촉하여 가열시킨다.
③ 납땜하고자 하는 부분이 적당히 가열되면(1~2초 후) 땜납을 주입하여 녹여들게 한다.
④ 부품 리드와 동박 면에 납이 충분히 녹아들면 땜납을 제거한 후 이어서 전기인두를 제거하여 납땜을 완료한다.
⑤ 납땜 후 불필요한 부품 리드를 절단하여 매끄럽게 처리한다.
⑥ PCB에 부품 삽입법

〈표 2-15〉

① 저항	② 콘덴서	③ 트랜지스터	④ IC	⑤ LED
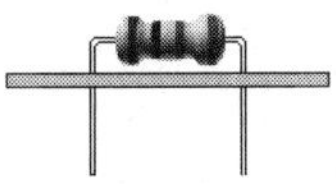		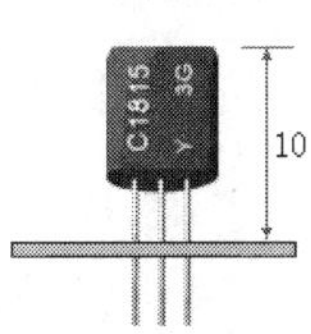	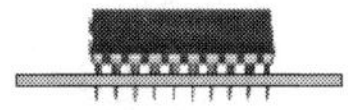	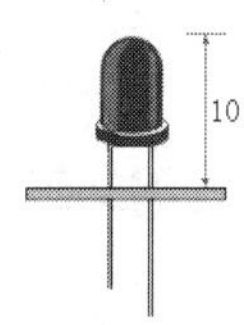
⑥ CdS	⑦ 부품 리드	⑧ 그 밖의 부품들		
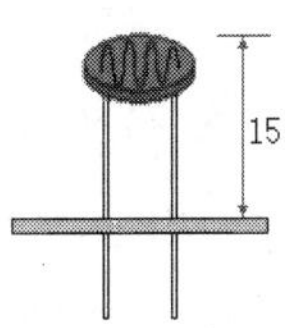	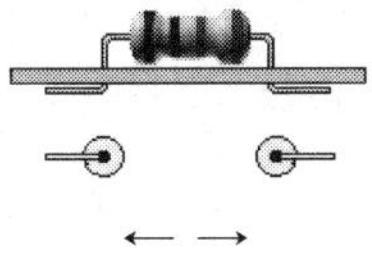 양쪽으로 구부린다.	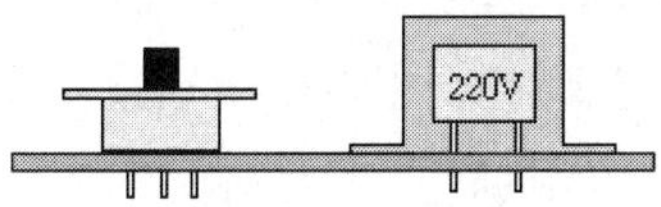 스위치 트랜스		

(5) 납땜 실습

① 선 납땜 : [그림 2-30]과 [그림 2-31]을 참조하여 단선 2가닥을 서로 마주하여 접속하고 납땜한다.

② 기판 납땜 : 기판의 동박 면에 피복을 벗긴 전선을 접속하고 납땜하여 고착한다.

③ 부품 납땜 : [그림 2-32]와 같은 순서로 기판에 전자부품을 꽂고 납땜하여 고착시키고, 불필요한 부품 리드를 절단한다.

④ 납땜 불량이 생기지 않았는지 검사하고 불량 부분이 있으면 납 제거기를 사용하여 교정한다.

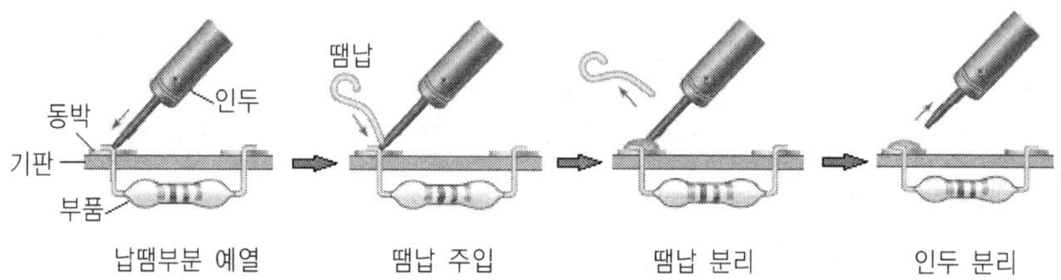

[그림 2-32] 부품 납땜

2-6 | 반도체 소자

(1) 다이오드

다이오드(Diode)라는 말의 어원은 2개의 전극을 의미하는 2(Di)라는 단어와 전극(Electrode; ode)이라는 단어의 복합어에서 유래되었다.

다이오드는 P형 반도체와 N형 반도체를 접합하여 한쪽 방향으로는 도체와 같은 동작을 하여 전류를 도통시키고, 반대방향으로는 절연체와 같은 동작을 하여 전류가 흐르지 못하는 반도체 소자로서 전원장치의 정류기, 통신용 수신기 회로 등에 사용된다.

다이오드의 종류에는 정류 다이오드, 스위칭 다이오드, 정전압(제너) 다이오드, 가변용량 다이오드, 터널(에사키) 다이오드, MES(쇼트키) 다이오드, 발광 다이오드(LED), 수광(포토) 다이오드, 배리스터 다이오드 등이 있다.

(2) 불순물 반도체

실리콘(Si)이나 게르마늄(Ge) 등과 같은 진성 반도체(Intrinsic Semiconductor)에 비소(As), 인듐(In), 붕소(B), 안티몬(Sb)과 같은 원소를 소량으로 혼입하면 진성 반도체와는 다른 전기적 성질이 나타난다.

이러한 반도체를 불순물 반도체(Extrinsic Semiconductor)라 하며, [그림 2-33]에서와 같이 불순물 반도체에는 N형 반도체와 P형 반도체가 있다.

[그림 2-33] 불순물 반도체

1) N형 반도체

전기적으로 중성인 게르마늄(Ge)이나 실리콘(Si)과 같은 4가의 진성 반도체에 비소(As)나 인(P)과 같은 5가의 불순물을 소량 혼입하면 4가 원소와 5가 원소의 공유결합 상태에서 1개의 전자가 남게 되고 불순물의 혼입량을 증가시키면 남아도는 전자의 수도 증가한다. 이렇게 만든 반도체는 －전기를 띠게 되므로 N형 반도체라고 한다.

N형 반도체에서 전자가 다수 캐리어(Carrier : 반송자)이고, 정공은 소수 캐리어이다.

2) P형 반도체

게르마늄이나 실리콘에 붕소(B)나 갈륨(Ga)과 같은 3가 불순물을 소량 혼입하면 4가 원소와 3가 원소의 공유결합에서 전자 1개가 부족한 상태가 된다. 전자가 부족한 부분에 정공(Hole)이 생기게 되며 불순물의 혼입량을 증가시키면 정공의 수도 증가하게 된다. 이렇게 만든 반도체는 ＋전기를 띠게 되므로 P형 반도체라고 한다.

P형 반도체에서 정공이 다수 캐리어이고, 전자는 소수 캐리어이다.

(3) PN 접합

P형 반도체와 N형 반도체를 원자 구조적으로 결합시킨 것을 PN 접합(Junction)이라 하며, 접합면 부근에서는 P형 반도체의 정공과 N형 반도체의 전자가 각각 상대방의 영역으로 확산(Diffusion)되어 들어가고, 이들 전자와 정공은 재결합(Recombination)하여 소멸된다. 이와 같이 전자와 정공이 소멸되어 비어 있는 공간을 공핍층(Depletion Layer)이라고 한다.

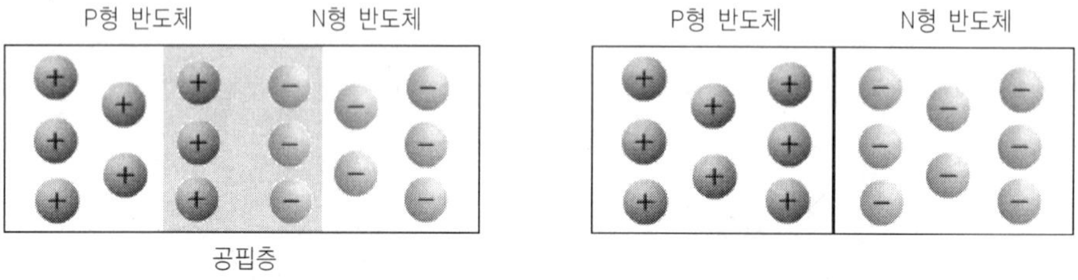

[그림 2-34] PN 접합과 공핍층

(4) 전압이 인가된 PN 접합

1) 역방향 전압 인가

① 역방향 바이어스

[그림 2-35]는 P형 반도체에 직류전원의 －전위가, N형 반도체에 ＋전위가 연결된 것을 나타낸다. 이러한 연결을 역방향 바이어스(Reverse Bias)라고 한다.

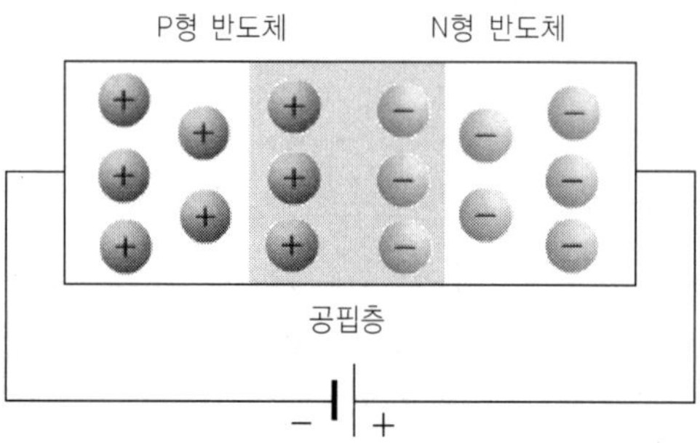

[그림 2-35] PN 접합의 역방향 바이어스

② 동작순서

역방향 전압은 N형 반도체 접합 근처의 전자를 +전원단자 쪽으로 끌어당기고, P형 반도체 접합 근처의 정공을 −전원단자 쪽으로 끌어당긴다.

[그림 2-36]에 나타낸 것과 같이 전자와 정공은 움직일 수 없는 양이온과 음이온을 각각 남기고 이동하므로 공핍층의 폭은 더 넓어진다. 따라서 역방향 전압이 크면 클수록 공핍층의 폭은 더욱 넓어지게 되어 PN 접합에는 전류가 흐르지 않는다.

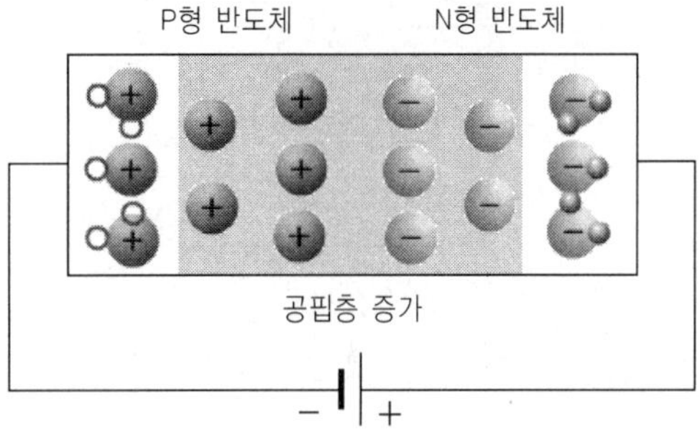

[그림 2-36] 역방향 전압에 의한 공핍층의 확대

2) 순방향 전압 인가

① 순방향 바이어스

[그림 2-37]은 P형 반도체에 직류전원의 +전위가, N형 반도체에 −전위가 연결된 것을 나타낸다. 이러한 연결을 순방향 바이어스(Forward Bias)라고 한다.

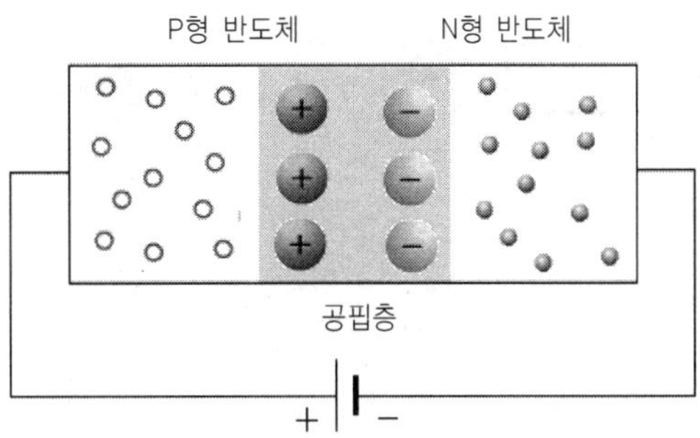

[그림 2-37] PN 접합의 순방향 바이어스

② 동작순서

순방향 전압 방향은 공핍층의 전기장과 반대이므로 공핍층의 폭을 좁히며, 이로 인해 [그림 2-38]과 같이 확산을 저지하던 공핍층 전기장이 작아져서 P형의 정공과 N형의 전자는 접합면을 넘어 확산되고 접합면을 넘어가는 캐리어의 양만큼 새로운 캐리어가 직류전원에서 보충된다. 이와 같이 캐리어가 접합면을 통하여 이동하게 되어 전류를 흘리게 된다.

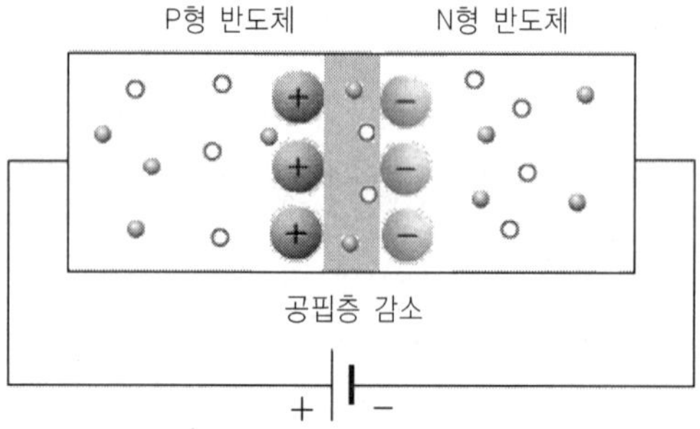

[그림 2-38] 순방향 전압에 의한 공핍층의 감소

(5) 다이오드의 구조와 기본 특성

PN 접합 양단에 가해지는 전압의 방향에 따라 전류를 흐르게 하거나 흐르지 못하게 하는 작용을 정류작용이라 하며, 이 성질을 이용한 반도체 소자가 다이오드(Diode)이다. 즉, 다이오드는 PN 접합의 원리를 응용한 것이다.

1) 구 조

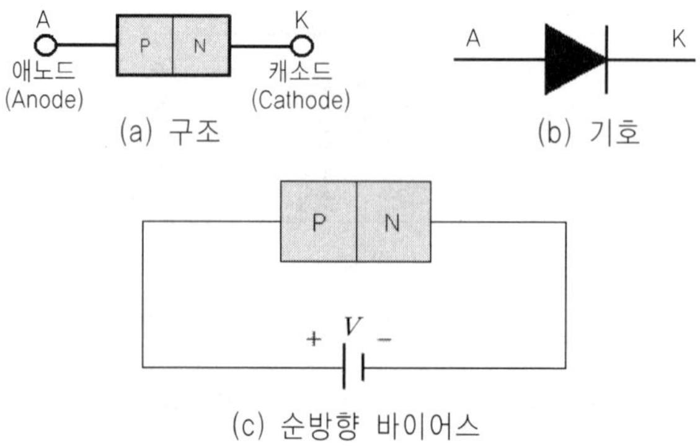

[그림 2-39] PN 접합 다이오드

[그림 2-39]는 실제 다이오드와 기호(Symbol)를 나타낸 것이다. 애노드(Anode; A)는 양극(+)을 의미하며, 캐소드(Cathode; K)는 음극(−)을 의미한다.

2) 다이오드의 특성

① 전압-전류 특성 곡선

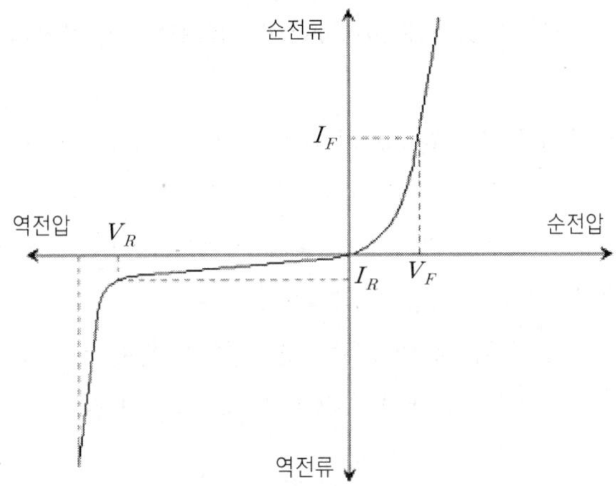

[그림 2-40] 다이오드의 전압-전류 특성

② 정류 다이오드의 입출력 파형

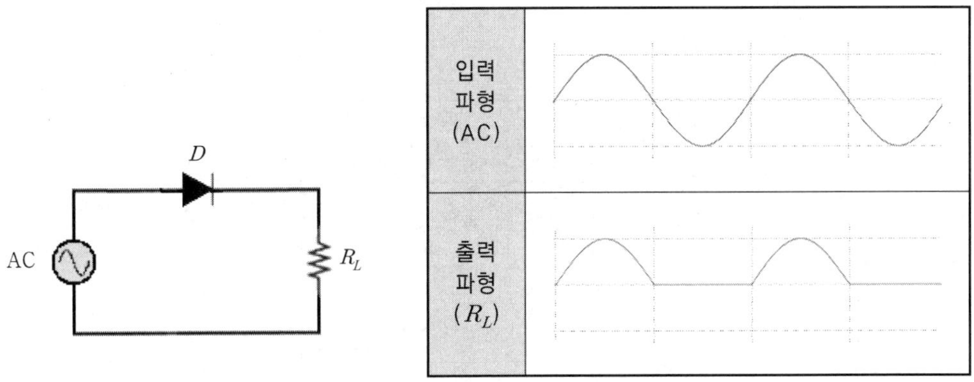

(a) 정류회로 (b) 입출력 파형

[그림 2-41] 정류 다이오드의 입출력 파형

(6) 트랜지스터

1) 트랜지스터의 구조와 원리

① 트랜지스터는 P형 반도체와 N형 반도체를 샌드위치 모양으로 접합시킨 것으로 NPN형과 PNP형이 있다.
② 트랜지스터의 전극은 이미터(Emitter), 베이스(Base), 컬렉터(Collector)의 3극이 있다.
③ 양극성 트랜지스터(BJT : Bipolar Junction Transistor) : 다수와 소수 캐리어가 같이 전류를 형성하기 때문에 바이폴러 트랜지스터(Bipolar Transistor)라 한다.
④ 전계효과 트랜지스터(FET : Field Effect Transistor) : 다수 캐리어만으로 전류를 형성하기 때문에 단극성 트랜지스터라 한다.
⑤ NPN : 2개의 N형 반도체 사이에 P형 반도체가 베이스인 구조
⑥ PNP형 : 2개의 P형 반도체 사이에 N형 반도체가 베이스인 구조

2) 트랜지스터의 동작

① 트랜지스터의 전류

트랜지스터의 이미터 전류, 베이스 전류, 컬렉터 전류 간의 관계는 다음 식과 같다.

$$I_E = I_B + I_C$$

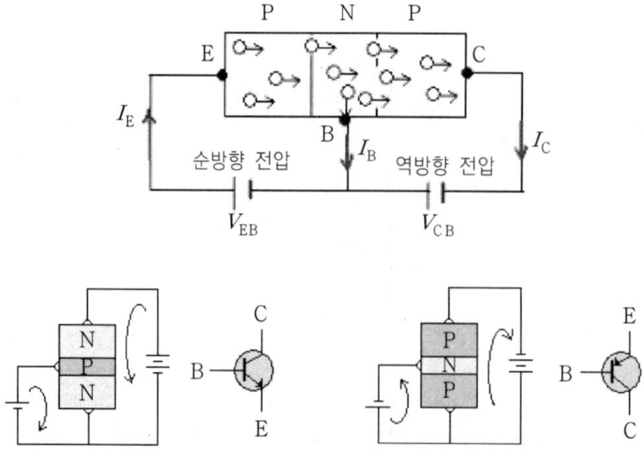

[그림 2-42] 트랜지스터의 각 전극 전류

② 트랜지스터의 형명

2 S C 1815 Y

- 2 — 소자의 종류
- S — 반도체 종류
- C — 용도
- 1815 — 등록순서
- Y — 계량번호

• 트랜지스터
2SA : PNP형 고주파 소신호용
2SB : PNP형 저주파 전력용
2SC : NPN형 고주파 소신호용
2SD : NPN형 저주파 전력용
• FET
2SJ : P채널
2SK : N채널

(7) IC

1) 디지털 IC

① 한 패키지에 구성된 논리형 IC이며 대표적인 논리 게이트는 NAND와 NOR이다.

② 동작 : 전원과 입출력(외부의 수동소자 불필요) 펄스만으로 동작하며 펄스의 High와 Low만으로 동작하므로 동작의 구분이 명확하다.

③ 용도 : 컴퓨터 등 디지털 시스템의 디코더, 가산기, 플립플롭, 카운터, 시프트 레지스터, 멀티플렉서 등에 사용한다.

2) 메모리 IC

① ROM : 하드웨어적으로 기억되어 있는 데이터를 읽어내기만 하는 메모리이며 내용의 변경과 전원이 꺼져도 소멸되지 않으며 비휘발성이기 때문에 지워지면 사용이 불가능하다. 또한 전원이 On되면 바로 사용할 수 있는 시스템 프로그램을 기억시키는 용도로 많이 사용된다.

ROM의 종류로는 마스크 롬(Mask ROM), PROM(Programmable ROM), EPROM(Erasable and Programmable ROM)이 있다.

② RAM : 램은 임의의 기억장소에 프로그램과 데이터를 저장하고 읽어낼 수 있는 기억장치이며 대부분 휘발성 램이다.

RAM의 종류로는 SRAM, DRAM이 있다. SRAM(Static RAM)은 플립플롭으로 구성되어 있으며 컴퓨터의 캐시메모리에 사용되고, DRAM(Dynamic RAM)은 자동 소멸되기 전 자동적으로 회생(Refresh)되도록 회로가 구성되며 비트당 가격이 저렴하다.

③ 플래시메모리는 ROM, SRAM, DRAM의 장점만을 모아놓은 메모리이며 전원을 꺼도 데이터가 남으며 액세스 속도가 빠르고 값도 싸다. 또한 소비전력이 작다. 플래시메모리의 용도는 이동전화기, MP3 플레이어, 디지털카메라, 캠코더 등 주로 휴대용 저장매체로 사용된다.

(8) 기타 반도체 소자

1) 사이리스터

전력 제어용 반도체를 말하며 기본 소자는 쇼클리 다이오드, SCR(단방향성), 다이액, 트라이액(쌍방향성) 등이 있으며 무접점 On/Off 스위치 반도체이다.

2) 실리콘 제어 정류기

실리콘 제어 정류기(SCR : Silicon Controlled Rectifier)는 단방향 제어소자이며 사이리스터의 대표적 소자이다.

① 구조 : PNPN 접합의 4층 구조가 기본이며 P2단자(Gate)에 흐르는 소전류 I에 의하여 양단의 단자 간 전류특성을 제어하는 소자이며 미소한 게이트 전류로 드레인 소스 간의 대전류를 제어하면서 정류할 수 있다.

② 동작 : 게이트(Gate)를 통하여 트리거 펄스를 입력시키면 순간적으로 역방향 항복전압이 무너지면서 일반적인 순방향 다이오드처럼 도통하므로 게이트는 NP 역방향 항복전압을 제한한다.

3) 절연 게이트형 양극성 트랜지스터

절연 게이트형 양극성 트랜지스터(IGBT : Insulated Gate Bipolar Transistor)의 구조와 특징은 다음과 같다.

① 구조 : 입력부(Gate)의 임피던스가 FET와 마찬가지로 무한대에 가깝고 출력 C-E 간은 트랜지스터의 특성을 갖는 전력용 반도체 소자이며 사이리스터의 대체용 소자이다.

② 특성 : 입력 임피던스가 높다. 고속 스위칭이 가능(100kHz)하고, 대전류의 출력 특성이다. SCR은 고속 스위칭이 어렵고, Power FET는 전기적 충격에 약한 반면 IGBT는 고속, 대전력, 고효율로 성능이 우수한 소자이다.

실험실습

(1) 회로시험기로 다이오드 양부 검사방법

1) 다이오드 순방향 테스트

① 회로시험기의 저항 레인지를 ×10에 놓고 리드봉을 단락시켜 0Ω을 조정한다.

② 측정하고자 하는 다이오드를 브레드보드에 꽂는다.

③ 흑색 리드봉을 다이오드 애노드 단자에 접속하고, 적색 리드봉을 캐소드 단자에 접속한다.

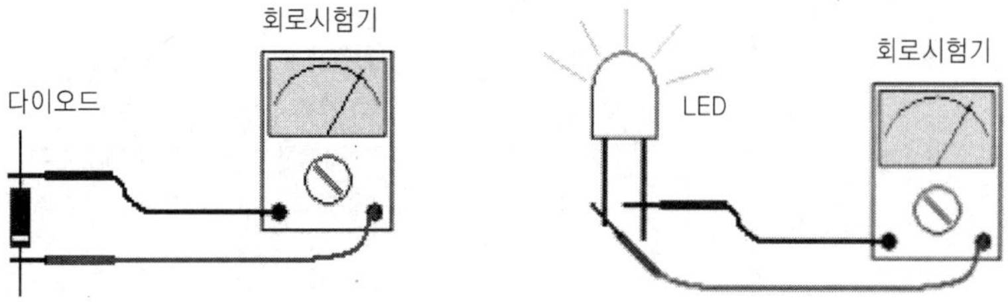

④ 회로시험기의 지침을 읽는다. 저항 눈금이 50~80Ω 정도를 가리킨다. (풀 스케일의 80% 정도 지시하면 정상이다.)

⑤ 저항 ×10 레인지에서 지침이 우측 풀 스케일(0Ω) 위치를 지시할 경우 다이오드에 흐르는 전류는 14mA이고, ×1 레인지일 경우는 최대 140mA의 전류가 흐르는 것을 의미한다.

2) 다이오드 역방향 테스트

① 회로시험기의 저항 레인지를 ×10K R에 놓고 0Ω을 조정한다.

② 리드봉을 순방향의 경우와 반대로 접속한다.

③ 지침이 거의 움직이지 않는다(∞)면 정상이다.

④ 전기인두나 드라이어로 저항에 열을 가하면 저항이 감소하여 지침이 오른쪽으로 움직인다.

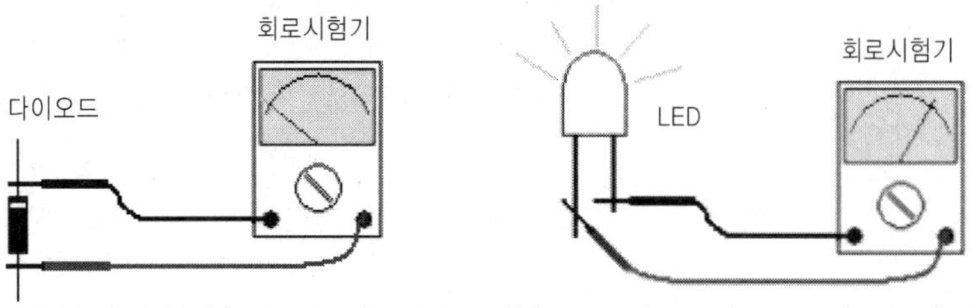

(2) 반도체 소자의 양부 판별

1) 다이오드, LED

가. 다이오드

- 다이오드는 양극으로부터 음극으로 전류가 흐르며 그 반대로는 전류가 흐르지 않는다는 점을 이용하여 순방향과 역방향의 저항을 측정하면 다이오드의 이상 유무나 극성을 알 수 있다.
- 아날로그 테스터를 저항계로 사용하는 경우 마이너스 단자(흑색 리드봉)에서 플러스 단자(적색 리드봉)로 전류가 흐른다는 것을 염두에 둔다.

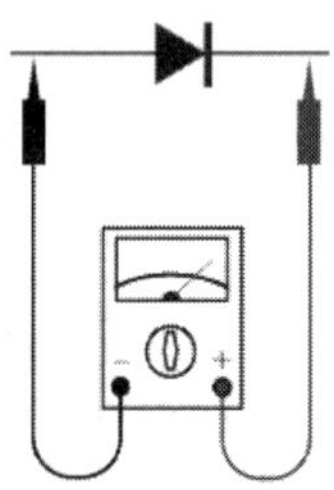

〈다이오드 및 LED 측정〉

① 측정 레인지 : R×100(1000)Ω
② 양부 판정 → 테스터봉 교대 시 저항값 차가 크면 정상
③ 단자 찾기 : 저항값 적게 나올 경우
애노드(A, +) 단자 찾기 → 흑색 리드봉
캐소드(K, −) 단자 찾기 → 적색 리드봉
* 디지털 멀티미터는 반대
(+)적색 리드봉 − 애노드
(−)흑색 리드봉 − 캐소드

- 순방향은 10~20Ω, 역방향은 무한대

나. LED

① 측정 레인지 : R×100(1000)Ω
② 단자 찾기 : LED 점등 시
애노드(A, +) 단자 찾기 → 흑색 리드봉
(디지털 멀티미터의 경우 적색 리드봉)
캐소드(K, −) 단자 찾기 → 적색 리드봉
(디지털 멀티미터의 경우 흑색 리드봉)

2) 트랜지스터

- 트랜지스터는 두 개의 다이오드를 접속한 것과 같은 구조로 되어 있기 때문에 트랜지스터를 검사하는 것은 두 개의 다이오드를 검사하는 것과 같다.

- 이미터-베이스 : 순방향(10~20Ω), 역방향(∞)
* 컬렉터-베이스 : 순방향(10~20Ω), 역방향(∞)
* 컬렉터-이미터 : 순방향(∞), 역방향(∞)

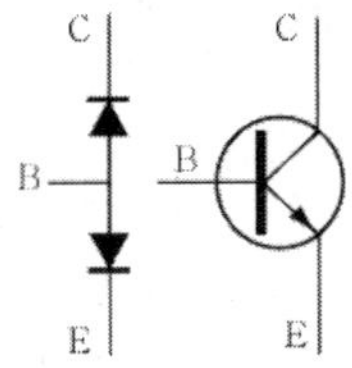 〈NPN형〉	• 이미터와 컬렉터 구분(NPN인 경우) 아날로그 테스터의 레인지를 R×10K로 한 후 컬렉터(C)와 이미터(E) 간을 측정, 컬렉터에 적색, 이미터에 흑색 리드봉을 접속했을 때 지침이 1/3 정도 움직이며 역으로 하면 움직이지 않는다. * 디지털 멀티미터는 반대로 컬렉터에 흑색, 이미터에 적색 리드봉을 접속
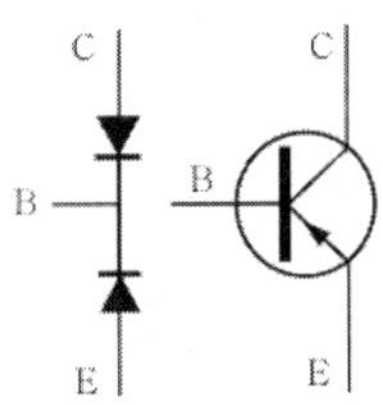 〈PNP형〉	• 베이스 단자(B : Base) 찾기(아날로그 테스터) ① 측정 레인지 : R×100(1000)Ω ② 두 개의 봉을 각 단자에 접촉, 지침→0 부근을 지시 * NPN형-흑색 리드봉(디지털 테스터는 적색 리드봉) * PNP형-적색 리드봉(디지털 테스터는 흑색 리드봉) • 컬렉터(C : Collector) 단자 찾기(아날로그 테스터) ① 측정 레인지 : R×10kΩ ② 두 개의 봉을 각 단자에 접촉, 지침→0 부근을 지시 * NPN-적색 리드봉(디지털 테스터는 흑색 리드봉) * PNP-흑색 리드봉(디지털 테스터는 적색 리드봉)

3) SCR

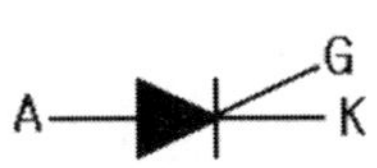 A : Anode K : Cathode G : Gate	• 특징 * PNPN 다이오드에 게이트를 붙인 것으로 A-K에 순방향 전압을 걸고, 게이트에 신호를 가하면 A-K가 도통 * 게이트에 가하는 신호를 트리거 신호라 하며, 이 신호 위상을 조절하면 A-K 간에 흐르는 전류가 조절 * 용도 : 조명등의 밝기 조절, DC Motor의 속도 조절 * 특성 : 소형, 경량, 고속동작, 제어가 용이 • 동작원리 * A에 +, K에 −전위를 주면 중앙의 PN 접합부는 역바이어스 공핍층이 생겨 SCR은 Off(차단) 상태 * G에 Ig를 흘리면 공핍층이 얇아지고 Ig 또는 VA를 증가시키면 공핍층은 소멸, SCR은 On 상태가 된다. * SCR은 한번 On이 되면 Ig를 줄여도 Off 되지 않음. Off시키기 위해서는 A전위를 0V나 −로 한다.

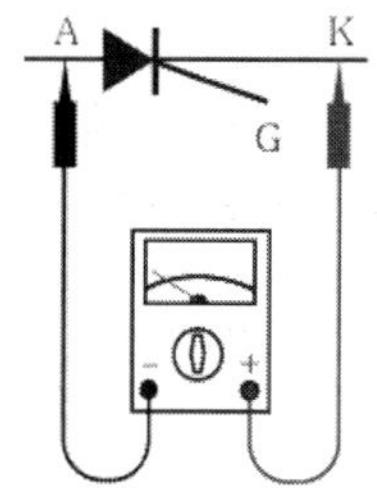	• 아날로그 테스터의 레인지를 R1로 설정 * G−K : 15~20Ω * A−K : ∞ * G−A : ∞ * A−K : ∞ (A−G 접속 후 On 상태 유지) (만약 게이트에 전압을 가하여 A−K가 도통되지 않거나 일시적으로 도통되었다가 차단되는 것은 불량) A(애노드) − 흑색 리드봉(디지털 멀티미터는 적색 리드봉) K(캐소드) − 적색 리드봉(디지털 멀티미터는 흑색 리드봉)

4) TRIAC

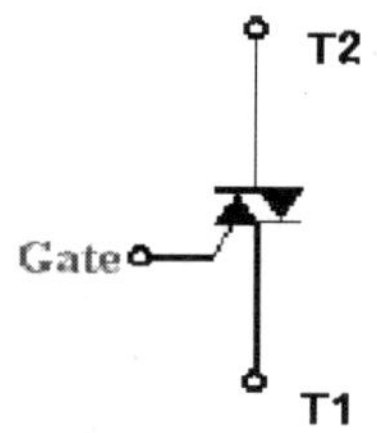 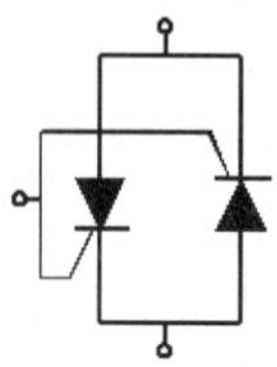 SCR 역병렬 접속  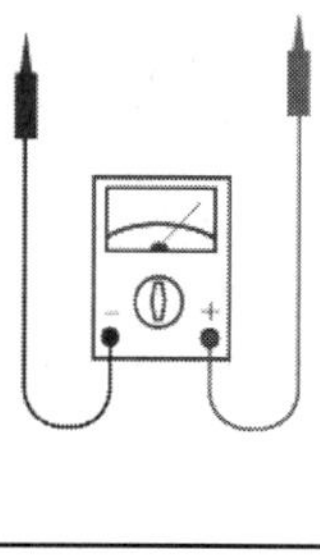	• 특징 * TRIAC은 SCR을 두 개 역병렬로 접속한 구조 − SCR과 특성, 동작원리는 같으나 TRIAC은 쌍방향 제어 가능 − SCR은 직류부하, TRIAC은 교류사용 가능 * TRIAC은 3단자 반도체 스위치이며, 쌍방향 소자 * 교류 제어가 가능하며, 게이트에 +나 −신호를 가해도 동작되는 소자 * TRIAC은 소신호(Gate)로 대신호 T1−T2 간의 AC전류를 제어하는 쌍방향 스위치 소자 * 용도 : 중 · 소 교류전력 제어, 선풍기, 세탁기 등 * TRIAC은 SCR과 마찬가지로 직류에 대해서는 유지전류 특성이 있음. 일단 도통상태가 되면 게이트 전압을 제거하여도 도통상태 유지 • 아날로그 테스터를 저항 R1에 설정 (디지털 멀티미터는 저항에 설정) * T1−G : 15~20Ω * T1−T2 : ∞ * T2−G : ∞ * T1−T2 : ∞ (T2−G 접속 후 On 상태 유지) * 게이트는 실물에 표시, T2는 방열판과 연결 * T1과 T2 간에는 저항값이 무한대를 지시하며 그 상태에서 게이트에 +전압을 인가하면 T1과 T2 사이에 통전상태가 되고 게이트의 전압을 떼어도 도통상태가 유지 * 리드봉을 위의 사항과 반대로 접속하고 게이트에 −전압을 인가하여도 TRIAC은 도통

5) IC : Digital Logic IC는 IC 테스터를 사용하여 양부검사

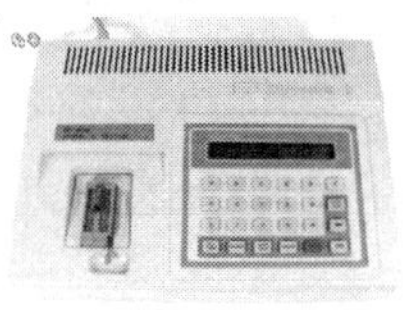 〈Digital IC Tester〉	 • 16 문자 LCD에 테스트 모드 및 테스트 결과 표시 • 불분명한 IC의 명칭을 알아내어 이름 표시, 광범위한 TTL CMOS IC 체크 • 적용 IC 종류 : 54/74, 55/75, CMOS • Test Mode(Normal, Search, Auto, Loop 중 선택) 버튼을 누르면 테스트 후 테스트 결과를 사진처럼 IC 이름과 상태 표시

2-7 | 오실로스코프 사용법

(1) 디지털 오실로스코프(EZ DS1000)

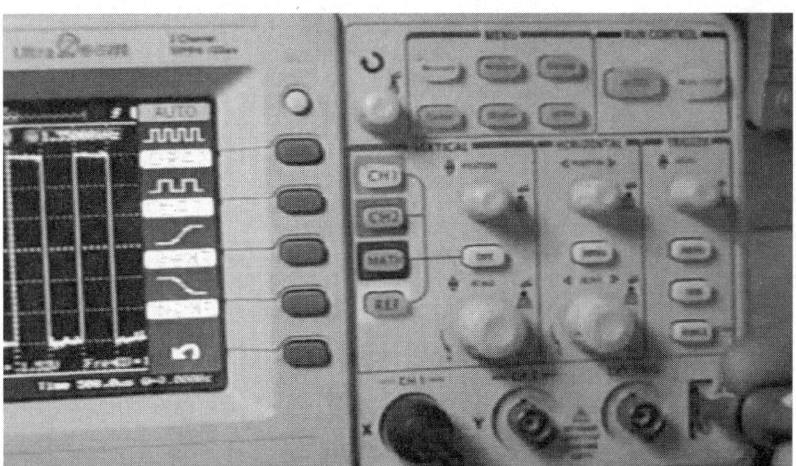

[그림 2-43] 디지털 오실로스코프

① 프로브를 오실로스코프의 CH1 잭에 체결한 후 측정봉을 우측 하단의 교정전압 1kHz 훅에 접속하고 AUTO 버튼을 누르면 기준신호의 펄스 파형이 화면에 표시된다.

② 좌측의 VOLT/DIV 노브를 돌려서 5V 위치에, 우측 TIME/DIV 노브를 돌려서 1000μs로 조정한다.

③ 유틸리티(Utility) 버튼을 눌러 카운터-켜기에 설정하고, 언어-한국어로 설정한다.

④ 디스플레이(Display) 버튼을 눌러 화면밝기와 파형밝기를 적당한 위치로 설정한다.

⑤ Measure 버튼을 눌러 전압-화살표 표시의 노브를 돌려서 최대값에서 최소값까지 사이의 항목 중에 최대값, 평균값에 각각 놓고 한번 눌러 준다. 시간-화살표 표시의 노브를 돌려서 주파수에 놓고 한번 눌러 준다.

⑥ 채널1(CH1) 버튼을 누른 후 커플링을 직류, 프로브는 ×10으로 조정한다.

⑦ 디스플레이(Display) 버튼을 눌러 화면밝기와 파형밝기만 적당히 조정한다.

⑧ 트리거 레벨 메뉴는 모드에서 에지 또는 펄스로 조정한다.

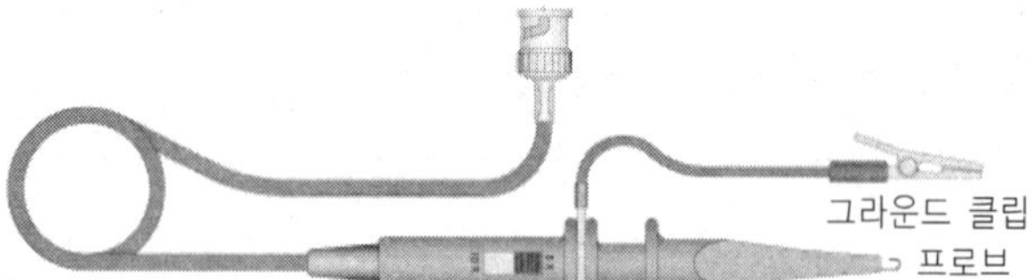

[그림 2-44] 프로브

(2) 아날로그 오실로스코프(EZDS-1080)

① CH1의 AC-GND-DC 스위치를 AC에 놓는다.

② CH1 프로브에 측정하고자 하는 신호전압을 접속한다.

③ CH1 VOLT/DIV 노브와 수직 POSITION 노브를 조정하여 측정 가능한 위치로 한다.

④ TRIGGER LEVEL 노브를 조정하여 파형이 안정되게 한다.

⑤ A TIME/DIV 노브와 수평 POSITION 노브를 조정하여 측정 가능한 위치로 한다.

⑥ 100Hz 이하의 정현파나 1kHz 이하의 구형파를 측정할 때는 AC-GND-DC 스위치를 DC에 놓는다.

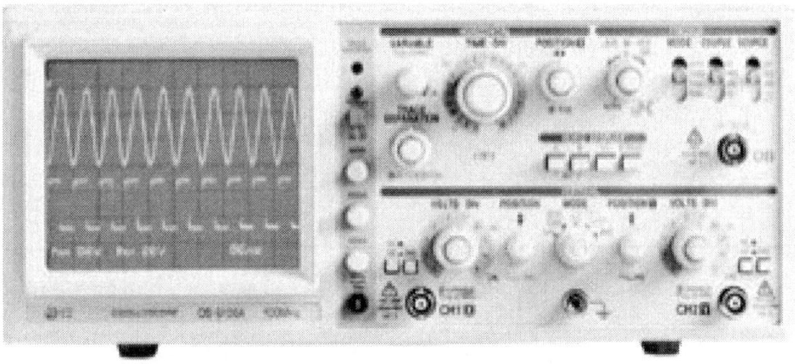

[그림 2-45] 아날로그 오실로스코프

(3) 전압(진폭)측정

오실로스코프의 전압측정은 일반적으로 최대값(V_m) 측정과 첨두값(V_{p-p}) 측정의 2가지가 있다. 첨두값 전압측정은 GND 기준으로부터 파형 상의 각 점의 전압을 측정하는 것이다.

위의 측정을 모두 정확히 하기 위해서 VARIABLE은 시계방향으로 반드시 돌려놓는다.

① 오실로스코프 수직 모드의 스위치는 기본 측정과 같이 설정한다.

② TIME/DIV는 2∼3주기 정도의 파형이 되도록 조정하고, VOLT/DIV 스위치는 CRT 화면 내에 파형이 들어오도록 적당히 조정한다.

③ 수직 POSITION을 적당히 조정하여 파형의 끝 부분을 CRT의 수평 눈금과 일치시킨다.

④ 수평 POSITION를 적당히 조정하여 CRT의 중앙 수직선상의 파형의 끝 부분이 오도록 조정한다(이 선에는 0.2칸 간격이 눈금으로 그어져 있다).

⑤ 파형의 위쪽 끝 부분과 아래쪽 끝 부분의 칸과 눈금을 세어서 그 값에다 VOLT/DIV 스위치의 값을 곱하면 첨두값(V_{p-p})이 된다. 예를 들면 [그림 2-46]과 같은 파형을 측정하여 그때 VOLT/DIV값이 2V라면 실제는 4.0V_{p-p}가 된다(2.0 DIV×2V=4.0V)

⑥ 만약 수직 확대 표시가 ×5 모드이면 측정값에서 5를 나누어 준다. PROBE가 10 : 1이면 10배를 곱해 준다.

⑦ 100Hz 이하의 정현파나 1kHz 이하의 구형파를 측정할 때는 AC-GND-DC 스위치를 DC에 놓는다.

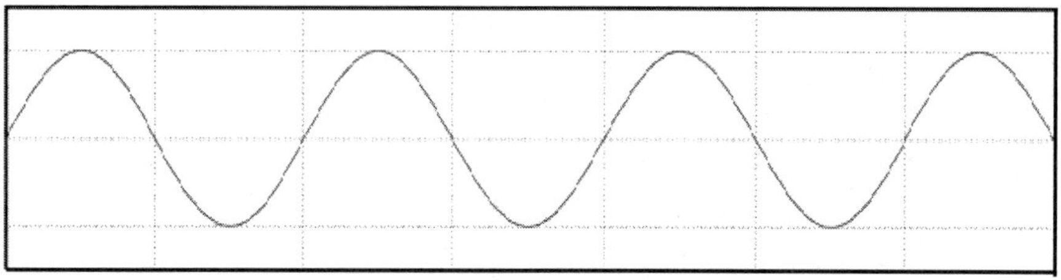

[그림 2-46] 전압측정 파형

(4) 주기(주파수)측정

① 전압(진폭)측정의 ①~④항까지 동일하게 조정한다.

② 측정하고자 하는 파형의 한 주기 지점까지의 눈금을 읽는다. 수평 중앙눈금에는 0.2칸까지의 눈금이 매겨져 있다.

③ 측정한 눈금과 TIME/DIV 스위치가 설정한 값을 곱하면 구하고자 하는 시간이 된다.

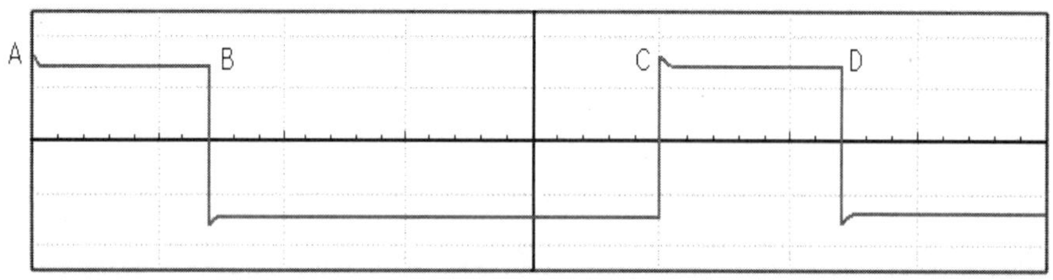

[그림 2-47] 주기측정 파형

④ 주기측정 : A와 C의 1주기의 측정값은 TIME/DIV 스위치가 0.1 ms에 설정되어 있다면 $0.1\text{ms} \times 5 = 0.5\text{ms}$의 주기를 갖는 파형이 된다.

$$T = 0.5\,\text{ms}$$

⑤ 주파수 측정 : 주파수는 주기의 역수이고, 주기는 10ms이므로 다음과 같이 구한다.

$$f = \frac{1}{T} = \frac{1}{0.5 \times 10^{-3}} = 2000\,\text{Hz} = 2\text{kHz}$$

⑥ 펄스폭 측정 : 펄스폭은 A-B(또는 C-D)의 시간이며, 측정값은 1.4칸이다.

$$W = 1.4 \div \times 0.1\,\text{ms} = 0.14\,\text{ms}$$

⑦ 듀티 사이클 : 듀티 사이클은 펄스의 주기(ON 시간과 OFF 시간의 합)의 ON 시간에 대한 백분율이며, 듀티 사이클은 다음과 같이 계산한다.

$$\text{듀티 사이클} = \frac{\text{펄스폭}}{\text{주기}} \times 100 = \frac{\text{A} - \text{B}}{\text{A} - \text{C}} \times 100 = \frac{1.4}{5} \times 100 = 28\,[\%]$$

(5) 파형측정

① 다음 파형의 주파수, 주기, 전압을 계산한다.

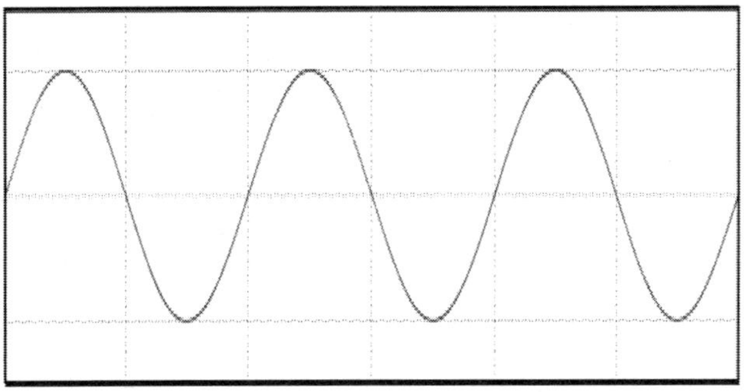

• 측정조건
① Time/Div = 0.2 ms
② Volt/Div = 1 V
③ Probe = 10 : 1

② 측정조건에서 TIME/DIV=0.2 ms는 무엇을 의미하는가?

③ VOLT/DIV=1V는 무엇을 의미하는가?

④ Probe의 10 : 1은 무엇을 의미하는가?

⑤ 측정값

구분	첨두전압(V_{pp})	실효전압(V_r)	주기(T)	주파수(f)
측정값	[V_{p-p}]	[V]	[ms]	[Hz]

2-8 | 전원회로

(1) 정류회로

LED의 구동전압-전류 특성에서 LED의 구동전압은 대체로 직류 2.5V에서 3.5V 사이인 것을 확인하였다. 건전지 등 일반적인 직류전원을 사용하여 LED를 구동시키는 것은 여러 가지 문제점이 있으므로 교류를 직류로 바꾸어 LED 구동전원으로 사용한다. 교류를 직류로 바꾸는 과정을 정류라 하며 이때 사용하는 소자를 정류소자라 하고 실리콘 다이오드가 널리 쓰인다.

정류전압은 완전한 직류가 아니고 교류가 포함된 맥류이므로 이를 평활하여 맥동성분을 제거하여 직류로 만들어야 한다. 또한 여러 가지 원인에 의해 직류전압이 변동하는 것을 방지하기 위하여 정전압회로를 부가하여 사용한다. 정류회로는 반파 정류회로와 전파 정류회로가 있다.

1) 반파 정류회로

[그림 2-48]의 (a)는 반파 정류회로를 나타낸 것이다.

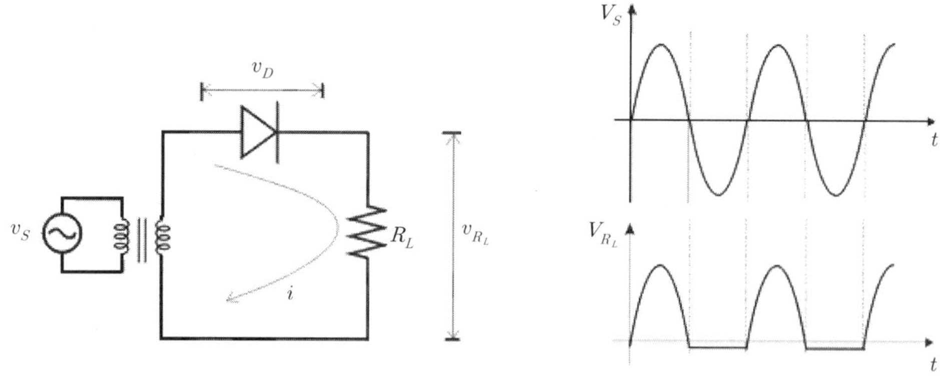

(a) 정류회로 (b) 부하 양단의 전압파형

[그림 2-48] 반파 정류회로와 출력파형

이 정류회로는 교류전압이 변압기를 통하여 적당한 전압으로 변압되고 다이오드에 가해지면 +반파는 순방향 전류(i)로 다이오드를 통과하지만 −반파는 통과하지 못한다. 따라서 부하저항(R_L) 양단에는 [그림 2-48]의 (b)와 같이 입력된 교류전원의 + 반주기에 해당하는 전압이 나타난다.

2) 전파 정류회로

전파 정류회로에는 [그림 2-49]의 (a)와 같은 중간 탭을 가진 변압기를 이용한 전파 정류회로와 [그림 2-49]의 (b)와 같은 브리지(Bridge)형 전파 정류회로가 있다.

(a)의 회로에서 +반파는 다이오드 D_1에 대해 순방향 전류(i_1)를 흐르게 하고, −반파는 다이오드 D_2에 대해 순방향 전류(i_2)를 흐르게 하므로 부하저항에는 이 두 전류가 합해져서 흐르게 된다. 따라서 부하저항의 전압은 두 반파가 합해져서 나타난다.

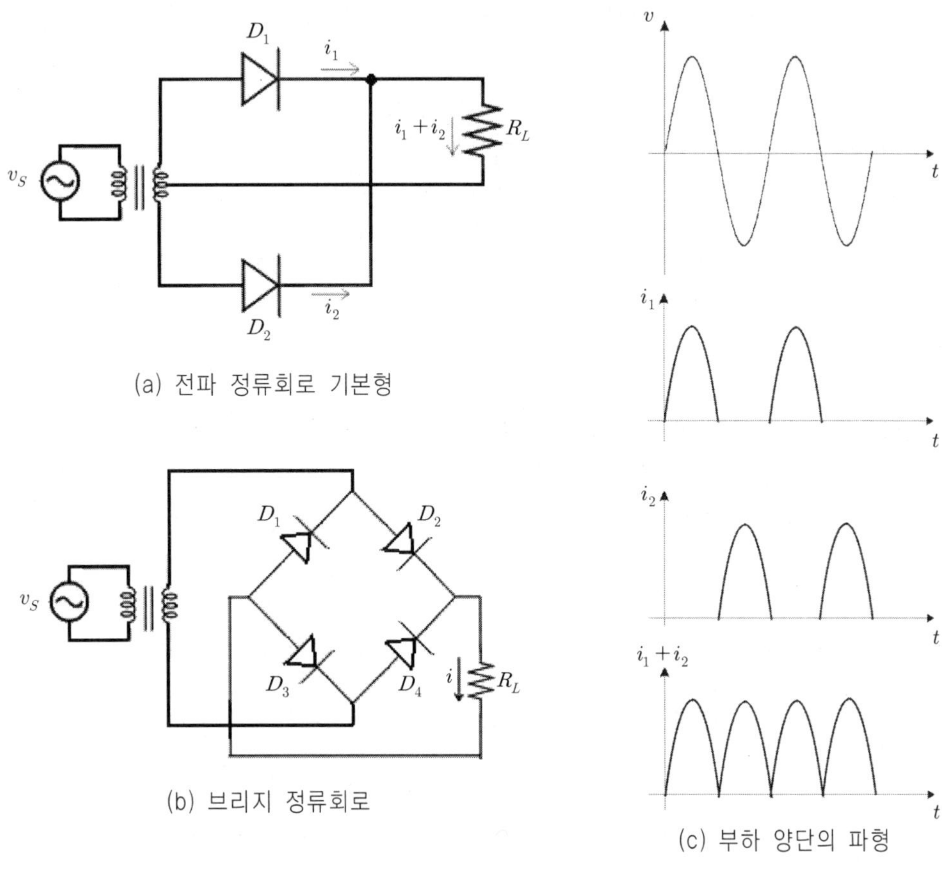

(a) 전파 정류회로 기본형

(b) 브리지 정류회로

(c) 부하 양단의 파형

[그림 2-49] 전파 정류회로와 출력파형

(b)의 회로는 브리지 정류회로를 나타낸 것으로 변압기의 중간 탭을 사용하지 않는 방법이다. 이 회로는 다이오드를 4개 사용하므로 다이오드에 걸리는 역전압이 반으로 줄어든다. 브리지 정류회로의 출력파형은 [그림 2-49]의 (c)와 같이 전파 정류회로의 파형과 동일하다.

정류된 전압은 그대로 직류전원으로 사용할 수 없다. 정류는 교류의 반파를 통과시켜 맥류로 만들어 줄 뿐이므로, 교류를 직류로 바꾸어 직류전원으로 사용하려면 [그림 2-50]과 같이 정류된 맥류를 평활회로를 사용하여 교류성분을 제거하여야 한다. 또한 전원전압의 변동에 따라 직류출력이 변하는 것을 방지하기 위하여 정전압회로를 부가하여 직류전원장치로 사용한다.

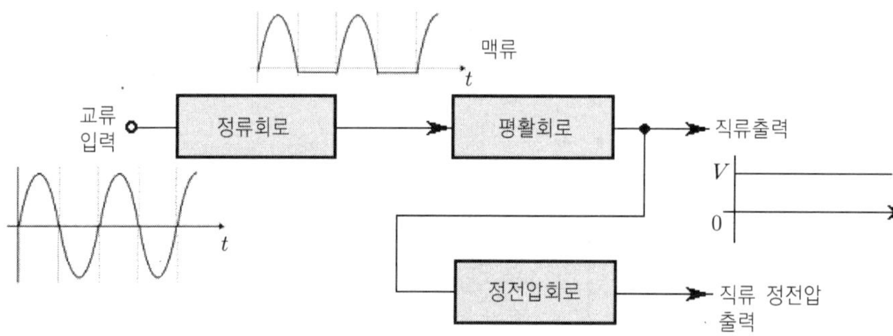

[그림 2-50] 정류회로의 구성

(2) 평활회로

정류된 전압은 파형이 맥동파이므로 직류전압이라 할 수 없다. 맥동률을 감소시켜 직류로 만들기 위해서는 평활회로가 필요하게 된다. 평활회로는 여파기(Filter)라고도 하며 [그림 2-51]과 같이 콘덴서, 저항, 초크코일 등으로 구성된 CR형 평활회로, π형 초크 평활회로 등이 있다.

(a) CR형 평활회로　　(b) π형 초크 평활회로

[그림 2-51] 평활회로

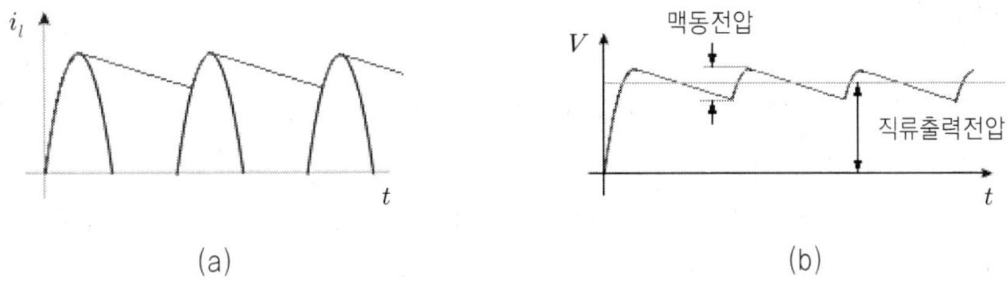

[그림 2-52] 평활회로 출력파형

(3) 정전압회로

1) 전압변동률

직류전원은 부하가 변동해도 전압이 변동하지 않아야 하는데 이를 위하여 안정화 전원회로를 사용한다. 안정화 전원은 [그림 2-53]과 같이 일반적으로 정전압 다이오드에 의한 안정화 회로를 사용한다.

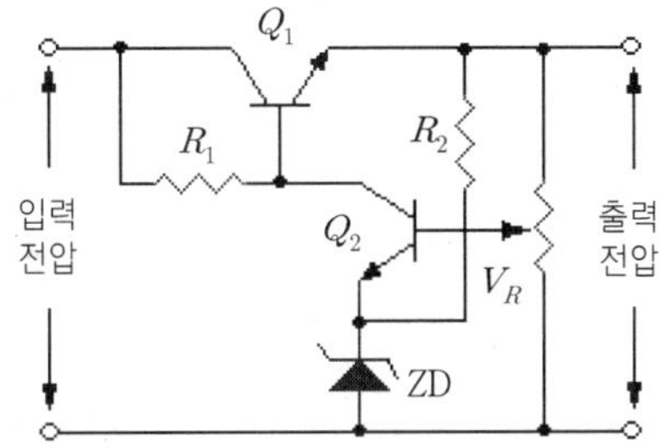

[그림 2-53] 정전압 다이오드를 사용한 안정화 회로

전압변동률은 다음과 같다.

$$전압변동률\ \alpha = \frac{V - V_0}{V_0} \times 100\%, \quad 단\ V : 무부하\ 시\ 출력전압$$

V_0 : 전부하 시 출력전압

정전압 다이오드(Zener Diode)는 보통의 다이오드와 같이 순방향에서는 전류가 잘 흐르나 역방향에서는 일정 전압 이상이 되면 전압은 변하지 않고 전류가 급격히 흐르는 항복현상(Breakdown)을 가진다. 이러한 특성을 이용하여 일정한 전압을 공급하는데 정전압 다이오드를 사용한다.

2) 정전압 IC

소용량 정전압 IC는 전압 레귤레이터(Voltage Regulator)로 용도에 따라 3~4단자형의 78시리즈가 사용된다.

[그림 2-54]와 같이 3단자형 레귤레이터 IC 78시리즈는 출력전압이 고정되어 있다. 그러나 제어단자가 있는 4단자 정전압 IC uA78(79)MGXX, LM317 등은 출력전압을 가변할 수 있는 정전압 IC이다.

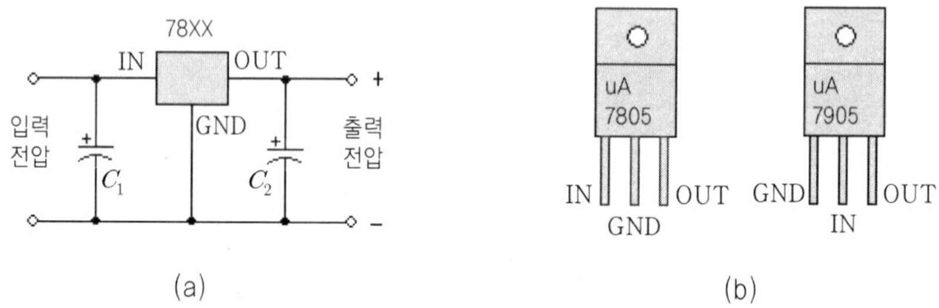

[그림 2-54] 정전압 IC

〈표 2-16〉은 3단자 정전압 IC의 출력전압과 최소 입력전압을 나타낸 것이다.

〈표 2-16〉 3단자 정전압 IC의 출력전압

78XX			79XX		
IC	출력전압	최소 입력전압	IC	출력전압	최소 입력전압
7805	+5 V	7.3 V	7905	−5 V	−7.3 V
7809	+9 V	12.5 V	7909	−9 V	−12.5 V
7812	+12 V	14.6 V	7912	−12 V	−14.6 V
7824	+24 V	27.1 V	7924	−24 V	−27.1 V

실험실습

① [그림 2-49]의 회로를 구성하고 V_S에 AC 220V의 교류전압을 가한 후 R_L의 출력파형을 측정하여 입력파형과 비교하여 〈표 2-17〉에 기록한다. 이때 부품은 전원 트랜스 220V/6V, 다이오드 1N4002, 부하저항 100Ω 5W를 사용한다.

〈표 2-17〉 반파 정류회로의 입출력 파형과 전압

측정전압	파 형	전압 첨두값 (V_{p-p})	직류전압 (V)
입력전압 V_{AC}			
출력전압 V_{DC}			

② [그림 2-55]의 정류회로에 〈표 2-18〉과 같이 콘덴서를 접속하고 출력파형을 측정하여 기록하고 비교한다.

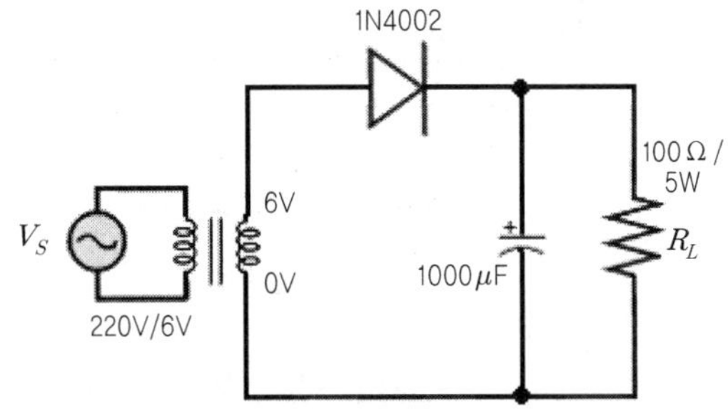

[그림 2-55] 평활용 콘덴서 접속

〈표 2-18〉 평활용 콘덴서 용량별 출력파형

측정조건	출력파형	전압 첨두값 (V_{p-p})	직류전압 (V)
10uF 접속			
100uF 접속			
1000uF 접속			

③ [그림 2-56]의 회로를 구성하고 V_S에 AC 220V의 교류전압을 가한 후 A-B 양단 전압파형을 측정하고, B점을 끊고(D_1을 이용한 반파정류) R_L의 출력파형을 측정하여 A-B 양단 전압파형과 비교하여 〈표 2-19〉에 기록한다.

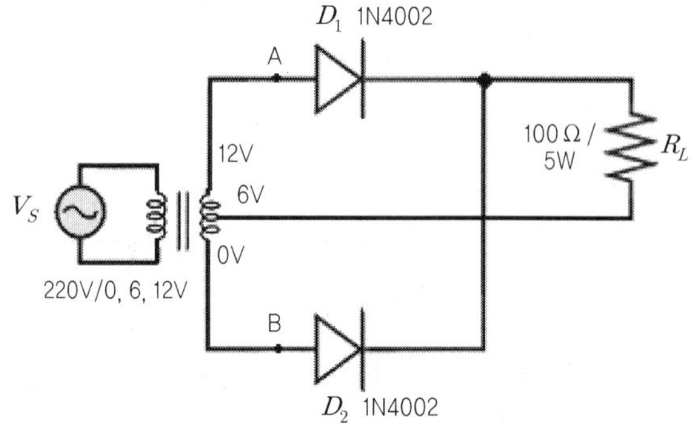

[그림 2-56] 전파 정류회로

④ 이제 B점을 연결하고 A점을 단선(D_2을 이용한 반파정류)시킨 후 ③과 같이 측정하여 〈표 2-19〉에 기록한다.

⑤ A점과 B점을 모두 연결하고 입력전압과 부하 양단의 전압을 측정하여 〈표 2-19〉에 기록하고 표를 완성한다.

〈표 2-19〉 전파 정류회로의 입출력 파형과 전압

측정조건	입력파형과 출력파형	전압 첨두값 (V_{p-p})	직류전압 (V)
D_1에 의한 반파정류 ③			
D_2에 의한 반파정류 ④			
전파정류 ⑤			

2-9 | LED 구동회로

LED(Light Emitting Diode)란 발광 다이오드의 약자로서 PN 접합에 순방향 바이어스 전류를 인가함으로써 빛을 방출하는 고체 PN 접합 소자로서 열 변환의 중간단계를 거치지 않고 전기적 에너지를 직접 광학적 에너지로 변환하는 Cold Lamp이다. 또한, 가시영역 파장의 빛을 방출하는 소자로서 방출하는 빛의 색깔은 반도체 칩 구성원소의 배합에 따라 파장을 만들며, 이러한 파장이 빛의 색깔을 결정한다.

LED의 특징은 일반 백열전구와 비교하여 소형, 경량이고, 발열이 적으며 반영구적으로 사용 가능하다. 또한 응답속도가 빠르고 펄스(Pulse) 동작 및 직류, 교류에서 동작이 가능하며 전류에 의한 광출력 제어가 가능하다.

따라서 정밀 반도체 장비 검사기구, 자동차 계기판 및 각종 전자 표시판, 전광판, 산업기계 표시기, 교통안전 신호등에 널리 사용되고 있다.

(1) LED 발광의 원리

[그림 2-57]과 같이 LED 전극에 순방향 전압(P층; +, N층; −)을 가하면 전도대의 전자가 가전자대의 정공과 재결합을 위하여 천이될 때 그 에너지만큼 빛으로 발광된다.

$$\text{Peak Wavelength} = \frac{1240\text{nm}}{E_g}$$

E_g는 반도체 결정의 재료 및 농도 등에 의하여 차이를 가짐에 따라 발광 색깔 역시 변한다.

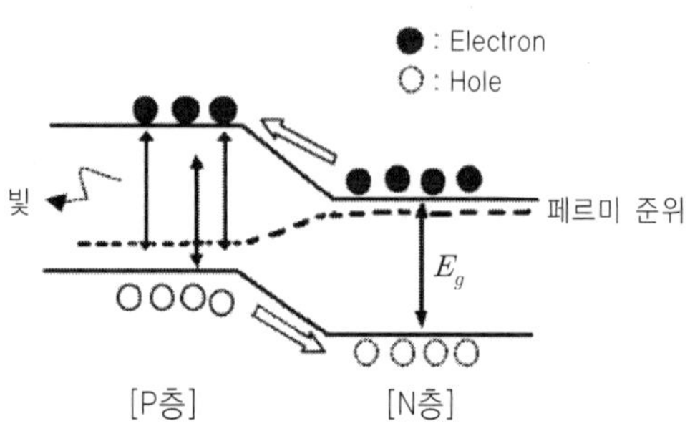

[그림 2-57] 발광의 원리

〈표 2-20〉 발광물질에 따른 색깔분포

물 질	색 깔	파 장
GaP	Red	700nm
	Green	570nm
		557nm
GaAsP	Amber	630nm
	Orange	615nm
	Yellow	585nm
GaAlAs	Red	660nm

(2) LED 구동 방식

1) 직렬 및 병렬 구동

LED를 구동하는 방법은 직류전원을 공급하여 구동하는 방법과 교류전원으로 구동하는 방법, LED를 직렬접속 하여 구동하는 방법과 병렬접속 하여 구동하는 방법, 트랜지스터에 의한 구동법, TTL IC나 CMOS IC를 이용하여 구동하는 방법, LED 드라이브용 전용 IC를 이용하는 법 등 매우 다양한 방법이 있으며 필요에 따라 적절한 방법을 선택하여 사용할 수 있다.

개개의 LED에 일정한 전류가 흐르도록 안정화 저항 R을 넣는다. LED의 발광세기는 전류에 의한다. 이상적으로 밝기를 조절하는 최선의 방법은 LED를 전류원으로 구동하는 것이다.

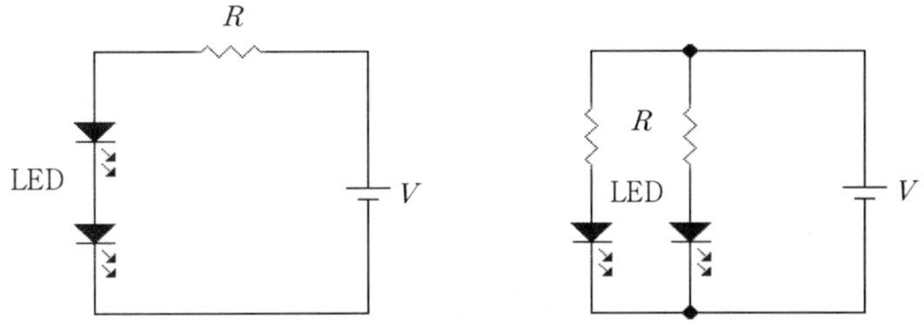

[그림 2-58] 직렬구동과 병렬구동

두 번째로 높은 공급전압과 큰 직렬저항을 이용하는 방법이다. 즉, [그림 2-59]와 같은 구동회로에서 LED에 흐르는 전류를 다음 식과 같이 구할 수 있다.

$$I = \frac{V - V_d}{R} \text{ [A]}$$

여기서 V_d는 LED 양단의 전압강하이다.

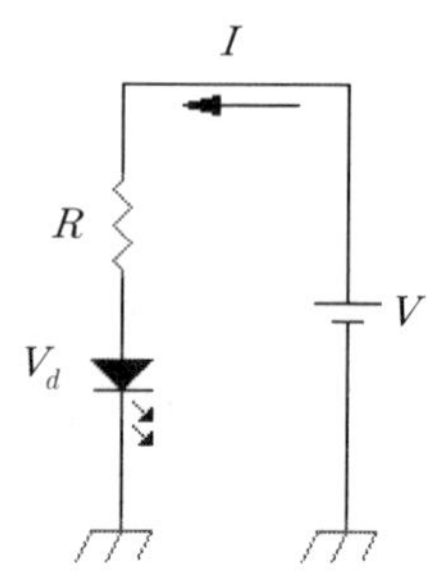

[그림 2-59] LED의 전류

LED 구동회로에서 전원전압이 클수록 LED 양단의 전압강하로 인한 영향을 적게 받으며 전원전압의 값이 크면 LED 양단의 전압변화를 무시할 수 있다. 예를 들면 TIL222는 약 25mA의 전류에 대하여 1.8V의 최소 전압강하와 3V의 최대 전압강하를 갖는 녹색 LED이다. 20V 전원과 750Ω의 저항을 갖는 회로에서 이 LED를 구동시키면 전류는 22.7mA에서 24.3mA까지 변화하므로 모든 TIL222에 대하여 똑같은 밝기로 구동된다. 또 5V 전원과 120Ω의 저항을 이용하여 설계한다면 전류는 약 16.7mA에서 26.7mA까지 변화하여 LED의 밝기는 크게 변화하므로 LED를 일정한 밝기로 구동하려면 가능한 한 높은 전압과 큰 직렬저항을 이용하여야 한다.

2) 교류구동

[그림 2-60]과 같이 교류전압을 직접 LED 구동전원으로 사용할 경우 LED 역전압의 정격을 넘지 않도록 보호 다이오드 D를 직렬 혹은 병렬로 삽입하고 전류 제어용 안정화 저항 R을 넣는다.

AC 110V의 교류전원으로 LED를 구동하고자 할 때는 [그림 2-61]과 같이 보호 다이오드를 병렬로 접속하여 사용하거나 LED를 1개는 순방향, 나머지 1개는 역방향으로 병렬접속 하여 사용한다.

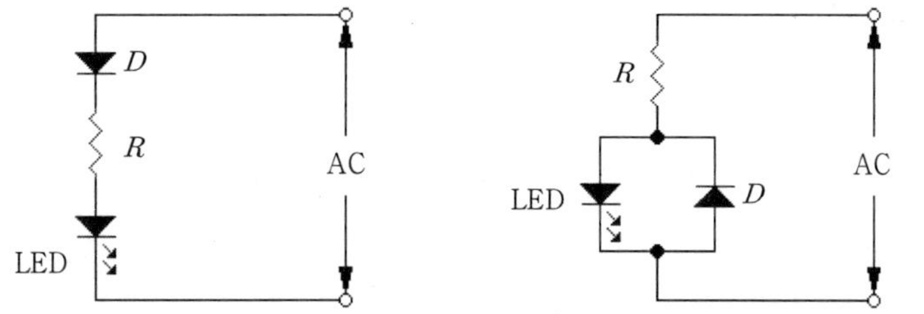

[그림 2-60] 교류구동

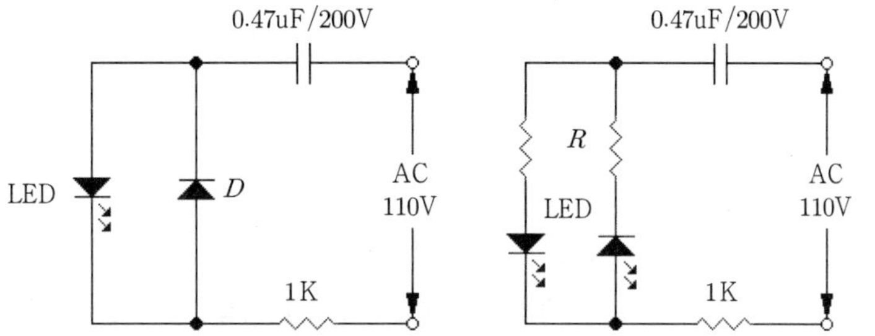

[그림 2-61] AC 110V 구동회로

3) 펄스 구동

LED를 구동하는 방식으로 [그림 2-62]의 펄스 구동 방식(다이내믹 구동)이 있다. 다이내믹 구동의 장점은 적은 수의 포트로 많은 LED를 이용한 표시를 제어할 수 있다는 것이다. 이 방식은 사람 눈의 잔상효과를 이용한 것으로 LED의 조합으로 이루어진 매트릭스(Matrix) LED의 구동이나 많은 양의 LED를 구동할 경우 많이 이용하게 된다.

펄스 구동의 경우 LED가 점등하고 있는 시간을 직류구동의 1/2로 하고 직류구동 시보다 2배의 펄스 전류를 인가하면 시각적으로는 밝기가 동일하게 나타난다.

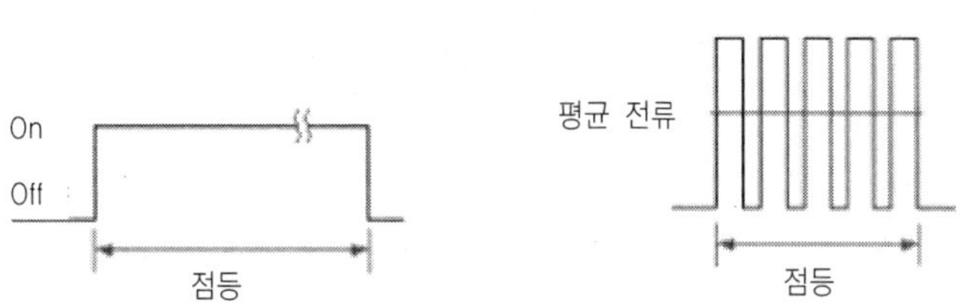

(a) 직류구동 (b) 펄스 구동

[그림 2-62] 펄스 구동의 원리

4) 트랜지스터 구동

LED에 흐르는 전류를 크게 하거나 제어할 목적으로 트랜지스터 구동회로를 사용한다. 이 경우는 [그림 2-63]과 같이 트랜지스터가 On과 Off 어느 쪽에서 LED를 점등할 것인지에 따라 Pull-up 회로를 사용할 것인지 Pull-down 회로를 사용할 것인지 선택하여야 한다.

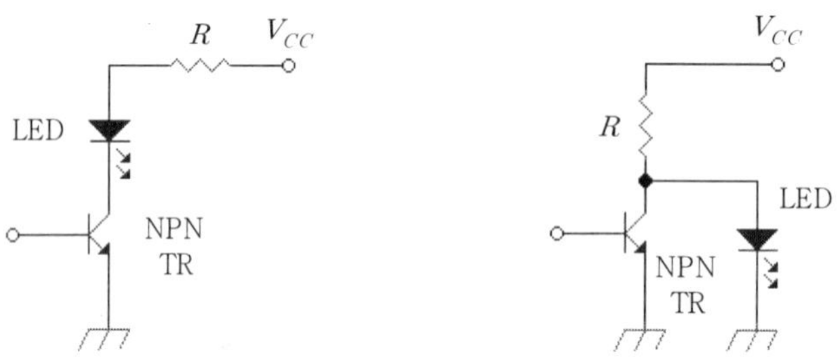

[그림 2-63] 트랜지스터 구동회로

5) TTL IC 구동

[그림 2-64]와 같은 TTL IC에 의한 구동은 L레벨과 H레벨 어느 쪽에서 LED를 점등할 것인지에 따라 트랜지스터 구동회로에서와 같이 Pull-up 회로를 사용할 것인지 Pull-down 회로를 사용할 것인지 선택하여야 한다.

[그림 2-64] TTL IC 구동

6) CMOS IC 구동

CMOS IC 출력단에 트랜지스터 구동회로를 부가한 회로로서 [그림 2-65]와 같다.

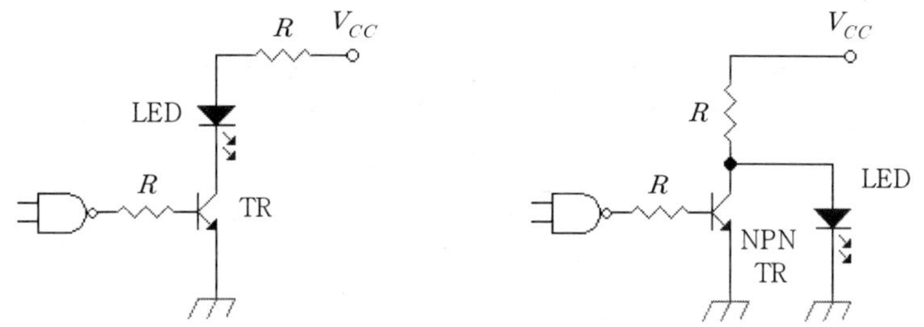

[그림 2-65] CMOS IC 구동

CMOS IC의 출력상태가 H레벨과 L레벨 어느 쪽에서 LED를 점등할 것인지에 따라 출력 측에 트랜지스터 구동회로를 선택하여 부가한다.

7) LED 드라이브 전용 IC

최근 LED가 조명, 백라이트, 대체광원 등 여러 분야에 활용됨으로써 LED를 용도에 맞게 구동할 수 있는 드라이브 전용 IC가 여러 제조사에서 다양하게 개발 보급되고 있다. 예를 들면 슈퍼텍스 사에서 보급하고 있는 SupertexLED Driver IC의 경우 [그림 2-66]과 같이 HV9910은 고휘도 LED 드라이버로서 사용전원은 직류/교류 겸용으로 DC 8~450V 및 AC 85~255V로 사용 가능하다. 물론 정전류 구동회로가 내장되고, 특별한 보정 없이 간편하게 사용할 수 있다.

또 Hysteric Boost-Buck LED Driver로서 HV9930과 LT3477, Switch Mode LED Driver로서 HV9921/22가 있다.

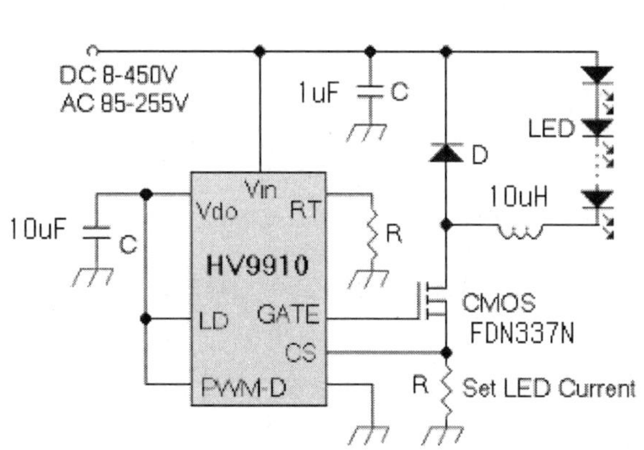

[그림 2-66] LED 드라이브 전용 IC

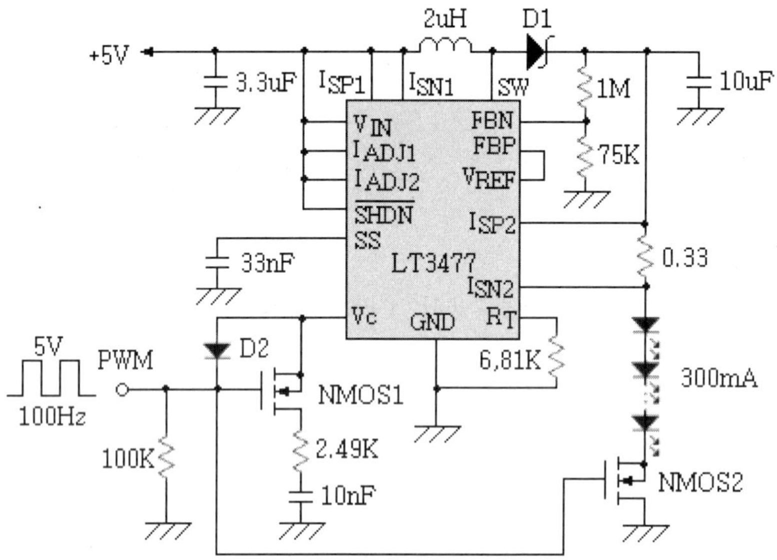

[그림 2-67] 3A DC-DC 컨버터 방식 LED 드라이브 회로

실험실습

(1) 직류 및 교류 구동회로 실험

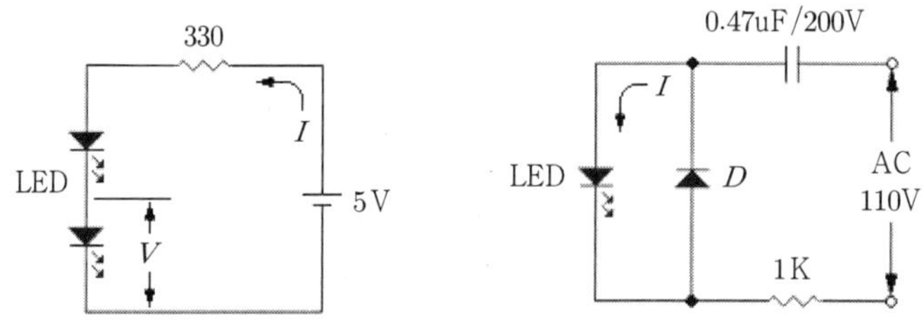

(a) 직류구동회로　　　(b) 교류구동회로

[그림 2-68] LED 구동회로

① [그림 2-68 (a)]와 같이 직류구동회로를 구성하고 LED 양단에서 강하되는 전압(V) 및 회로의 전류(I)를 측정하여 〈표 2-21〉에 기록한다.

② [그림 2-68 (b)]와 같이 교류구동회로를 구성하고 LED 양단에서 강하되는 전압(V) 및 회로의 전류(I)를 측정하여 〈표 2-21〉에 기록한다.

③ [그림 2-68 (a)]의 직류전원 대신 구동전원으로 함수 발진기의 출력을 1kHz, $5V_{p-p}$로 하여 공급하고 LED 양단에서 강하되는 전압(V) 및 회로의 전류(I)를 측정하여 〈표 2-21〉에 기록한다.

〈표 2-21〉 구동 방식에 따른 전압과 전류

구동방법	전압강하	전 류	
		측정값	계산값
직류구동	[V]		
교류구동	[V]		
펄스 구동	[V]		

(2) 트랜지스터 구동회로 실험

1) LED가 TR이 On 혹은 Off될 때 각각 점등하는 트랜지스터 구동회로를 구성하고, 회로의 전압 및 전류를 측정하여 〈표 2-22〉에 기록한다.

〈표 2-22〉 TR 구동회로의 전압과 전류

구동방법	전 압		LED 전류	
	V_{ce}	LED 양단	측정값	계산값
TR ON	[V]	[V]		
TR OFF	[V]	[V]		

(3) CMOS IC 구동회로 실험

CMOS IC 출력단에 트랜지스터 구동회로를 부가한 회로를 구성하고 회로의 전압 및 전류를 측정하여 〈표 2-23〉에 기록한다.

〈표 2-23〉 CMOS IC 구동회로의 전압과 전류

Gate 출력상태	전 압		LED 전류	
	V_{ce}	LED 양단	측정값	계산값
H 레벨	[V]	[V]		
L 레벨	[V]	[V]		

(4) LED 드라이브 전용 IC 회로 실험

[그림 2-66]과 같은 LED 드라이브 전용 IC HV9910 구동회로를 구성하고 직류전원과 교류전원을 공급하고 각각 LED의 휘도와 전압강하 및 LED에 흐르는 전류를 측정하여 〈표 2-24〉에 기록하고 동작실험을 한다. 이때 같은 형명의 LED를 6개 직렬접속 하여 구동시킨다.

또한 [그림 2-67]과 같은 LED 드라이브 전용 IC LT3477을 이용한 Buck-Boost 드라이브 회로를 구성하고 LED 전류를 측정하여 〈표 2-24〉에 기록한다.

〈표 2-24〉 LED 드라이브 전용 IC HV9910 구동회로

구동전원	LED 양단 전압	LED 전류	
		측정값	계산값
직류전원	[V]		
교류전원	[V]		

〈표 2-25〉 LED 드라이브 전용 IC LT3477 구동회로

구동전원	LED 양단 전압	LED 전류	
		측정값	계산값
6.5V	[V]		
40V	[V]		

2-10 | 디지털 장치

(1) 인코더

인코더(Encoder)는 디코더의 반대되는 기능(입력과 출력이 바뀐 기능)을 수행하는 회로이다.

[그림 2-69]의 인코더에서 입력 D_0에 1이 들어오면 출력 AB는 00이 되고, 입력 D_1에 1이 들어오면 출력 AB는 01이 되고, 입력 D_2에 1이 들어오면 출력 AB는 10이 되고, 입력 D_3에 1이 들어오면 출력 AB는 11이 된다. 물론 이 인코더는 4개의 입력 중 어느 한 입력으로만 1이 들어오는 경우를 제외한 나머지 경우는 발생하지 않는다고 가정하여 설계된 것이다.

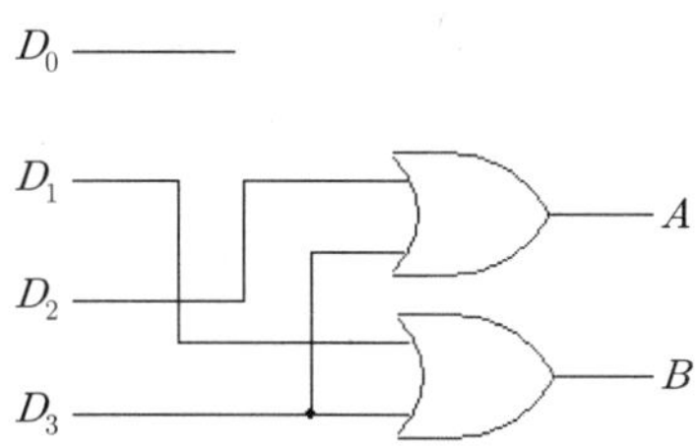

(a) 회로도

입력				출력	
D_0	D_1	D_2	D_3	A	B
1	0	0	0	0	0
0	1	0	0	0	1
0	0	1	0	1	0
0	0	0	1	1	1

(b) 진리표

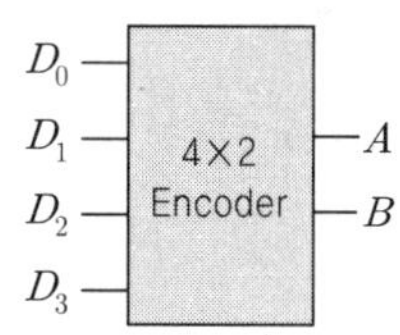

(c) 기호

[그림 2-69] 4-to-2 인코더

(2) 디코더

디코더(Decoder)란 n비트의 2진 코드(Code) 값을 입력으로 받아들여 최대 $2n$개의 서로 다른 정보로 바꿔 주는 조합회로를 말한다. 일반적으로 디코더는 n개의 입력선과 최대 $2n$개의 출력선을 가지며, 입력값에 따라 선택된 하나의 출력선이 나머지 출력선들과 반대값을 가진다.

[그림 2-70]에 입력선이 2개, 출력선이 $2^2=4$개인 2-to-4 디코더를 나타내었다.

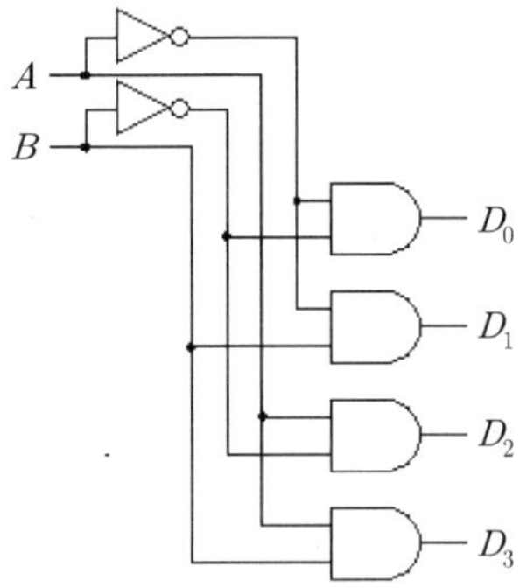

입력		출력			
A	B	D_0	D_1	D_2	D_3
0	0	1	0	0	0
0	1	0	1	0	0
1	0	0	0	1	0
1	1	0	0	0	1

$D_0 = \overline{A}\,\overline{B}$

$D_1 = \overline{A}B$

$D_2 = A\overline{B}$

$D_3 = AB$

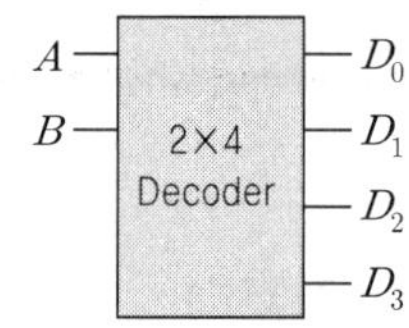

(a) 회로도 (b) 진리표 (c) 논리식 (d) 기호

[그림 2-70] 2-to-4 디코더

(3) Enable 제어신호를 갖는 2-to-4 디코더

[그림 2-71]에는 Enable 제어신호 E를 가진 2-to-4 디코더를 나타내었다. 이 회로에서 Enable 제어신호 E는 디코더의 동작을 제어하는 역할을 수행하여, 만일 제어신호 E가 0일 경우에는 회로가 디코더로 동작하지 않게 되고(즉, 입력 A, B의 값에 상관없이 모든 출력들이 동일한 값 1을 가짐), E가 1일 경우에는 디코더로 동작하게 된다.

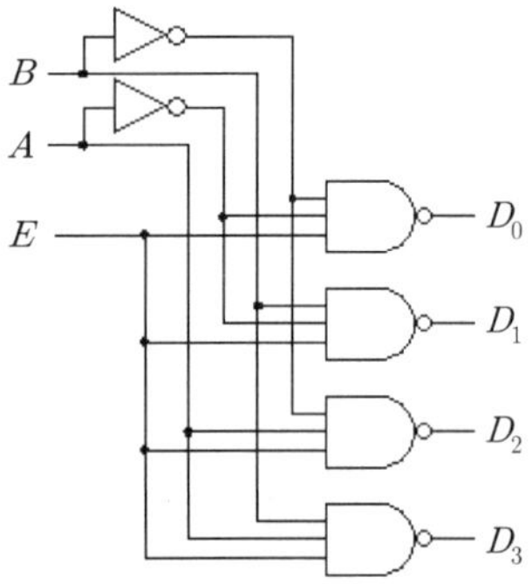

입력		출력			
A	B	D_0	D_1	D_2	D_3
0	0	1	0	0	0
0	1	0	1	0	0
1	0	0	0	1	0
1	1	0	0	0	1

$D_0 = \overline{E\overline{A}\,\overline{B}}$

$D_1 = \overline{E\overline{A}B}$

$D_2 = \overline{EA\overline{B}}$

$D_3 = \overline{EAB}$

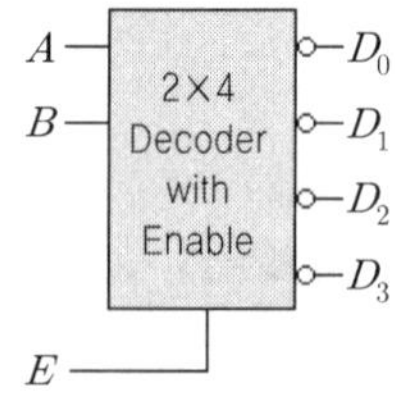

(a) 회로도 (b) 진리표 (c) 논리식 (d) 기호

[그림 2-71] Enable 제어신호를 갖는 2-to-4 디코더

(4) 3 to 8 디코더

2-to-4 디코더 2개를 [그림 2-72]와 같이 접속하면 3-to-8 디코더를 만들 수 있다.

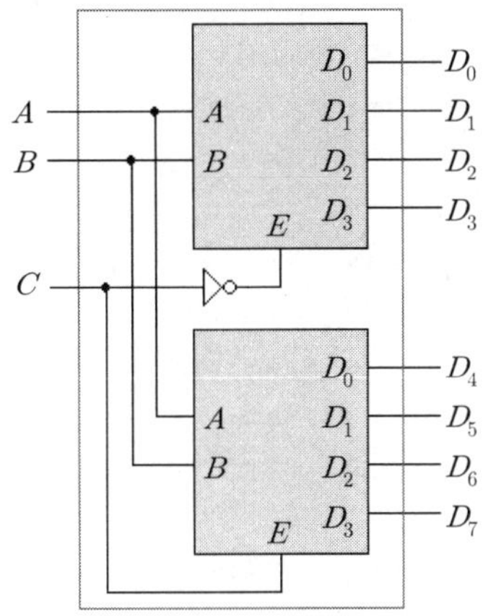

[그림 2-72] 2-to-4 디코더 2개를 이용한 3-to-8 디코더

(5) 디멀티플렉서

디멀티플렉서(Demultiplexer)는 멀티플렉서의 반대되는 기능(즉, 입력과 출력이 바뀐 기능)을 수행하는 회로로, 하나의 입력을 통해 들어오는 신호를 선택신호의 제어에 따라 복수개의 출력 중 하나로 내보내는 회로이다. [그림 2-73]에 1-to-4 디멀티플렉서 회로를 나타내었다. Enable 제어신호를 갖는 2-to-4 디코더의 E 단자를 데이터 Input 단자로 사용하면 디코더가 디멀티플렉서가 된다. 따라서 디코더와 디멀티플렉서 기능을 겸하는 제품을 볼 수 있다.

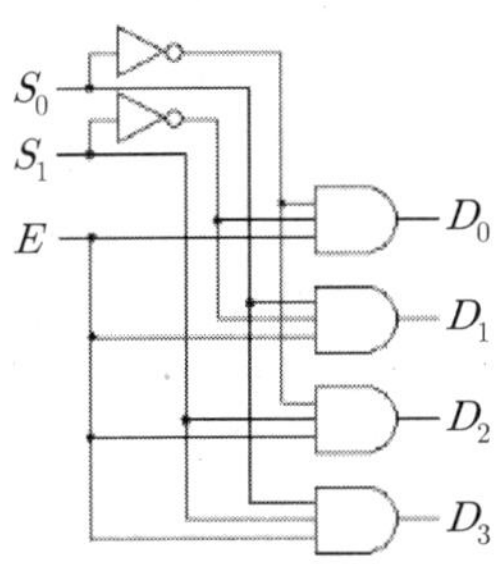

(a) 회로도

입력		출력			
S_0	S_1	D_0	D_1	D_2	D_3
0	0	1	0	0	0
0	1	0	1	0	0
1	0	0	0	1	0
1	1	0	0	0	1

(b) 진리표

$D_0 = \overline{S_0}\,\overline{S_1}$

$D_1 = \overline{S_0}\,S_1$

$D_2 = S_0\,\overline{S_1}$

$D_3 = \overline{S_0}\,S_1$

(c) 논리식

[그림 2-73] 1-to-4 디멀티플렉서

디코더/디멀티플렉서 기능을 갖는 TTL IC의 종류는 다음과 같다.

7442	1-Line-to-10-Line BCD-to-Decimal Decoder
7444	Excess-3-Gray-to-Decimal Decoder
7445	BCD-to-Decimal Decoder
7446	BCD-to-7-Segment Decoder
7447	BCD-to-7-Segment Decoder
7448	BCD-to-7-Segment Decoder
74137	3-Line-to-8-Line Decoder with Address Latches
74138	3-Line-to-8-Line Decoder
74139	Dual 2-Line-to-4-Line Decoder
74145	BCD-to-Decimal Decoder
74155	Dual 2-Line-to-4-Line Decoder/Demultiplexer
74246	BCD-to-7-Segment Decoder
74445	BCD-to-Decimal Decoder

(6) 멀티플렉서

멀티플렉서(MUX : Multiplexer)는 복수개의 입력선으로부터 필요한 데이터를 선택하여 하나의 출력선으로 내보내는 회로이다. [그림 2-74]에 4-to-1 멀티플렉서 회로를 나타내었다.

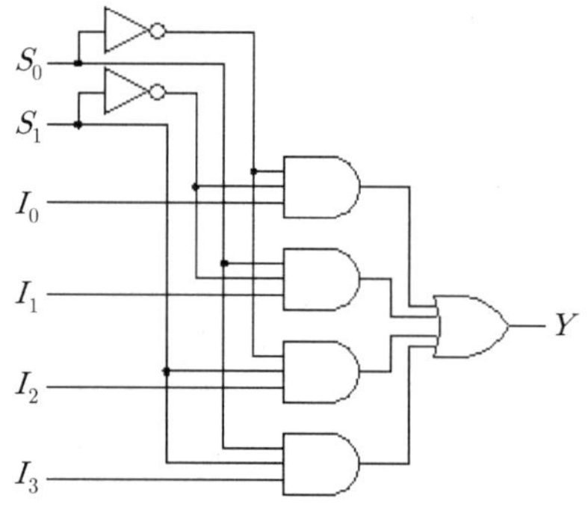

입력		출력
S_1	S_0	Y
0	0	I_0
0	1	I_1
1	0	I_2
1	1	I_3

$$Y = \overline{S_1}\,\overline{S_0}\,I_0 + \overline{S_1}S_0I_1 + S_1\overline{S_0}I_2 + S_1S_2I_3$$

[그림 2-74] 4-to-1 멀티플렉서

(7) 병렬가산기

1) 반가산기(Half Adder; HA)

두 개의 2진수 A와 B를 더하면, 합 S와 자리올림수 C가 발생한다.

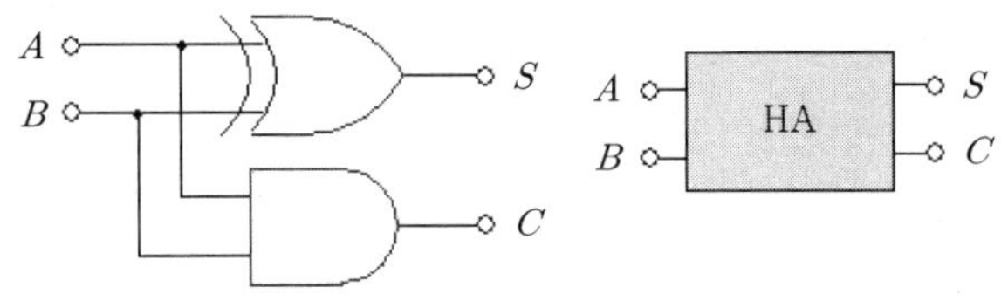

$$S=\overline{A}B+A\overline{B}=A\oplus B$$
$$C=AB$$

2) 전가산기(Full Adder; FA)

A, B 두 입력에 한 개의 자리올림수 C_i까지 더하는 회로이다.

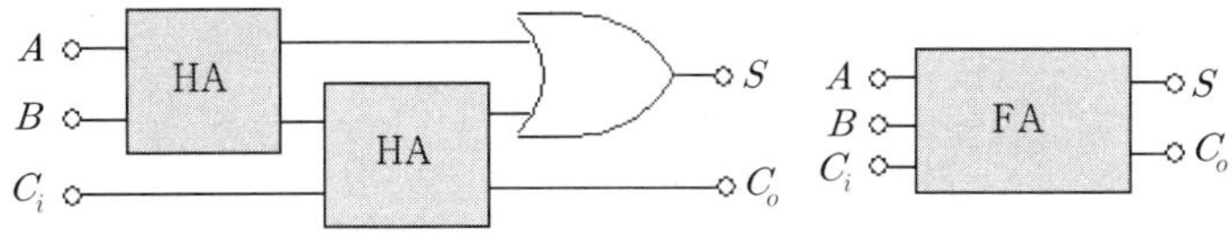

$$S=A\oplus B\oplus C_i$$
$$C=AB+(A\oplus B)C_i$$

3) 병렬가산기

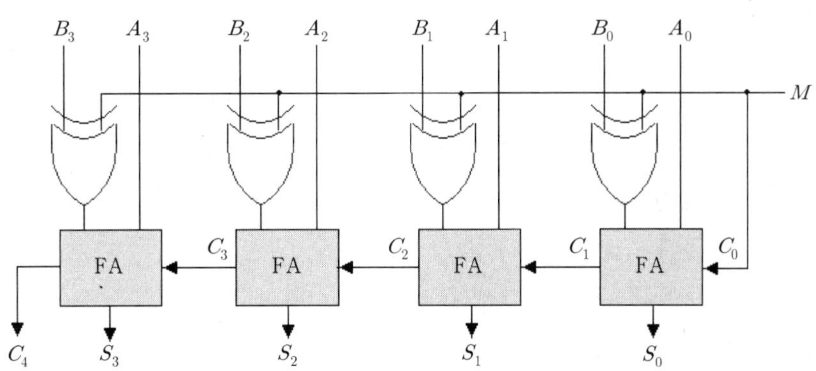

[그림 2-75] 병렬가산기

2-11 | 클록 발생기

순차회로에서 많이 사용되는 클록(Clock)이라고 하는 신호는 [그림 2-76]에서와 같이 시간에 따라 0과 1 값을 주기적으로 반복하여 갖는 신호를 말한다. 또한 그림에서 클록 신호값이 0에서 1로 변하는 부분을 상승 모서리(Positive-going Edge 또는 Rising Edge)라고 말하고, 1에서 0으로 변하는 부분을 하강 모서리(Negative-going Edge 또는 Falling Edge)라고 말한다. 일반적으로 클록 신호는 회로도에서 영어 약자로 CLK 또는 CP라고 표기한다.

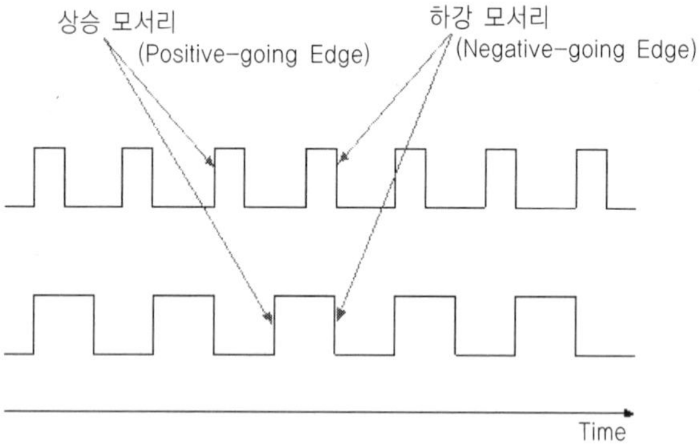

[그림 2-76] 클록 펄스의 파형

(1) 비안정 멀티바이브레이터

비안정 멀티바이브레이터(Astable Multivibrator)는 안정된 상태가 없는 회로이며, 직사각형파 발생회로 또는 시간 발생기로 사용한다. 세트(Set) 상태와 리셋(Reset) 상태를 번갈아가면서 변환시키는 발진회로이고, 트랜지스터를 사용하여 [그림 2-77]과 같이 구성할 수 있다.

TR_1이 통전상태이고, TR_2가 차단상태라면 TR_2의 베이스 전압은 지속적으로 상승하여 TR_2가 통전되도록 한다. 이때, C_1을 통하여 TR_1으로 전해지는 베이스 전압이 떨어지므로 TR_1을 차단상태로 만든다. TR_1과 TR_2가 번갈아가면서 통전상태와 차단상태를 반복하면서 발진이 지속적으로 이루어지게 된다.

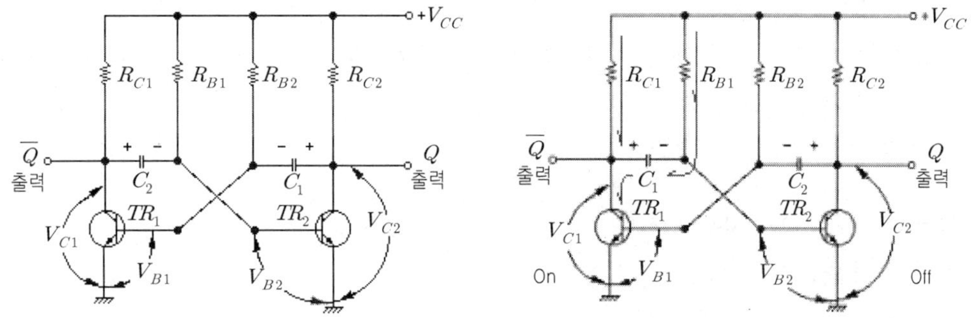

(a) (b)

[그림 2-77] 비안정 멀티바이브레이터 회로

TR_1의 차단시간(C_2의 방전시간) T_1과 TR_2의 차단시간(C_1의 방전시간) T_2의 합으로 결정된다.

① 충전시간 : $T_1 = 0.693\ R_{B2}\ C_2$[sec]

② 방전시간 : $T_2 = 0.693\ R_{B1}\ C_1$[sec]

③ 주기 : $T = T_1 + T_2 = 0.693\ R_{B2}\ C_2 + 0.693\ R_{B1}\ C_1$[sec]

$= 0.693(R_{B1}\ C_1 + R_{B2}\ C_2)$[sec]

$R_{B1} = R_{B2} = R,\ \ C_1 = C_2 = C$일 경우에는

$T = 0.693\ (RC + RC) = 0.693(2RC)\text{[sec]} = 1.386\,RC \fallingdotseq 1.4\,RC\text{[sec]}$

④ 듀티 사이클(Duty Cycle) : $D = T_2/(T_1 + T_2) = R_2/(R_1 + 2R_2)$

(2) 게이트를 이용한 비안정 멀티바이브레이터

이것은 [그림 2-78]과 같이 NOT 게이트를 되먹임 상태로 결합한 것과 같은 결과로 출력된다.

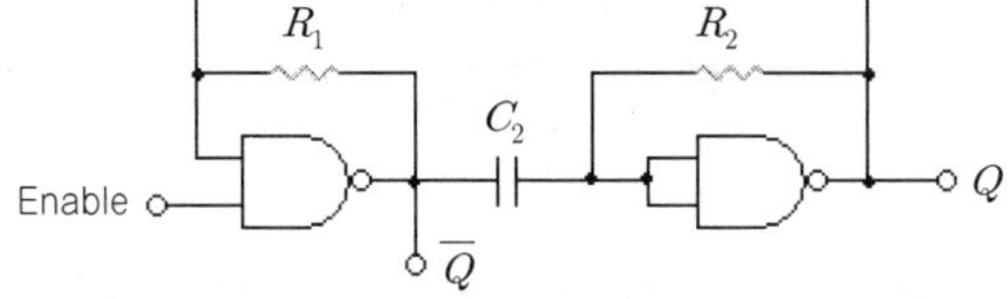

[그림 2-78] 인버터 발진기 원리

이 회로에서 Q와 $\overline{Q}$(부정)의 출력은 다른 쪽을 트리거시켜 상태가 변하도록 함으로써 일정한 시간이 지나면 출력을 반대쪽을 트리거하게 된다. 이러한 동작을 반복하여 시간 펄스가 발생되도록 한다.

이 회로의 발진주기는 다음과 같이 구한다.

① 충전시간 : $T_1 = 0.693 R_2 C_2$

② 방전시간 : $T_2 = 0.693 R_1 C_1$

③ 주기 : $T = T_1 + T_2 = 0.693(R_1 C_1 + R_2 C_2)$

여기서 $R = R_1 = R_2$, $C = C_1 = C_2$이면 $T = 1.4RC$

따라서 $f = \dfrac{0.7}{RC}$ [Hz]

이러한 기능은 NAND 게이트를 통하게 연결하여도 같은 결과가 되므로, 집적회로 SN7400의 NAND 게이트를 사용하여 발진기를 만들 수 있다.

(3) 타이머 IC를 이용한 비안정 멀티바이브레이터

NE555는 타이머 IC로서 비안정 또는 단안정 멀티바이브레이터로 널리 이용되는 것으로 사용전원이 4~15V 범위로 TTL이나 CMOS 회로에 모두 사용 가능하며 출력전류는 ±200mA이다.

발진 주파수는 매우 안정되어 0.1Hz에서 1MHz 범위로 매우 넓으며, 외부의 RC 정수를 조절함에 따라 원하는 주파수를 얻을 수 있다. 이 회로의 발진주기는 다음과 같이 구한다.

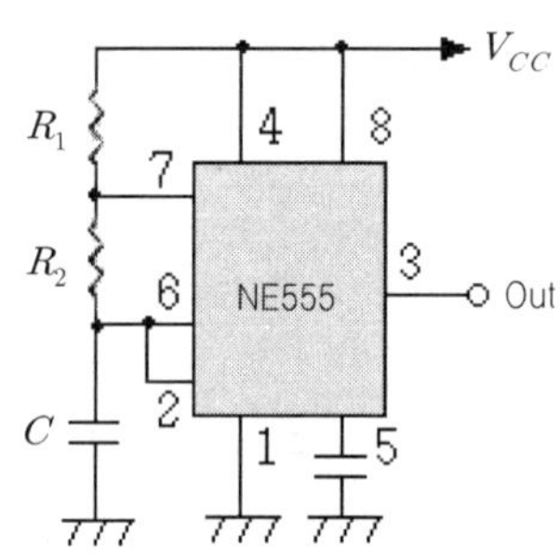

[그림 2-79] 타이머 IC를 이용한 펄스 발진기

① 충전시간 $T_1 = 0.685(R_1 + R_2)C$

② 방전시간 $T_2 = 0.685 R_2 C$

③ 발진주기 $T = T_1 + T_2 = 0.685(R_1 + 2R_2)C$

④ 발진 주파수 $f = \dfrac{1}{0.685(R_1 + 2R_2)C}$ [Hz]

이 회로의 성계조건은 다음과 같다.

① 최대 $R_1 + R_2 = 3.3\text{M}\Omega$

② 최소 R_1 또는 $R_2 = 1\text{k}\Omega$

③ 최저 C값=500pF

④ NE555의 핀 2, 6의 단자전압(외부 콘덴서 C의 단자전압) V_C가 V_{CC}의 1/3 이하에서 출력(핀3)은 H, 콘덴서 C는 서서히 충전되어 단자전압 V_C가 점점 높아지며 V_{CC}의 2/3를 넘으면 출력은 L가 된다. V_C가 방전하여 V_{CC}의 1/3까지 저하하면 C는 다시 충전하며 V_C가 V_{CC}의 1/3~2/3 사이에서 H, L을 반복하여 발진이 지속된다.

2-12 | 플립플롭

쌍안정 멀티바이브레이터(Bistable Multivibrator)를 플립플롭(Flip-Flop)이라고도 하며 디지털 정보를 저장하는 기억소자(Memory Cell)로 사용된다.

(1) 래치 기억회로

플립플롭은 외부의 입력신호를 없애면 한쪽의 트랜지스터는 안정된 상태를 유지한다. 즉 외부 신호가 들어오기 전까지 안정상태를 유지하는 회로를 래치(Latch) 회로라고 한다. 래치 회로를 논리 게이트와 진리표로 나타내면 [그림 2-80]과 같다.

래치 회로는 기계적인 스위칭에서 발생하는 채터링(Chattering)을 방지하는 회로로 사용된다. 스위칭 속도가 빠른 논리회로에서 기계적 토글스위치 등을 입력에 접속할 때 매우 편리하다.

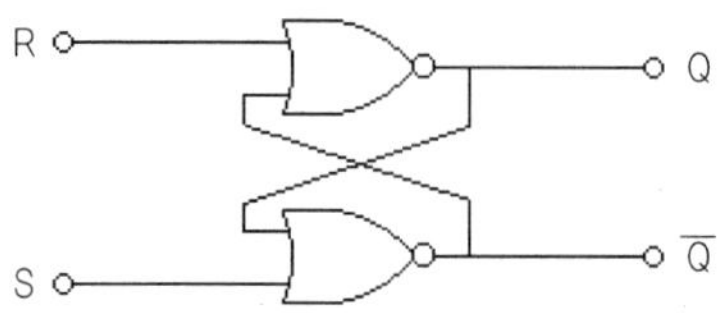

R	S	Q_{n+1}
0	0	Q_n
0	1	1
1	0	0
1	1	부정

[그림 2-80] 래치 회로와 진리표

(2) 플립플롭의 기호

[그림 2-81]의 플립플롭이 1인 상태에 있다 라고 말하면 이는 Q = 1인 경우를 말하며, 플립플롭의 현재상태가 0인데 다음상태를 1로 만든다 라고 말하면 이는 현재 Q 값이 0인데 클록이 인가되고 나면 Q의 값이 1로 되도록 만든다는 말이다.

(a) 상승 모서리 트리거 방식 (b) 하강 모서리 트리거 방식

[그림 2-81] 일반적인 플립플롭 기호

회로도를 그릴 때 자주 사용되는 작은 원은 크게 3가지 용도로 구분할 수 있다. 즉 NOT 게이트 대신 편의상 간단히 작은 원을 사용하는 경우도 있고, 신호가 Active-Low 신호임을 나타내기 위해 사용될 때도 있고, 플립플롭의 클록 단자 앞에 사용되어 하강 모서리 트리거 방식 플립플롭임을 나타내기도 한다.

(3) SR 플립플롭

[그림 2-82]에서 게이트의 전달지연시간 Δt는 보통 수 ns에 불과하며, 따라서 스파이크 신호값이 1인 구간의 길이는 0인 구간의 길이에 비해 상대적으로 매우 짧다. 이와 같은 모양의 신호를 스파이크(Spike) 신호 또는 글리치(Glitch) 신호라 한다.

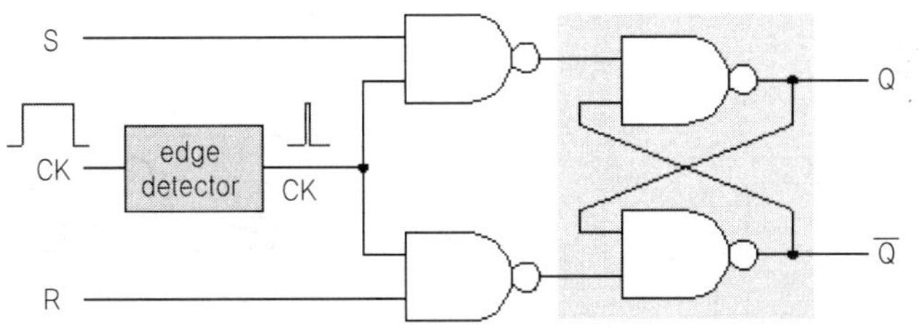

(a) 회로

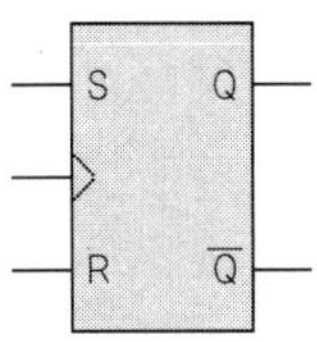

(b) 기호

입력			출력
CK	S	R	Q
↑	0	0	Q_n(불변)
↑	0	1	0
↑	1	0	1
↑	1	1	사용금지

(c) 진리표

[그림 2-82] 상승 모서리 트리거 방식 SR 플립플롭

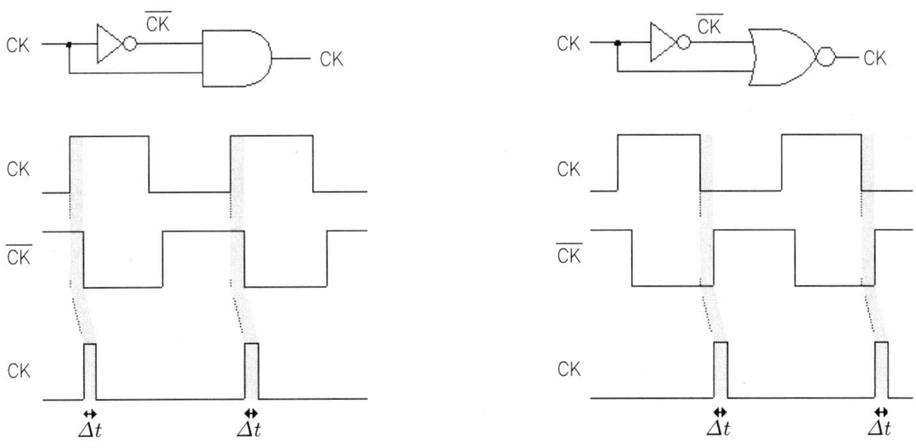

(a) 상승 모서리 검출기와 타이밍도 (b) 하강 모서리 검출기와 타이밍도

[그림 2-83] 모서리 검출기 회로 및 타이밍도

(4) JK 플립플롭

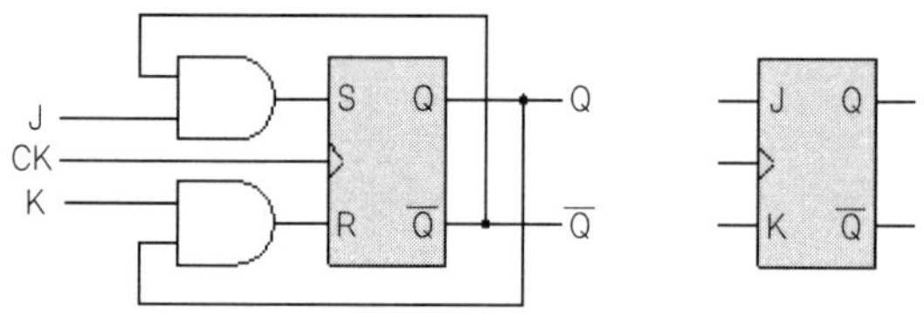

입력			출력
CK	J	K	Q
↑	0	0	Q_n(불변)
↑	0	1	0
↑	1	0	1
↑	1	1	Q_n'(반전)

[그림 2-84] 상승 모서리 트리거 방식 JK 플립플롭

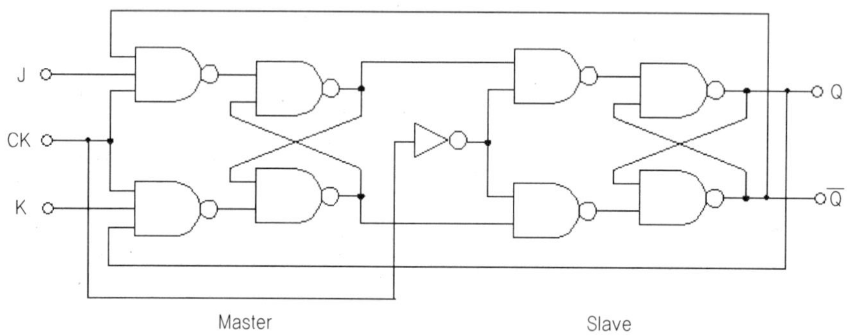

[그림 2-85] 마스터슬레이브 JK 플립플롭

(5) D 플립플롭

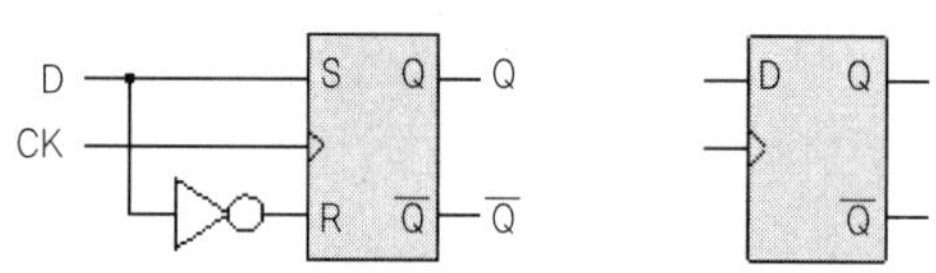

입력		출력
CK	D	Q
↑	0	0
↑	1	1

[그림 2-86] 상승 모서리 트리거 방식 D 플립플롭

(6) T 플립플롭

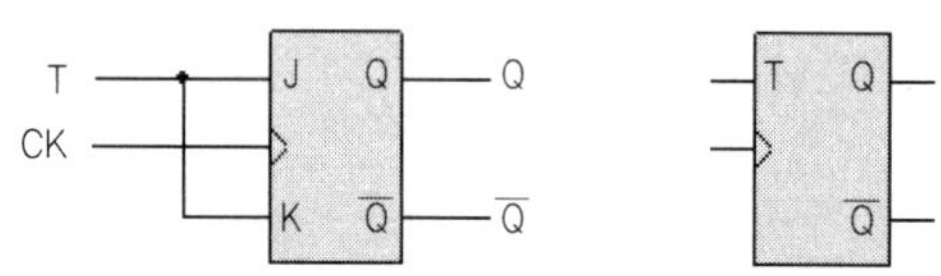

입력		출력
CK	T	Q
↑	0	Q_n(불변)
↑	1	Q_n'(반전)

[그림 2-87] 상승 모서리 트리거 방식 T 플립플롭

chapter 3

아날로그 회로

3-1 | 파형 정형회로

(1) 클리퍼

클리퍼(Clipper)는 파형 정형회로(Wave Shaping Circuit)를 말하는데, 클리퍼 회로의 출력은 입력신호의 한 부분을 잘라 버린 파형을 나타낸다. 신호를 전송할 때 기준값보다 높은 부분 또는 낮은 부분 등 원하는 부분만을 전송하기 위해서 사용한다. 그러므로 클리퍼 회로는 리미터(Limiter), 진폭선택회로(Amplitude Selector), 또는 슬라이서(Slicer)라고도 부른다.

클리퍼 회로는 다이오드와 저항, 직류전지로 구성된다. 출력파형은 각종 요소들의 위치를 상호교환하거나 전지의 전압을 변화시킴으로써 다른 레벨에서 클리퍼할 수 있다.

다이오드가 신호전송회로와 직렬로 연결되어 있으면 직렬 클리퍼라 하고 다이오드가 신호전송회로와 병렬로 연결되어 있으면 병렬 클리퍼라 한다.

1) 이상적인 클리퍼

① 이상적인 다이오드를 가정

$$V_{out} = V_{in} \ (V_{in} < V_R \text{인 경우})$$
$$= V_R \ (V_{in} > V_R \text{인 경우})$$

② 실제로 회로를 구성한 후 오실로스코프로 파형을 관찰하면 차이점 발견

- 클리퍼 레벨이 기준 레벨과는 다르다(약간 높다).
- 클리퍼 된 부분이 완전한 직선이 아니다.
- 클리핑 시작점의 굴곡이 완만하다.

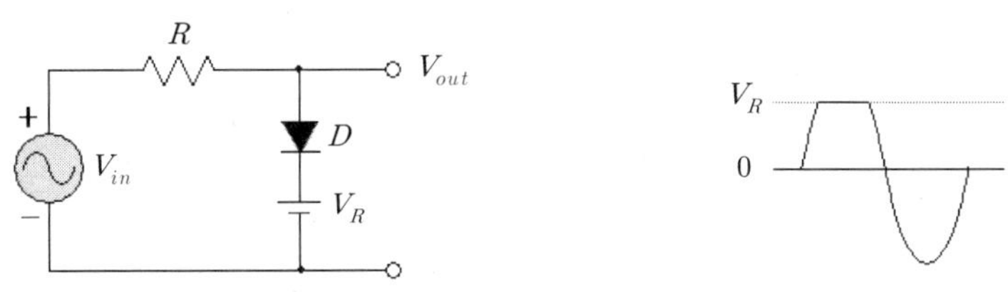

[그림 3-1] 이상적인 클리퍼

③ 실제적인 다이오드

- 다이오드 내 PN 접합의 전압강하 : 약 0.7V
- 다이오드의 내부에 저항이 존재

2) 직렬 클리퍼

신호전압과 다이오드를 직렬로 연결하고 바이어스 전압에 의해 클리핑 전압이 변화한다. 클리퍼에는 순방향 클리퍼와 역방향 클리퍼가 있다.

순방향 클리퍼는 베이스 클리퍼라고도 하며 파형의 아랫부분을 자르는 회로이며, 역방향 클리퍼는 피크 클리퍼라고도 하며 파형의 윗부분을 자르는 회로이다.

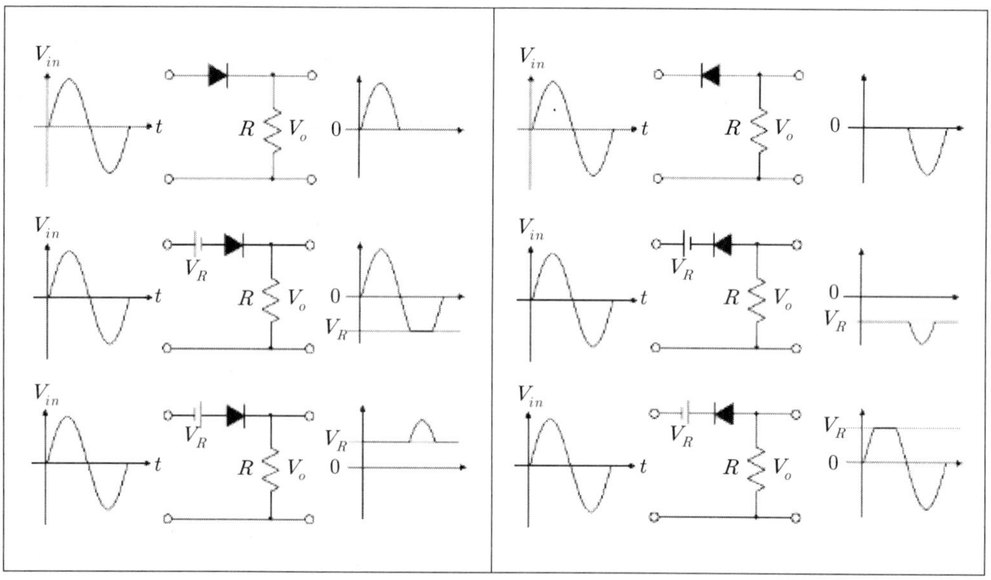

(a) 순방향 클리퍼 (b) 역방향 클리퍼

[그림 3-2] 직렬 클리퍼

3) 병렬 클리퍼

신호전압과 다이오드가 병렬로 연결되어 있다.

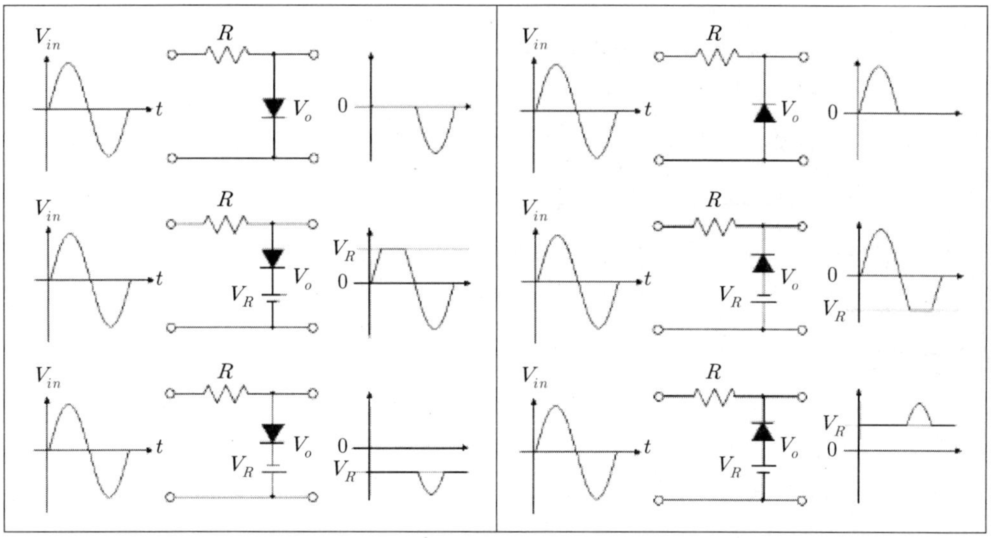

(a) 순방향 클리퍼 (b) 역방향 클리퍼

[그림 3-3] 병렬 클리퍼

4) 리미터 회로

[그림 3-4]는 리미터(Limiter) 회로로서 서로 반대방향으로 바이어스 된 병렬 클리퍼를 연속하여 연결한 것으로 파형의 상단과 하단을 일정한 레벨로 제한하는 기능을 가진다.

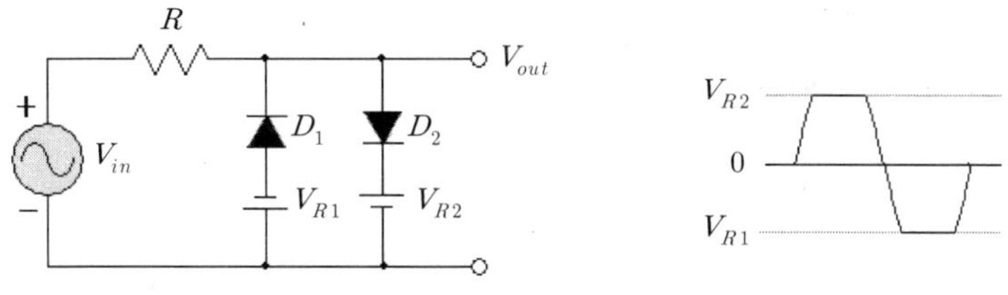

[그림 3-4] 리미터 회로

[그림 3-5]는 슬라이서(Slicer) 회로로서 리미터 회로에서 다이오드를 직렬접속으로 변경한 회로이며 피크 클리퍼와 베이스 클리퍼를 조합하여 입력파형의 상부와 하부를 동시에 잘라낼 수 있어서 리미터 기능을 가진다.

다이오드 방향은 서로 역방향으로 하고 직류전압은 극성을 같은 방향으로 하여 출력 레벨의 크기를 아주 좁게 해준 것이다. V_{R1}, V_{R2}의 크기에 따라 또 V_{R1}과 V_{R2}의 전위차에 따라 출력 레벨의 폭을 조정할 수 있다.

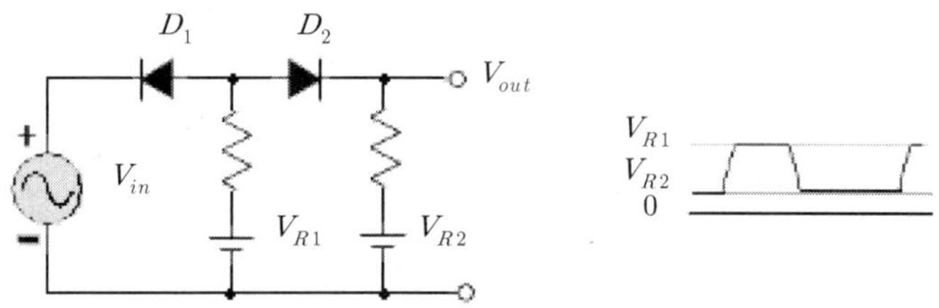

[그림 3-5] 슬라이서 회로

(2) 클램프

클램프 회로는 입력파형의 형태는 변화시키지 않고 입력파형을 어떤 다른 레벨에 고정(Clamp)시키는 회로이다. 클램프 회로는 기본적으로 다이오드, 커패시터 및 저항으로 구성되어 있다.

1) 클램프 회로의 특성

입력신호에 의해서 정해지는 한 주기 동안에 콘덴서 양단의 전압이 최대값을 유지할 수 있도록 시정수(RC)가 충분히 커야 한다. 즉, R과 C값은 출력파형에 영향을 주므로 입력신호의 주기보다 훨씬 더 크게 선택해야 한다.

클램프 회로에서 주의할 점은 클램프 회로의 동작은 항상 다이오드의 순방향 바이어스 인가 시부터 고려해야 한다는 것이다.

2) 여러 가지 클램프 회로

[그림 3-6]은 여러 가지 클램프 회로의 입출력 특성을 보였다.

3) 부(−) 피크값 클램프

입력 레벨이 어디에 있어도 +피크값이 출력의 0레벨로 추이되어 출력파형을−레벨로 고정시키는 것으로 [그림 3-6]의 (a)회로이다.

$V_i < 0$일 때 콘덴서 C는 다이오드 D를 통해서 충전된다. R을 큰 값으로 하면 충전되는 전압은 V_i인 음의 피크값 $-V$로 된다. 따라서 $V_i > 0$일 때의 출력전압 V_o는 $V_i + (-V)$로 되므로 입력파형의 음의 피크값이 0레벨로 된 출력이 얻어진다.

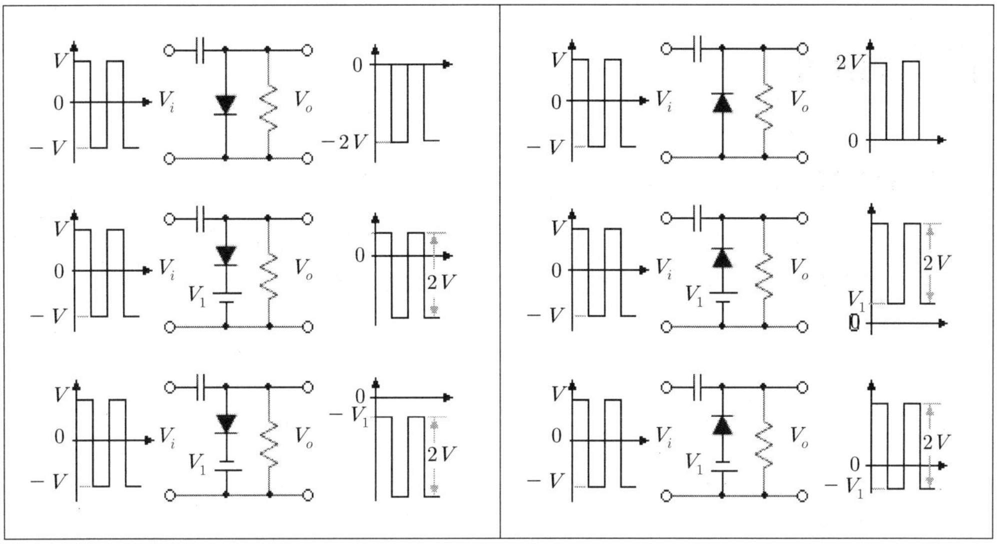

(a) 부(−) 피크값 클램프 (b) 정(+) 피크값 클램프

[그림 3-6] 여러 가지 클램프 회로

4) 정(+) 피크값 클램프

입력 레벨이 어디에 있어도 −피크값이 출력의 0레벨로 추이되어 출력파형을 +레벨로 고정시키는 것으로 [그림 3-6]의 (b)의 회로이다.

5) 다이내믹 클램프

[그림 3-7]과 같이 진폭이 항상 변화하며 동일간격으로 일정한 레벨을 갖는 펄스 파형의 기준 레벨을 바꾸는 데는 다이내믹 클램프 회로가 사용된다.

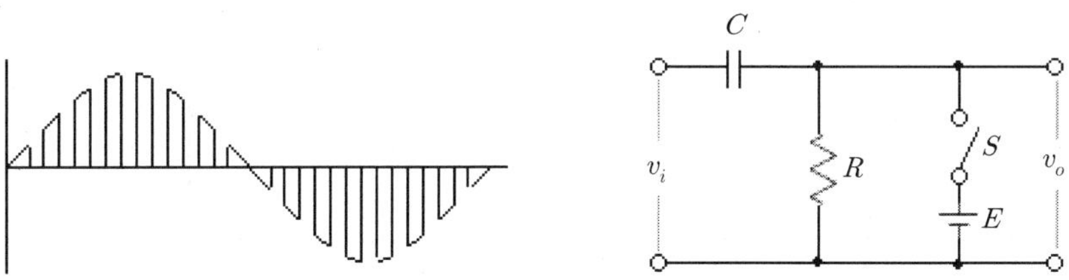

[그림 3-7] 다이내믹 클램프 파형과 기본 원리

실험실습

(1) 클리퍼 회로

1) 다음 클리퍼 회로를 구성하여 신호원으로는 전원회로의 60Hz 정현파를 사용한다.
2) 클리퍼 회로에 가하는 전원은 AAM 건전지를 사용한다.

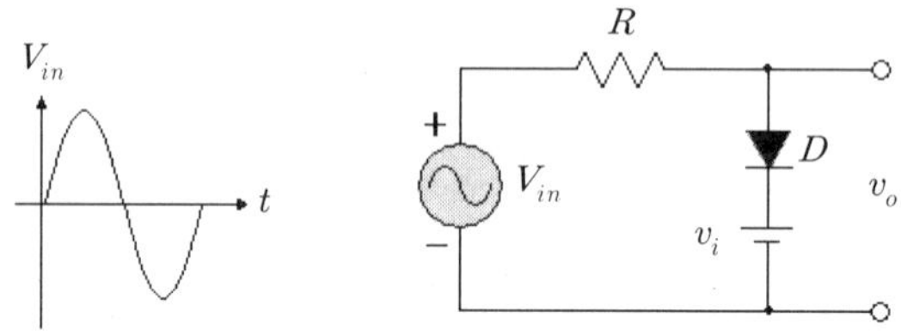

3) 멀티미터로 건전지의 전압을 측정 관찰한다.
   - 건전지의 전압이 1.5V인가? 아니라면 그 이유는 무엇인가 확인한다.
4) 이상적인 클리퍼 회로를 구성한 후 파형을 기록하여 이상적인 파형과의 차이를 관찰한다.

측정파형

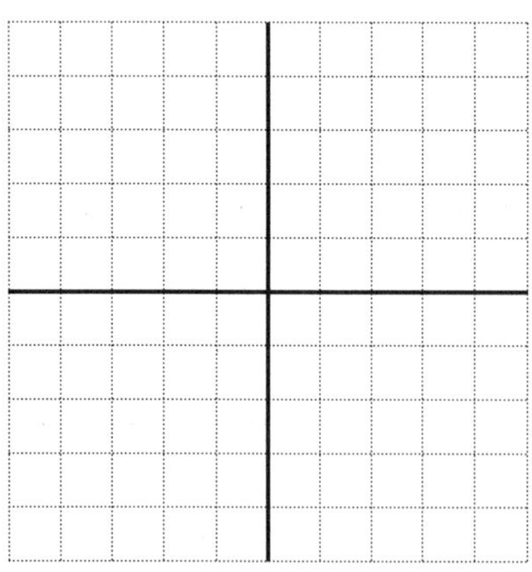

이상적인 파형

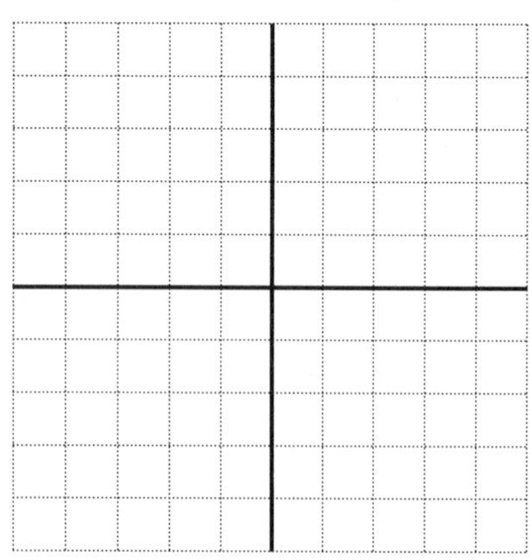

① 클리핑 전압이 건전지의 전압과 얼마만큼의 차이를 보이는지 확인한다.
② 클리핑 모서리의 형상이 각지지 않은 이유를 확인한다.

5) 직렬 클리퍼와 병렬 클리퍼 차이를 확인한다.

6) [그림 3-2], [그림 3-3], [그림 3-4]와 같이 순방향/역방향 클리퍼 회로와 리미터 회로를 구성하여 파형의 변화를 관찰한다.

① 직렬 클리퍼

순방향 클리퍼

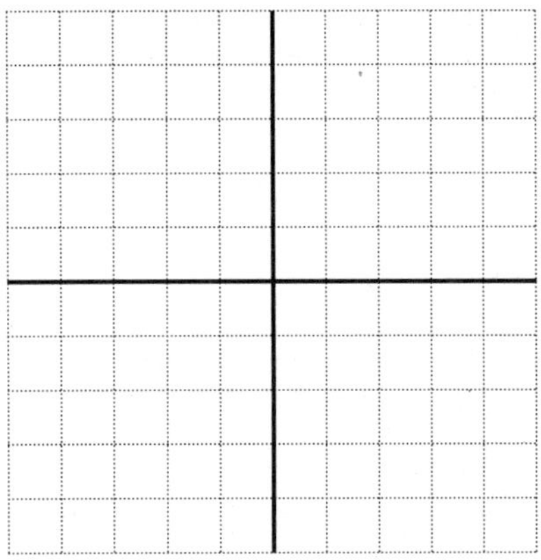

역방향 클리퍼

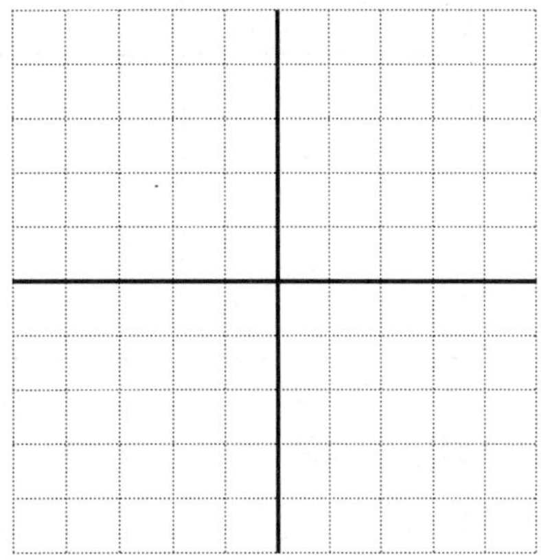

② 병렬 클리퍼

순방향 클리퍼

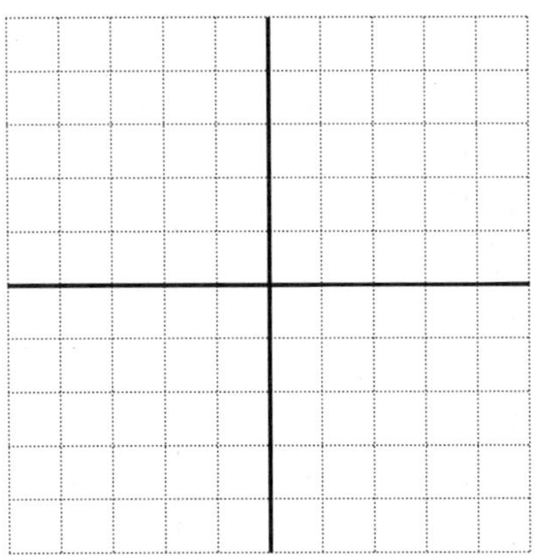

역방향 클리퍼

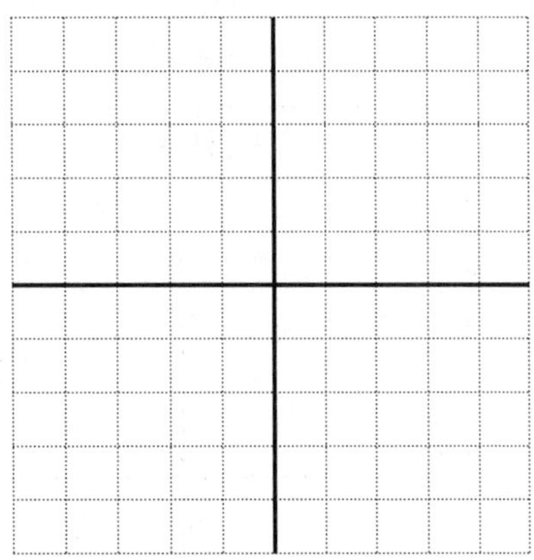

③ 리미터

D1 측 파형(적색), D2 측(흑색)

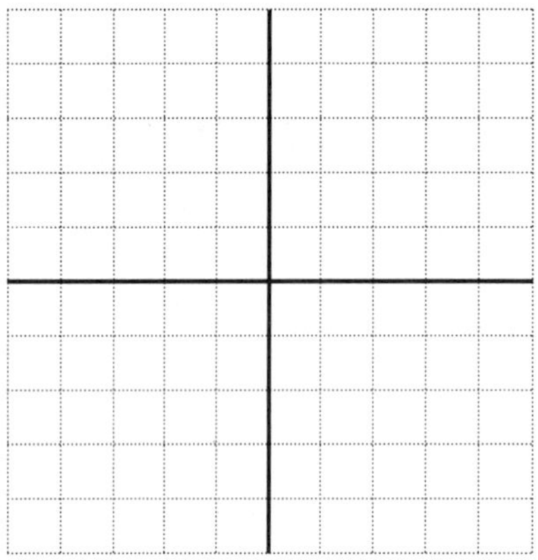

출력파형

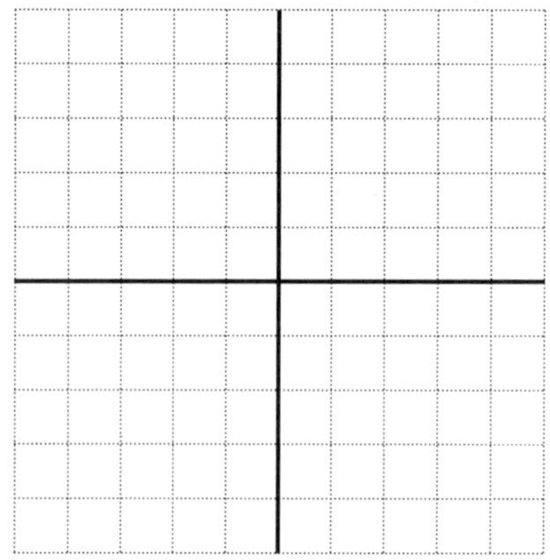

(2) 클램프 회로

1) 다음의 클램프 회로에서 전원회로의 60Hz 구형파 클록 신호를 입력신호로 사용하고, 시정수($\tau = RC$)를 0.1초로 맞추어 클램프 회로를 구성한다.

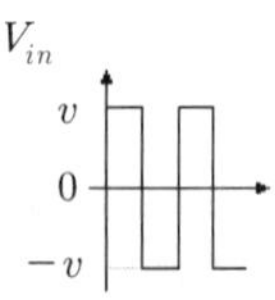

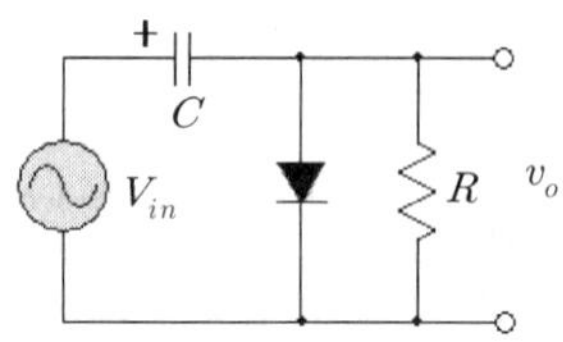

2) 출력신호를 관찰한다.

순방향 클램프

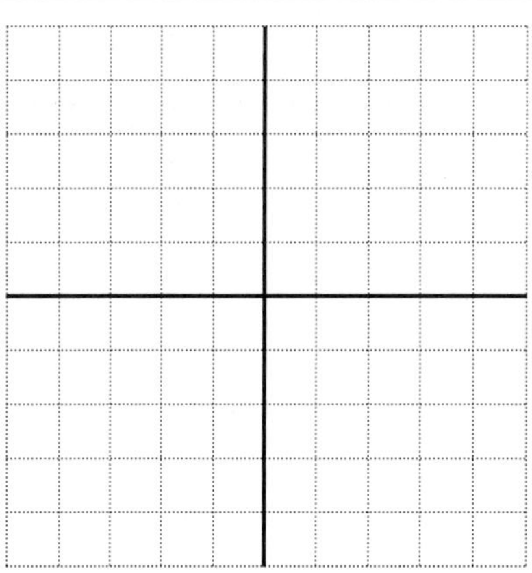

역방향 클램프

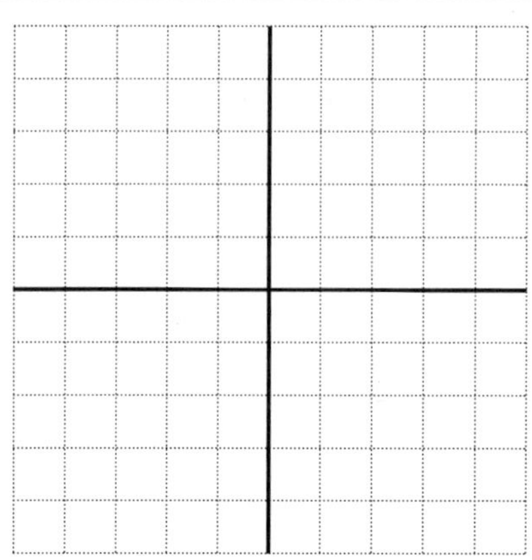

① 클램프 신호는 어떻게 변화하는지 관찰한다.

② 신호의 모서리 부분이 왜곡되는 이유를 확인한다.

③ 시정수 $t = RC = 0.01\,\mathrm{sec}$로 바꾸면 어떻게 되는지 확인한다.

3) [그림 3-6]과 같이 여러 가지 클램프 회로를 구성하여 출력신호를 관찰한다.

① 다이오드 연결방향과 출력신호 간의 상관관계를 확인한다.

② AAM 건전지를 사용하여 클램프 회로에 바이어스를 가한다.

순방향 클램프

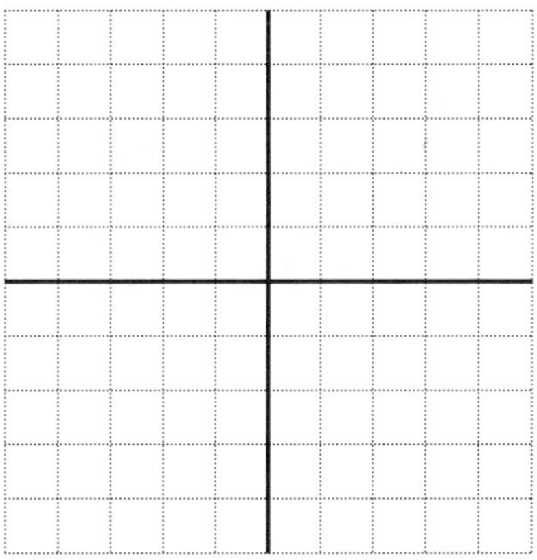

역방향 클램프

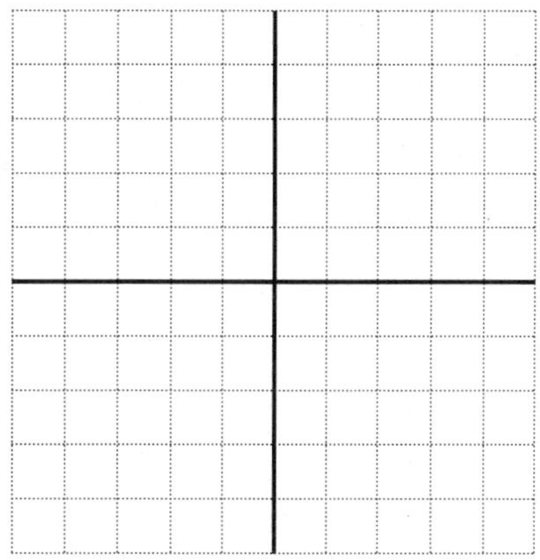

순방향 클램프

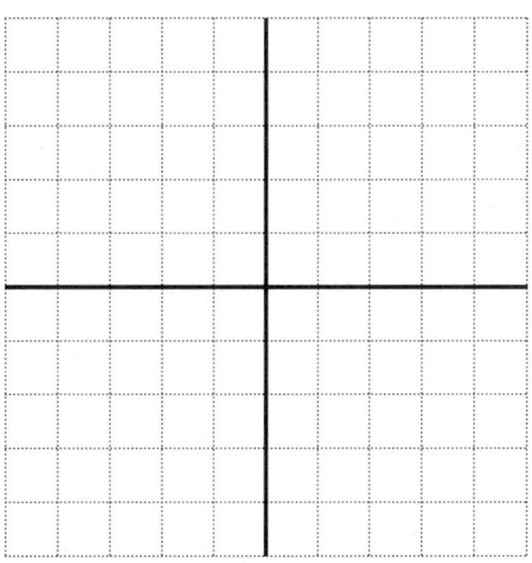

역방향 클램프

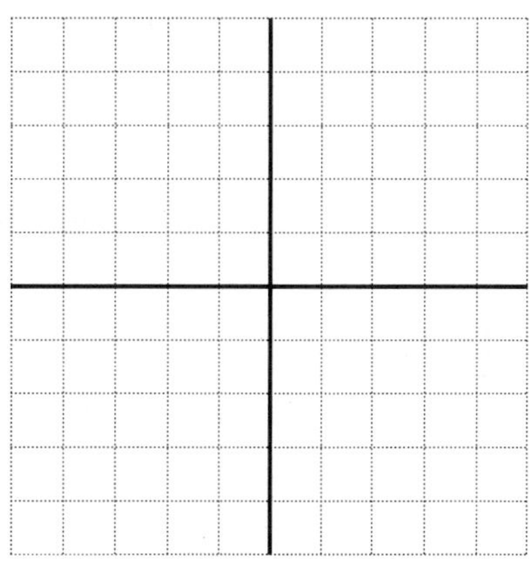

3-2 | 주파수 특성 측정

(1) 주파수 특성

기기나 회로의 입력을 일정하게 하여 주파수를 변화시켰을 때 출력이 어떻게 변화하는지를 표시한 것을 말한다. 이것을 세로축에는 출력 레벨, 가로축에는 주파수의 눈금을 표시한 그래프로 나타내면 곡선이 나타나는데, 이 곡선을 주파수 특성표라고 한다.

음향기기의 주파수 특성(周波數特性 : Frequency Response)은 기기의 입력부에 동일한 레벨의 크기를 가지는 사인파 발생기를 연결하고 출력부에 레벨 측정기를 연결한 후 사인파 발생기의 주파수를 20Hz부터 20,000Hz까지 변화를 주어 그 기기의 출력 레벨의 변화를 이용해 그 기기의 음색에 대한 특성을 나타내 주는 것이다.

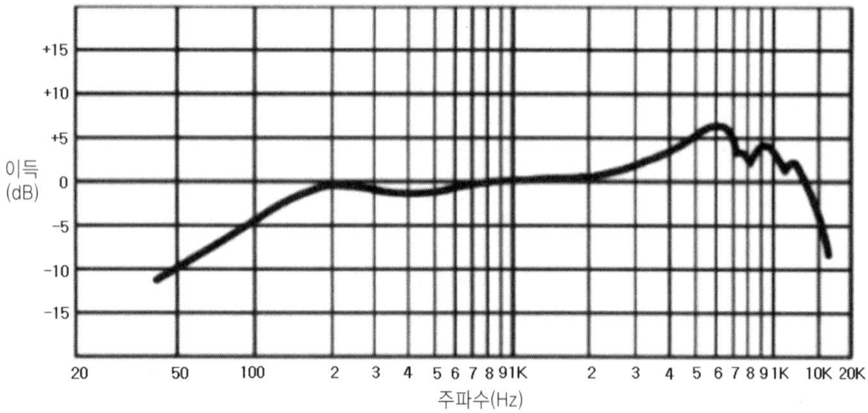

[그림 3-8] 저주파 증폭기의 주파수 특성

주파수 특성은 위와 같은 그래프를 사용하여 표현하거나 'Frequency Response; 3.5~70,000Hz, －3dB' 과 같이 표시한다.

실제로 마이크와 이퀄라이저 등의 음색에 직접 관련된 기기를 제외하고는 주파수 특성 그래프가 가능한 한 평평한(Flat) 것이 좋은 장치라고 할 수 있다. 왜냐하면, 음색에 직접 관련된 기기 외의 기기들이 그 나름대로의 다른 주파수 특성을 보인다면 본래 소리가 가진 음색을 그대로 처리하기 어려워지기 때문이다.

(2) 대역폭

그림에서 f_{c1}과 f_{c2}는 각각 저역차단 주파수와 고역차단 주파수이며, 이것은 주파수 특성에서 최고 이득점에서 3dB 저하되는 점의 주파수를 뜻한다. 그리고 대역폭(帶域幅 : Bandwidth)은 이 두 주파수 사이의 주파수 폭을 의미한다.

다음은 여러 가지 시스템에서 대역폭을 표현하는 말이다.

① 증폭기에서 고역차단 주파수(상한 주파수, f_{c1})와 저역차단 주파수(하한 주파수, f_{c2}) 사이의 주파수 폭을 말한다. 바꾸어 말하면 주파수 특성에 있어서 이득이 그 최대값에서 3dB 저하하는 2점 간의 주파수 폭이다.

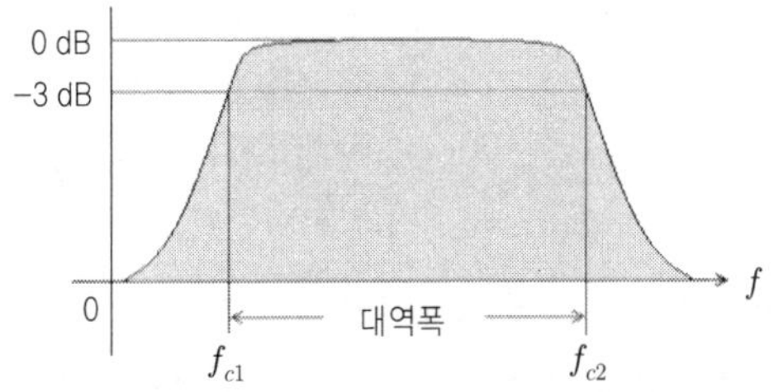

[그림 3-9] 주파수 특성과 대역폭

② 송신기에서 점유 주파수 대역폭을 말한다.

③ 대역 필터에서는 통과 주파수 범위를 말한다.

④ 전화교환 시스템에서는 그 바깥쪽의 어떤 곳에서도 참조 주파수에서의 값의 비율로서 정해진 값보다도 작아지는 최소의 주파수 간격을 말한다. 특기하지 않는 경우는 참조 주파수는 스펙트럼이 최대값을 갖는 것으로 한다.

⑤ 안테나에서는 성능이 어느 기준값을 만족하는 주파수 범위를 말한다.

⑥ 팩시밀리 신호의 적절한 전송에 필요로 하는 최고 주파수 성분과 최저 주파수 성분의 주파수 차를 Hz로 나타낸 것이다.

⑦ 오실로스코프에서는 기준 주파수의 대응에 대하여 그 응답이 0.707(−3dB)이 되는 상한 주파수와 하한 주파수의 차를 말한다. 통상은 주파수 차보다도 오히려 상한 주파수와 하한 주파수가 사양으로 된다.

⑧ 데이터 통신에서는 어떤 특성의 주파수에 대한 응답에서 특정한 범위로 감소하기까지의 주파수 범위를 말한다. 대역폭은 일반적으로 응답이 기준값에 대하여 3dB 감소하는 점에서 정의된다.

실험실습

1) 다음의 부궤환 증폭회로를 구성하고 동작실험을 한다.

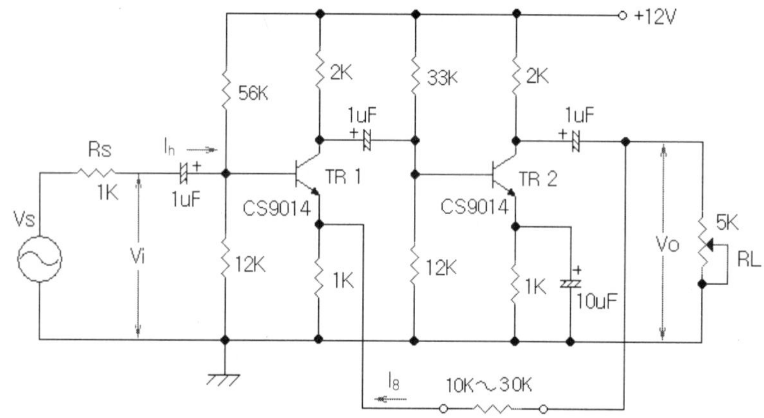

2) 위 회로에서 TR1 베이스의 56kΩ과 12kΩ 저항 양단의 전압을 계산하고 측정한다.

구 분	56kΩ 저항 양단 전압	12kΩ 저항 양단 전압
계산값		
측정값		

3) 다음 4)의 회로에서 D, E점의 파형을 비교 측정한다.

D점	E점
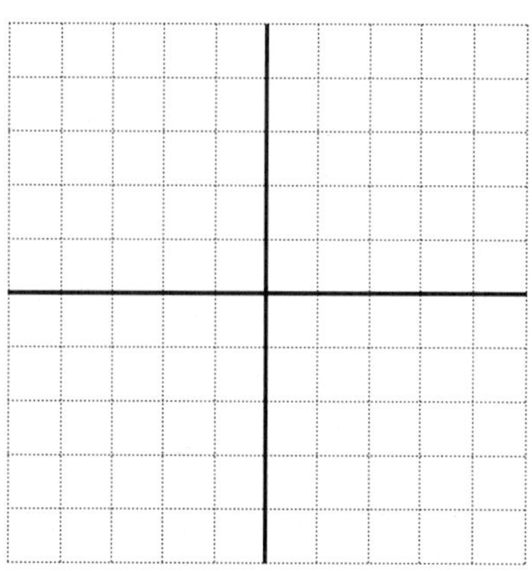	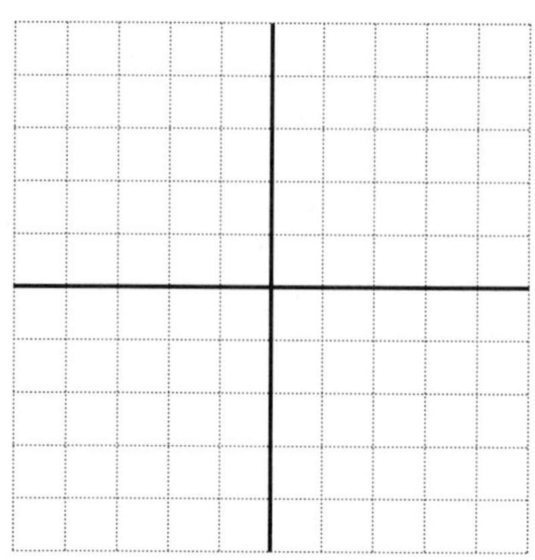

4) 다음 회로의 A, B, C, D점의 파형을 측정하여 비교한다.

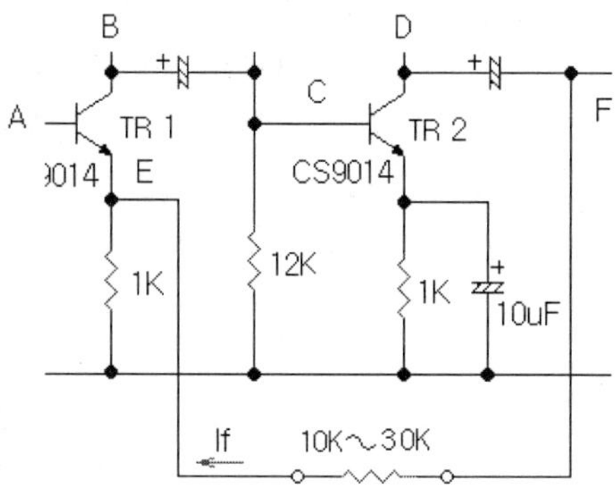

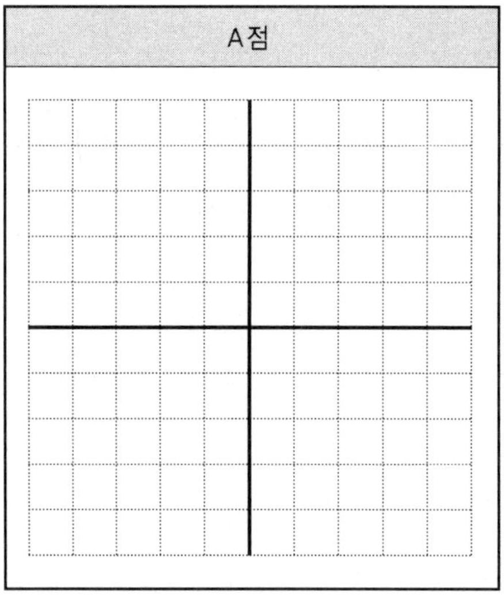

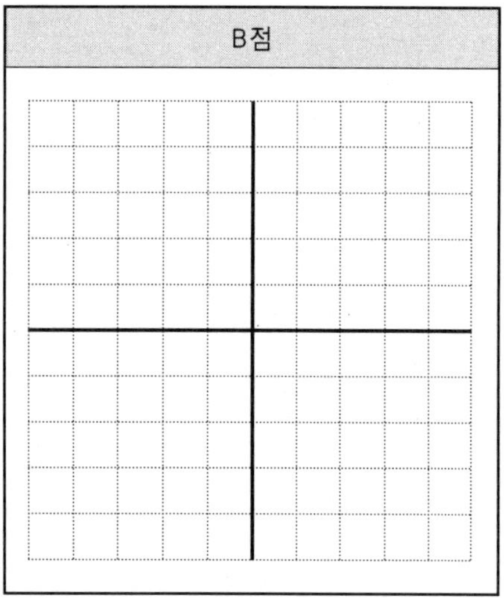

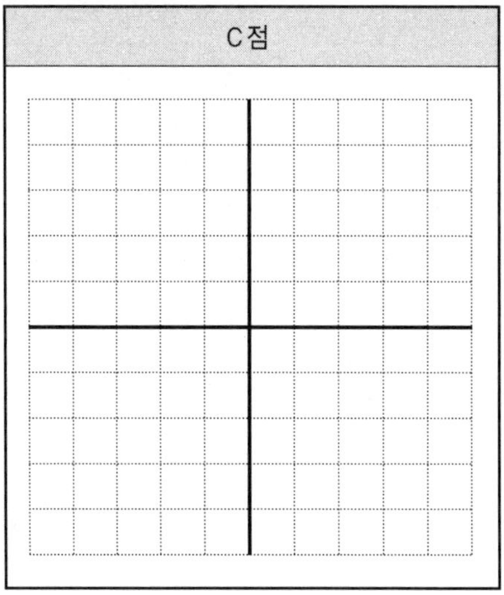

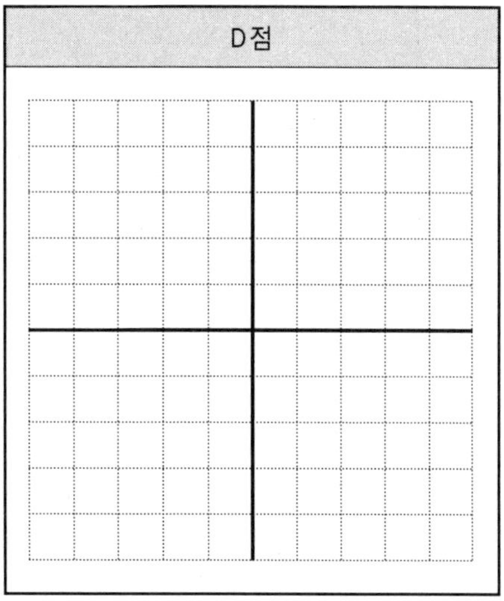

5) 위 회로에서 궤환 저항값을 10kΩ, 20kΩ, 30kΩ으로 교체하여 동작시켜 보고 궤환 저항값의 변화가 결과적으로 무엇을 변화시키는지 확인한다.

6) 이 증폭기의 입력신호를 0~500kHz까지 변화시키면서 출력이 일그러지지 않는 범위의 입력전압에 대한 출력전압을 측정하여 전압이득으로 환산한 후 아래 반로그(Semi-log) 그래프에 주파수 특성 곡선을 그리고 이 증폭기의 대역폭과 차단 주파수를 구한다. 만약 주파수 특성 확인이 어려울 경우 주파수 범위를 확장하여 측정한다.

① 전압 측정값과 이득 환산값

주파수	100	1k	2k	5k	10k	20k	50k	100k	200k	500k
입력 전압										
출력 전압										
이득 (dB)										

② 주파수 특성 곡선

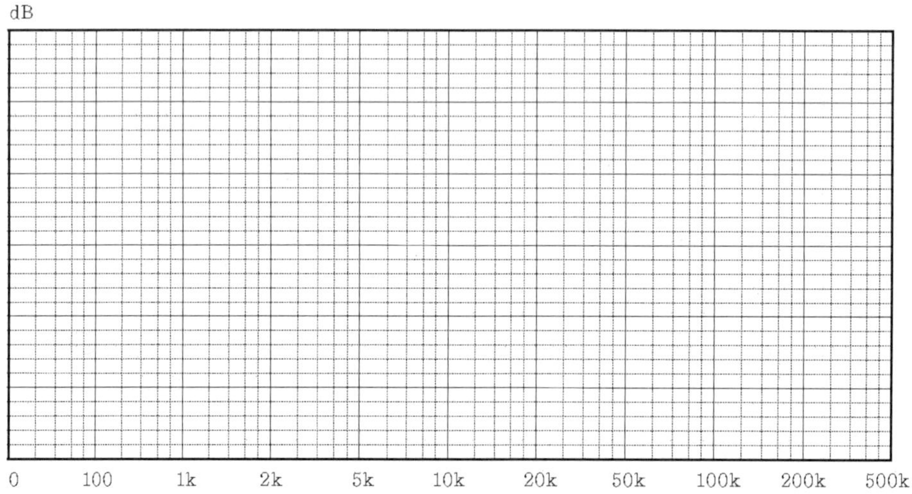

3-3 | 연산 증폭기

(1) 연산 증폭기의 특성

1) 연산 증폭기

연산 증폭기(Operational Amplifier : OP AMP)란 입력단에 차동 증폭기를 사용하여 다양한 수학적 연산(선형, 비선형)기능을 수행할 수 있는 고이득 직류 증폭기로서 기본 선형 집적회로(Basic Linear Integrated Circuit)라고 한다.

또한, 소형, 고신뢰도, 저렴한 가격, 온도 추적성 및 낮은 오프셋 전압 및 전류 등의 특성이 있으며, [그림 3-10]과 같이 반전 및 비반전 단자의 2개의 입력과 1개의 출력 단자를 가진다.

이 소자는 매우 큰 직류전압 이득을 갖는 차동 증폭기이며 전자회로설계의 기본 소자로 광범위하게 사용되며, 능동 필터, 미분기, 적분기, 비교기, 신호 변환기, 함수 발진기, 서보제어, 통신기기 등 응용 범위가 매우 넓다.

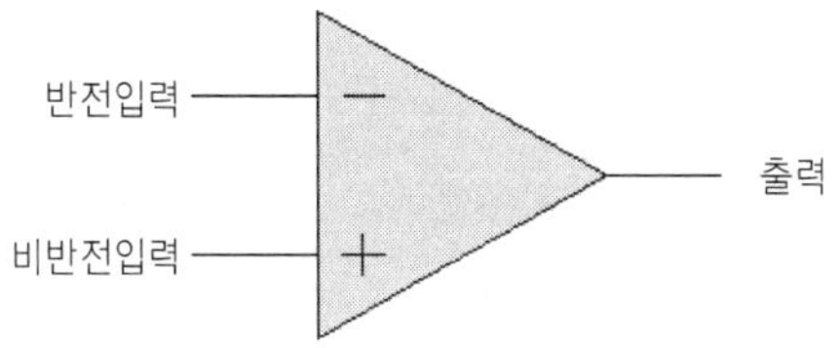

[그림 3-10] 연산 증폭기

2) 연산 증폭기의 특징

① 이득이 무한대이다(개루프).

② 입력 임피던스가 무한대이다(개루프).

③ 대역폭이 무한대이다.

④ 출력 임피던스가 0이다.

⑤ 낮은 전력 소비

⑥ 온도 및 전원 전압 변동에 따른 영향이 없다.
⑦ 오프셋(Offset)이 0이다.
⑧ CMRR이 무한대이다(차동증폭회로).

3) 연산 증폭기의 최대 정격

① 전원전압($\pm V_s$) : 연산 증폭기에 인가할 수 있는 최대 전압으로 보통 ±15V를 많이 사용한다.
② 차동 입력전압(V_{id}) : 반전, 비반전 입력에 가할 수 있는 최대 전압으로 NPN TR의 차동입력은 ±6V 정도, PNP TR의 차동입력은 ±30V 정도이다.
③ 동상 입력전압(V_{ic}) : IC가 파괴되지 않는 한계전압으로 일반적으로 $V_{ic} = V_s$이다.
④ 내부 소비전력(P_d) : 주어진 주위온도에서 소비할 수 있는 최대 전력이며 동작온도는 일반적으로 −29∼+80℃이다.

4) 연산 증폭기의 전원 사용법

연산 증폭기의 전원 사용법은 [그림 3-11]과 같이 12∼30V의 단일 전원과 ±12∼±15V의 양전원을 사용할 수 있다.

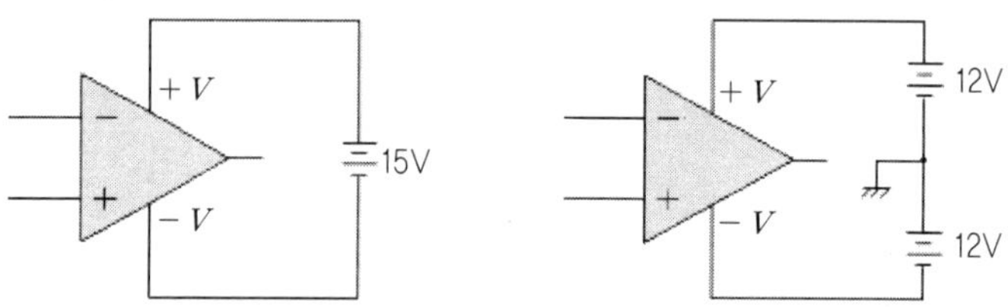

[그림 3-11] 연산 증폭기의 구동전원

5) 연산 증폭기의 내부 구조와 핀 접속도

① uA741의 내부 구조

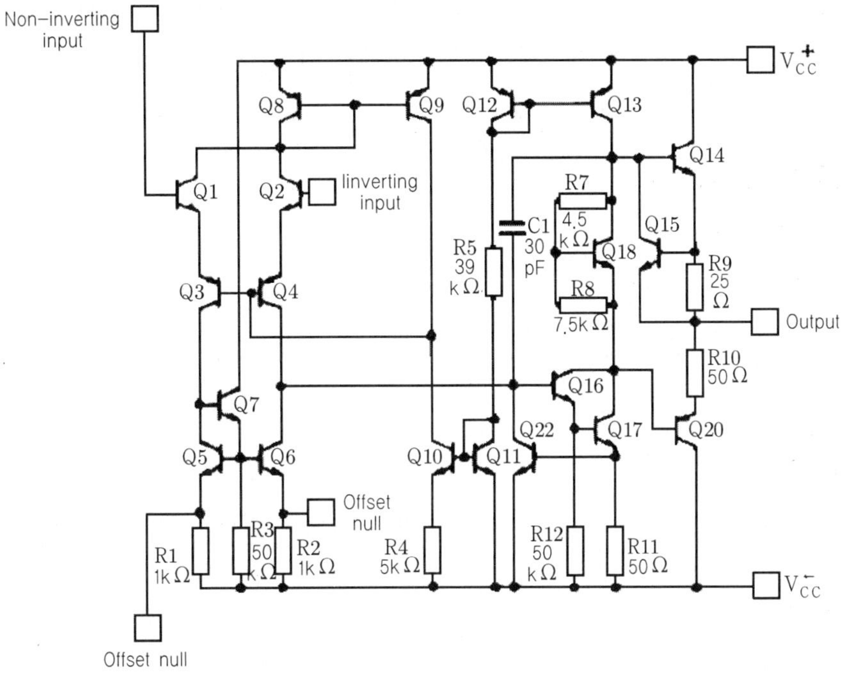

[그림 3-12] uA741의 내부 구조

② uA741의 핀 접속도

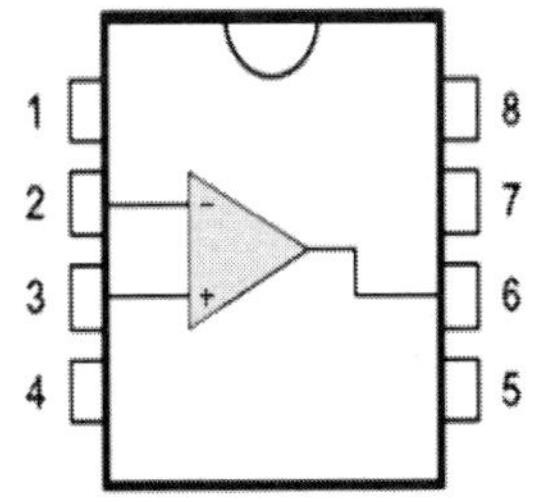

1 : Offset null 1
2 : Inverting input
3 : Non-inverting input
4 : Vcc
5 : Offset null 2
6 : Output
7 : +Vcc
8 : NC

[그림 3-13] uA741의 핀 접속도와 기능

6) 연산 증폭기의 전기적 특성

① 오프셋 전압

오프셋 전압(Offset Voltage)은 입력회로의 신호가 제로임에도 불구하고 출력이 발생하는 경우, 이것을 조정하여 출력을 제로로 하기 위해 입력단자에 가하는 전압을 말한다.

② 동위상 신호제거비

동위상 신호제거비(CMRR : Common Mode Rejection Ratio)는 다음 식으로 정의되며 CMRR은 클수록 좋다.

$$CMRR = \frac{차동이득}{동상이득} = \frac{A_d}{A_c}, \ CMRR = 20\log_{10}\frac{A_d}{A_c}[dB]$$

③ 입력 임피던스

입력 임피던스는 입력단자 접지 시 두 단자 사이에서 증폭기 내부를 들여다본 임피던스이다.

④ 슬루레이트

슬루레이트(SR : Slew Rate)는 연산 증폭기 내부 회로의 등가속도 등 기타 원인으로 인하여 출력이 일정한 기울기로 전압이 상승하는데 이 상승속도를 말한다. 즉 연산 증폭기의 이득이 1일 때 출력전압의 시간에 대한 변화비율이다.

$$SR \le \frac{\Delta V}{\Delta t}[V/us]$$

⑤ 이득과 주파수 대역(GB)

개방이득과 주파수의 곱을 이득 대역폭 적(GB)이라 한다.

$$GB = A_V \times B_W$$

$$G_V = 20\log_{10} A_V$$

B_W는 대역폭으로 이득이 최대 평균 이득점에서 $\frac{1}{\sqrt{2}}$(0.707배)로 떨어지는 점(−3dB점)의 주파수 폭이다.

⑥ 연산 증폭기의 정확도를 높이기 위한 조건 및 구성

연산 증폭기는 정확도를 높이기 위하여 큰 증폭도와 높은 안정도가 필요하다. 또 많은 양의 정궤환을 안정하게 걸 수 있어야 하며, 좋은 차단특성을 가져야 한다. 이러한 조건으로 인하여 연산 증폭기는 직렬 차동 증폭기로 구성된다.

또 궤환에 대한 안정도를 높이기 위하여 특정 주파수에서 주파수 보상회로를 사용한다.

(2) 연산 증폭기 기본 회로

1) 전압 폴로어

전압 폴로어(Voltage Follower)는 이득이 1인 비반전 증폭기로서 단위이득 증폭기이다.

전압 폴로어의 특징은 높은 입력 임피던스와 낮은 출력 임피던스를 가진다는 점이다. 따라서 높은 내부 저항을 가진 신호원과 낮은 임피던스를 갖는 부하를 손실 없이 연결시키는 임피던스 정합회로로 사용되며 위상의 변화가 없고 이득이 1인 완충 증폭기(Buffer Amplifier)라고도 한다.

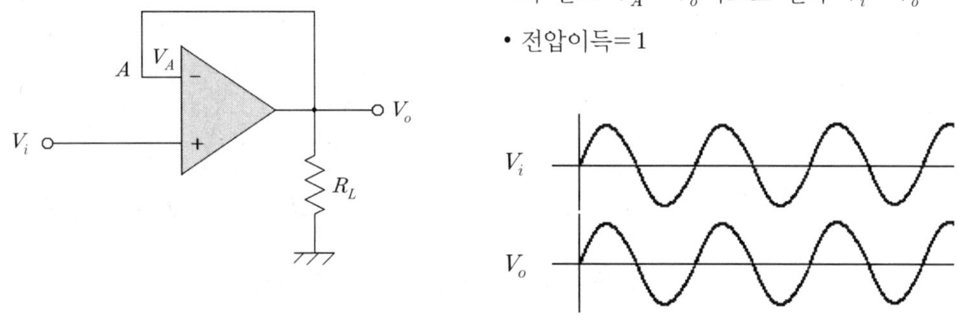

- 가상접지 이론으로 A점의 전압 V_A는 V_i와 같고 $V_A = V_o$이므로 결국 $V_i = V_o$
- 전압이득=1

[그림 3-14] 전압 폴로어와 입출력 특성

2) 반전 증폭기

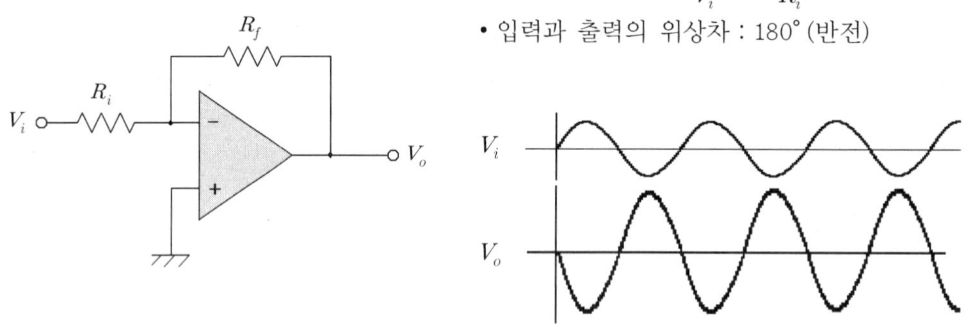

• 전압증폭도 $A_V = \frac{V_o}{V_i} = -\frac{R_f}{R_i}$

• 입력과 출력의 위상차 : 180° (반전)

[그림 3-15] 반전 증폭기와 입출력 특성

3) 비반전 증폭기

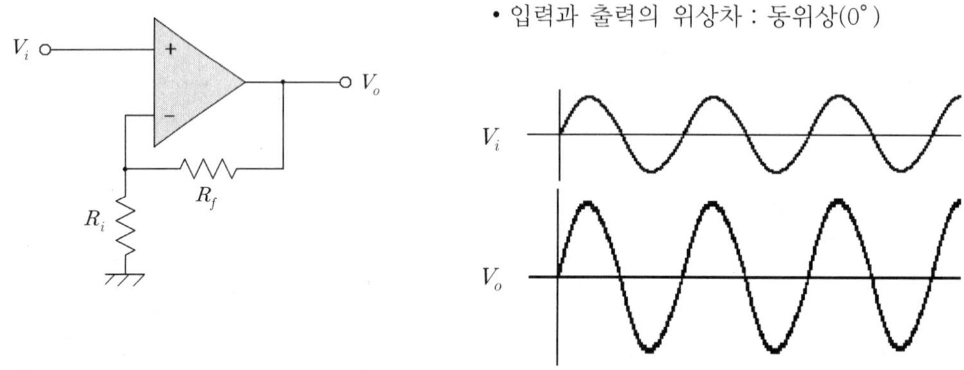

• 전압증폭도 $A_V = \frac{V_o}{V_i} = 1 + \frac{R_f}{R_i}$

• 입력과 출력의 위상차 : 동위상(0°)

[그림 3-16] 비반전 증폭기와 입출력 특성

(3) 비교기

① 연산 증폭기를 이용한 비교기는 미지의 입력신호를 기준전압과 비교하여 그 대소를 판정하고 출력하는 회로이다.

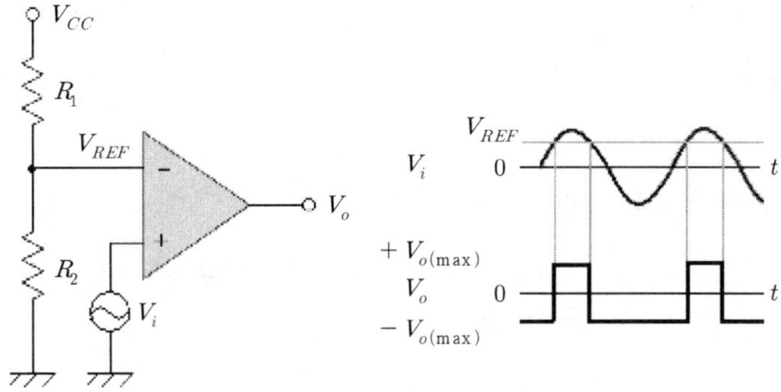

[그림 3-17] 비교기 기본 회로와 입출력 파형

② [그림 3-17]은 입력단자에 기준전압 V_{REF}를 인가하고 미지의 입력신호 전압과 비교하는 회로이다. 그림과 같이 R_1, R_2를 사용하여 전압을 분배한다.

$$V_{REF} = \left(\frac{R_2}{R_1 + R_2}\right) \cdot V_{CC}$$

③ 정현파 입력 V_i가 $V_i < V_{REF}$이면 출력은 최대(−) 레벨이 되고, $V_i > V_{REF}$이면 출력은 최대(+) 레벨이 된다. 비교기 회로를 이용하여 출력전압의 진폭을 제한할 필요가 있을 경우 [그림 3-18]과 같이 제너다이오드를 사용하여 회로를 구성한다.

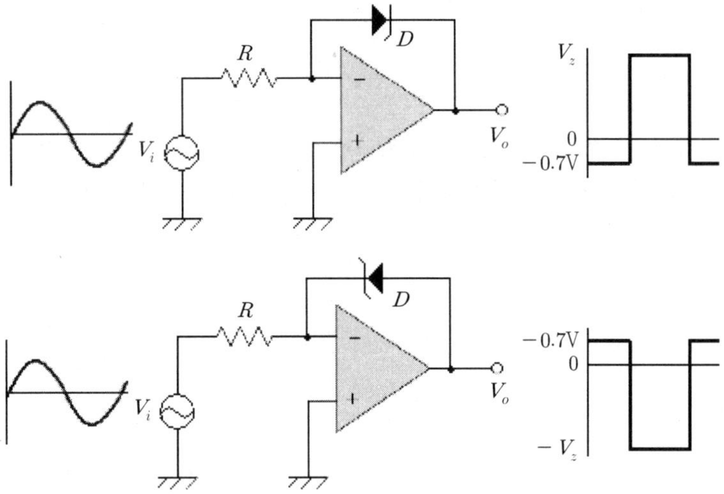

[그림 3-18] 비교기를 이용한 출력전압 진폭 제한

실험실습

(1) 전압 폴로어 회로의 구성

다음의 전압 폴로어 회로를 구성하여 입력단자에 정현파 500Hz, 1.5V_{p-p}의 신호를 가하고 입력파형과 출력파형을 측정하여 비교한다.

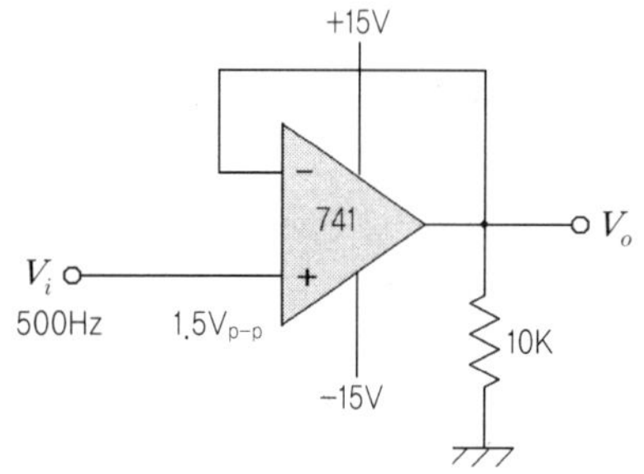

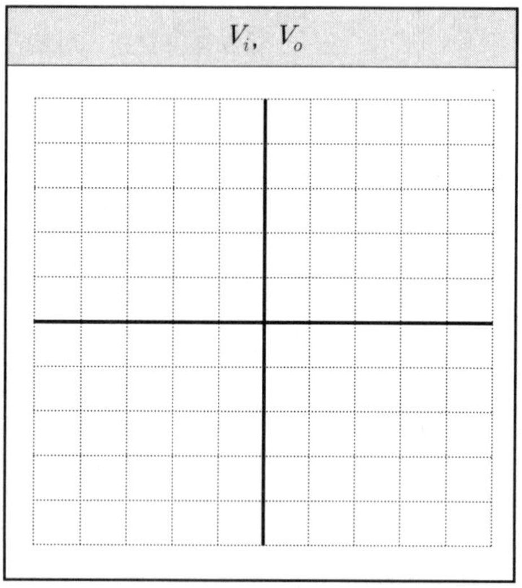

(2) 반전 증폭기

1) 다음과 같은 회로를 구성하여 전원전압을 ±15V로 하고 입력단자에 정현파 1kHz, 1.5V_{p-p}의 신호를 가하여 입력파형과 출력파형을 측정 비교한다.

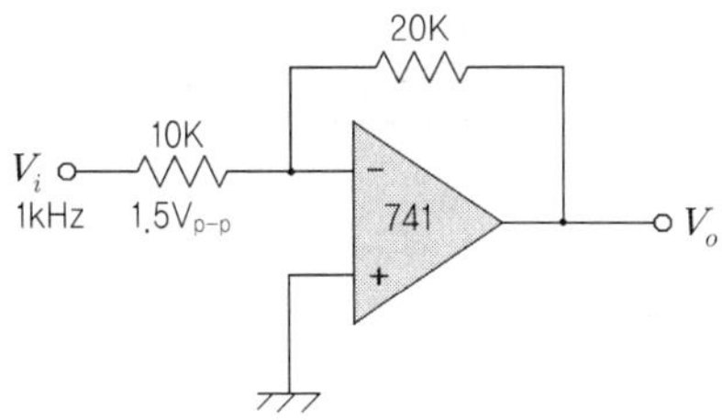

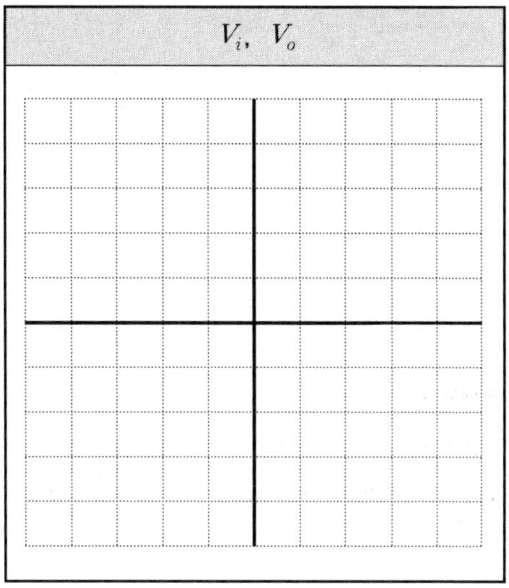

2) 증폭기의 이득을 측정하고 계산값과 비교한다.

구 분	측정값	계산값
증폭기 이득		

(3) 비반전 증폭기

1) 다음과 같은 회로를 구성하여 전원전압을 ±15V로 하고 입력단자에 정현파 1kHz, 1.5V_{p-p}의 신호를 가하여 입력파형과 출력파형을 측정 비교한다.

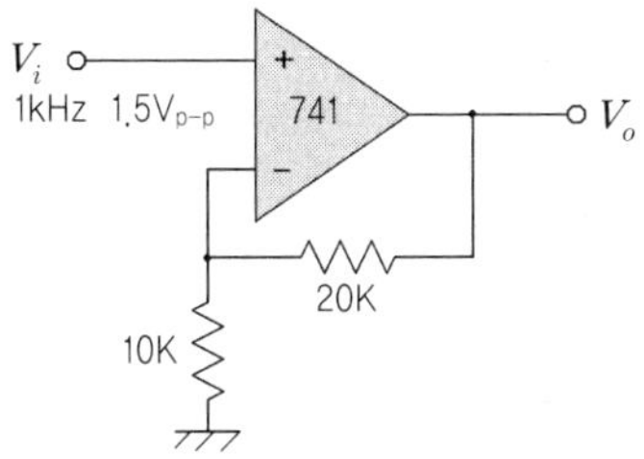

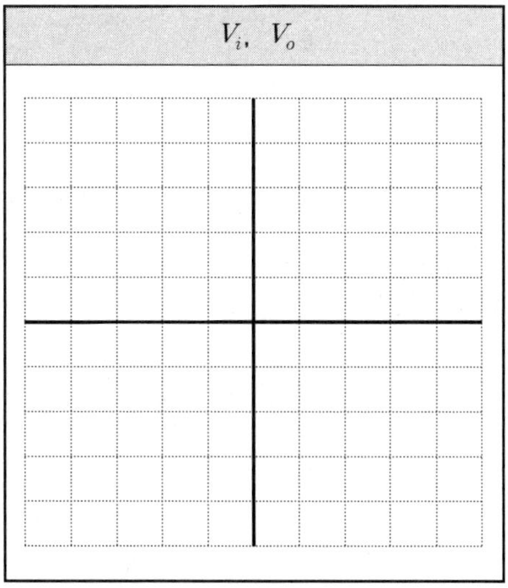

2) 증폭기의 이득을 측정하고 계산값과 비교한다.

구 분	측정값	계산값
증폭기 이득		

3-4 | 가 산 기

(1) 가산기

1) 가상접지

[그림 3-19]의 반전 증폭기에서 A점은 증폭기가 동작할 때 접지(Ground)에 대한 전위가 매우 낮고 접지와의 사이에는 전류가 거의 흐르지 않으므로 이 점을 가상접지(Virtual Earth : VE)라고 한다.

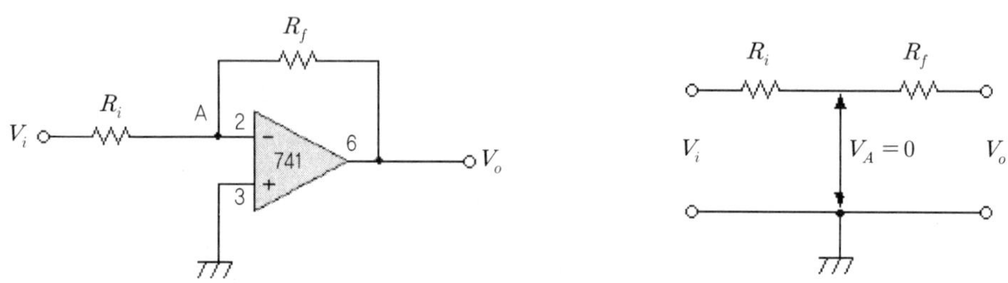

[그림 3-19] 가상접지

2) 가산기

가산기는 2개 이상의 입력전압의 합이 출력에 나타난다.

$$-I_f = I_1 + I_2 + I_3$$

$$-\frac{V_0}{R_f} = \frac{V_1}{R_1} + \frac{V_2}{R_2} + \frac{V_3}{R_3}$$

$$V_0 = - R_f \left(\frac{V_1}{R_1} + \frac{V_2}{R_2} + \frac{V_3}{R_3} \right)$$

여기서 $R_1 = R_2 = R_3 = R_f$라면

$$V_0 = -(V_1 + V_2 + V_3)$$

비반전 입력단자에 연결한 R_4는 입력 바이어스 전류에 의한 오차 방지용 저항으로 크기는 $R_4 = R_1 // R_2 // R_3 // R_f$ 이다.

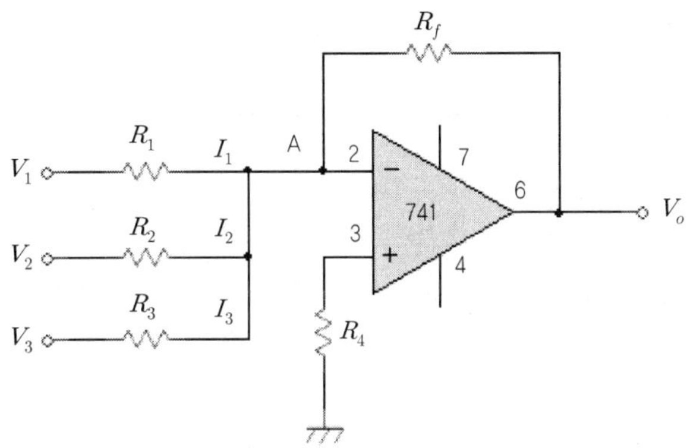

[그림 3-20] 가산기

(2) 차동 증폭기

① 차동 증폭기는 비반전 입력과 반전 입력의 차이를 증폭한다.

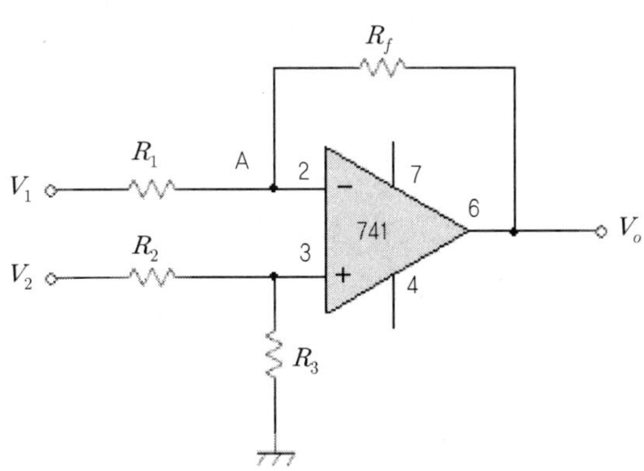

[그림 3-21] 차동 증폭기

② $V_1 = 0$, V_1이 직접 접지되었다면 이 증폭기는 비반전 증폭기가 되어 출력전압 (V_{02})은 $V_{02} = \left(1 + \frac{R_f}{R_1}\right) V_2'$ 이며, $V_2' = \frac{R_3}{R_2 + R_3} V_2$ 이므로

$$V_{02} = \left(1 + \frac{R_f}{R_1}\right)\left(\frac{R_3}{R_2 + R_3}\right) V_2$$

③ $V_2 = 0$, V_2가 직접 접지되었다면 이 증폭기는 반전 증폭기가 되어 출력전압 (V_{01})은 다음과 같다.

$$V_{01} = -\frac{R_f}{R_1} V_1$$

④ 이 회로의 출력전압(V_0)은 $V_0 = V_{01} - V_{02}$ 이므로

$$V_0 = \frac{R_f}{R_1} \cdot V_1 + \left(1 + \frac{R_f}{R_1}\right)\left(\frac{R_3}{R_2 + R_3}\right) V_2$$

여기서 $R_1 = R_2 = R_3 = R_4$ 이면

$$V_0 = V_2 - V_1$$

이 된다. 차동 증폭기는 감산기로 작용한다.

(3) 가산기를 이용한 D/A 변환기

[그림 3-22]와 같이 입력 저항값에 가중치를 주어 구성하면 출력전압은 다음 식과 같다.

$$V_o = -\left(\frac{R_f}{R_1}E_1 + \frac{R_f}{R_2}E_2 + \frac{R_f}{R_3}E_3 + \frac{R_f}{R_4}E_4\right) V$$

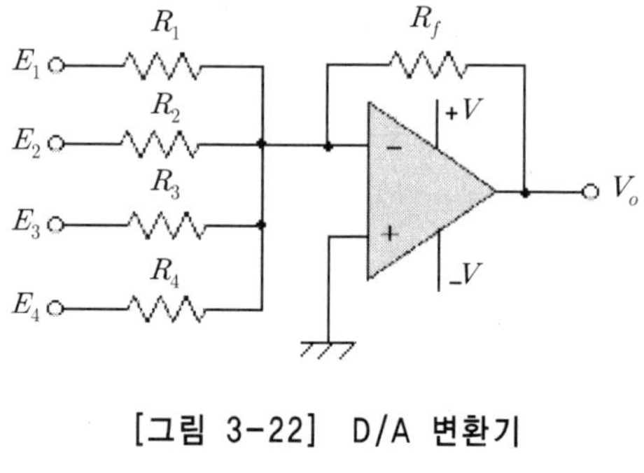

[그림 3-22] D/A 변환기

실험실습

(1) 가산기

1) 아래 그림의 가산기 회로를 구성하고 표에 주어진 입력전압을 가하여 출력전압을 측정한다.

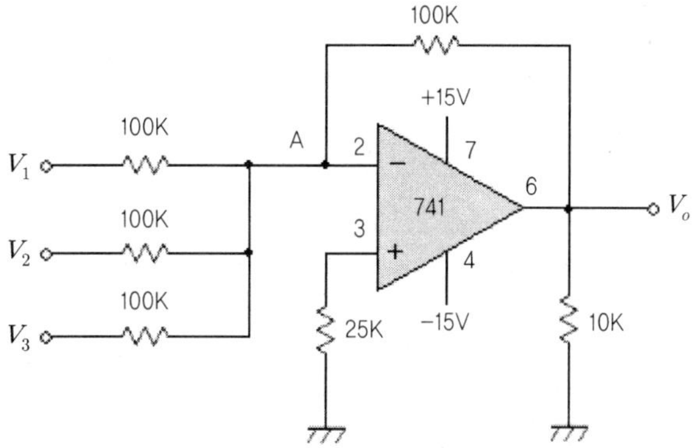

2) 궤환저항 100kΩ을 33kΩ으로 교체하였을 때 출력전압을 측정하여 계산값과 비교한다.

V_1	V_2	V_3	측정값		계산값		오차
			$R_f=100\text{k}\Omega$	$R_f=33\text{k}\Omega$	$R_f=100\text{k}\Omega$	$R_f=33\text{k}\Omega$	
3	6	−2					
4	2	1					
2	4	−8					
−3	4	−3					
−8	3	2					

3) 아래의 두 연산 증폭기의 입력이 같은 경우와 다른 경우의 회로를 각각 구성하고 입력 V_1에 1kHz, 1V의 정현파 신호를 가한 다음 출력전압을 측정하여 계산값과 비교한다.

구 분	V_o 측정값	V_o 계산값	오 차
① 두 입력이 같을 경우			
② 두 입력이 다를 경우			

① 두 입력이 같은 가산기 회로

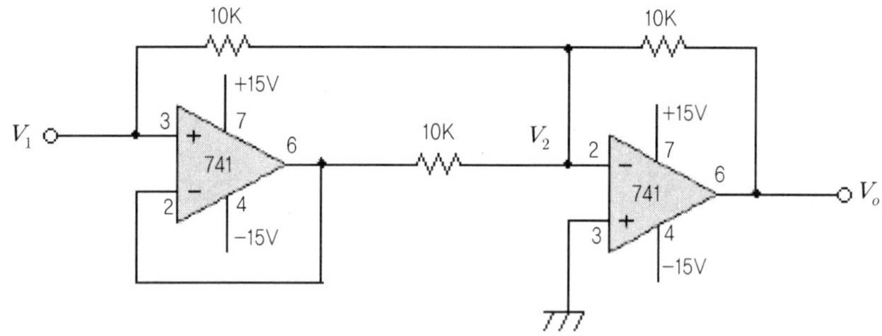

② 두 입력이 다른 가산기 회로

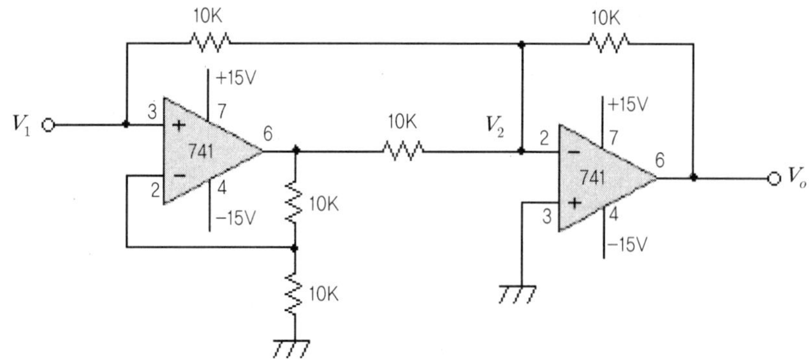

4) V_1, V_2, V_o의 파형을 측정하여 비교한다.

두 입력이 같은 경우	두 입력이 다른 경우
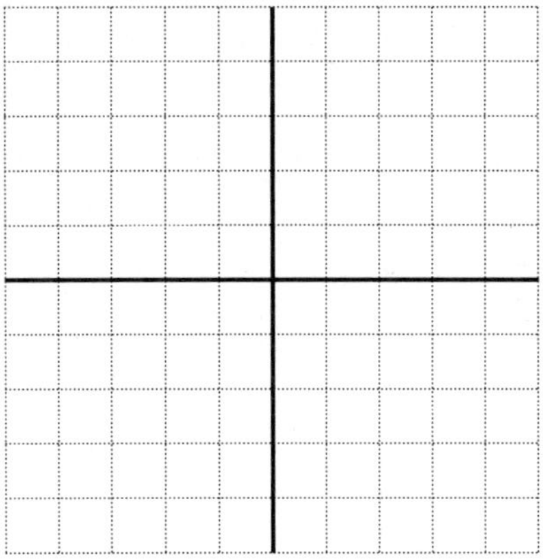	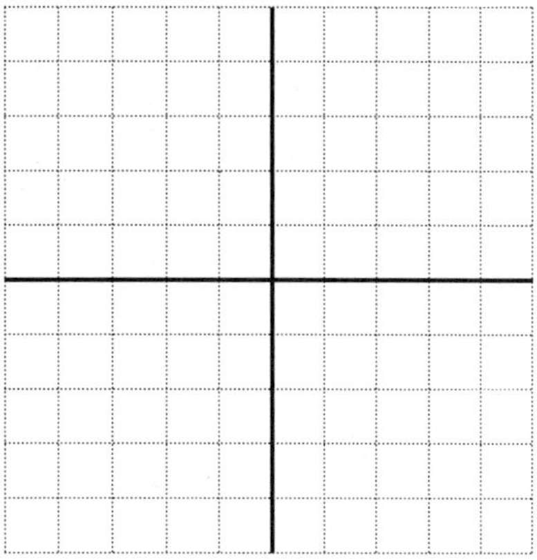

(2) 차동 증폭기

1) 다음의 차동 증폭기를 구성하고 주어진 입력전압을 가하여 출력전압을 측정한다.

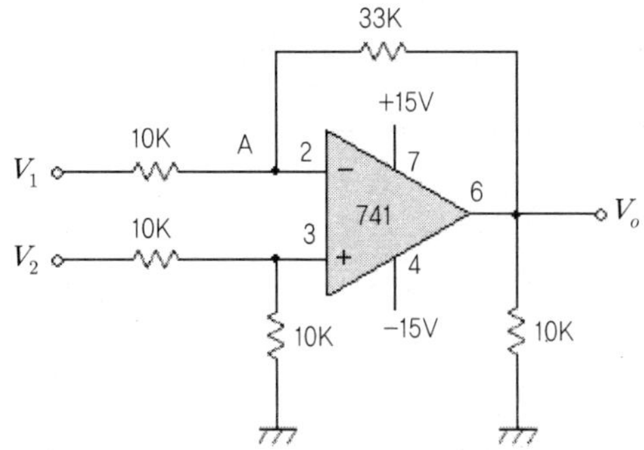

V_1	V_2	측정값	계산값	오 차
0	4			
−2	1			
6	2			
2	5			
3	0			
−4	−2			
1	2			

(3) 비교기

1) 다음의 비교기를 구성하고 두 입력 측의 V_R을 조절하여 표의 E_1과 E_2와 같은 전압을 가하고, 출력전압을 측정 기입하고 LED 점등상태를 기록한다.

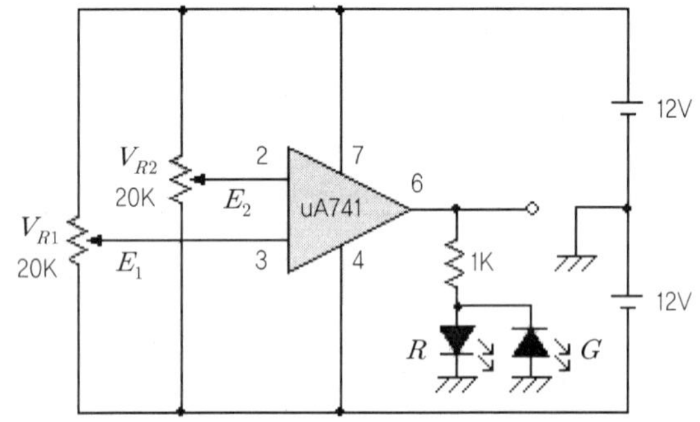

E_1	6V	4V	−3V	5V	−6V	−4V
E_2	4V	6V	5V	−3V	−4V	−6V
V_{out}						
LED 상태						

2) 다음 히스테리시스 특성을 가진 온도 제어회로를 구성하고, V_R을 조정하여 E_1이 6V가 되게 한 다음 서미스터를 가열하면서 E_2의 전압과 출력상태를 동시에 관찰한다.

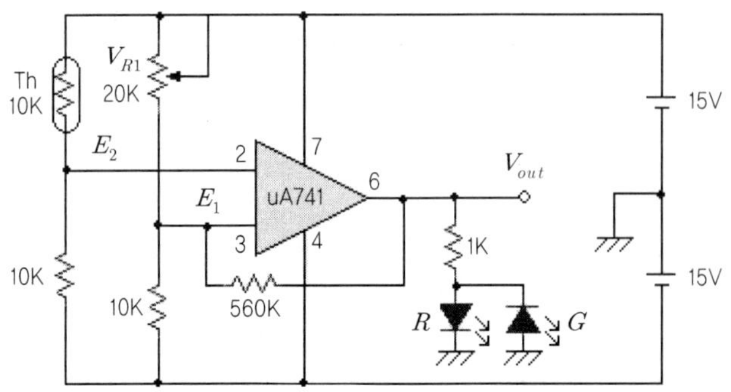

① 회로의 동작

- 가변저항의 분압으로 얻은 E_1과 서미스터 양단 전압 E_2를 비교한다.
- 서미스터는 25℃에서 10kΩ, 0℃에서 28kΩ, 50℃에서 4.2kΩ의 저항을 가진다.
- E_1을 6V로 설정하면 25℃에서 비교기 출력은 0V가 된다.
- 온도가 25℃보다 낮으면 → 서미스터 저항 증가 → E_2 감소 → 비교기 출력은 +로 반전된다.
- 현재온도가 매우 낮다면 비교기의 출력은 +로 되어 난방기는 가동된다.
- 이때 출력 14V는 560kΩ을 거쳐 0.25V를 E_1에 중첩시켜 $E_1 = 6.25\text{V}$가 된다.
- 난방기가 계속 가동되어 온도 27℃, $E_2 = 6.25\text{V}$가 넘으면 비교기는 -를 출력하고 난방기는 정지한다.
- 출력이 -일 때, -14V가 되면 560kΩ을 거쳐 E_1에 -0.25V를 중첩해 주므로 $E_1 = 5.75\text{V}$가 된다.
- 난방기가 정지한 후 시간이 지나면 온도는 서서히 하강 → 서미스터 저항값 상승 → E_2 하강
- 서미스터 입력전압 E_2가 수정된 목표값 5.75V보다 낮아지면 출력은 상승 반전 → 난방기 재가동

② LED의 상태반전 순간의 E_2의 전압을 측정한다.

③ LED 상태반전 이후 E_2의 전압을 측정한다.

④ 이와 같이 한번 동작상태에 들어가면 동작하는 방향으로 신호 레벨이 높아져서(또는 낮아져서) 동작이 안정적으로 유지된다. 이러한 특성을 무엇이라 하는가?

⑤ 이 특성을 그려 본다.

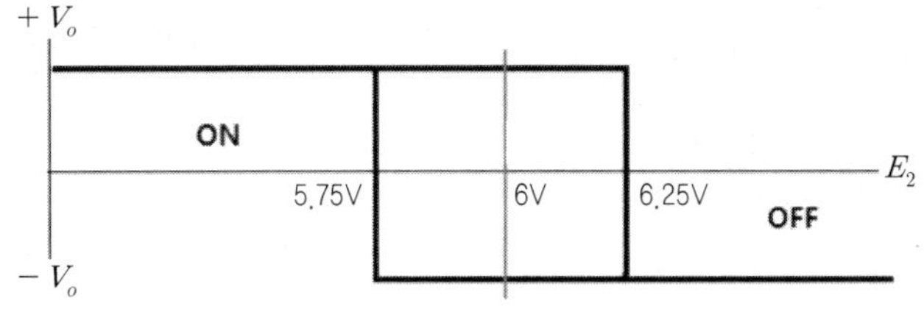

3-5 | 능동 필터

(1) 적분기

① 적분기의 기본 회로는 [그림 3-23]과 같이 반전 증폭기의 궤환저항 R_f 대신 콘덴서 C를 연결한 구조이다.

② 적분기의 입력에 펄스를 가하면 출력전압은 C의 영향으로 급하게 변화하지 않고 입력신호의 극성에 따라 연속적으로 상승 혹은 하강하는데, 이 변화시간은 입력전압 V_i의 크기와 R, C에 관계한다.

㉠ R, C의 값이 클수록 출력전압 V_o의 변화는 느리고, 작을수록 빠르다.

㉡ V_i가 클수록 V_o의 변화는 빠르고, 작을수록 느리다.

㉢ V_i가 +이면 V_o는 하강하고, −이면 상승한다.

③ 적분기의 입력에 펄스를 가할 때, 시정수가 펄스폭보다 크면 출력은 삼각파로 되고, 작을수록 구형파에 가까운 파형이 된다.

④ 적분기 입력에 정현파 전압을 가하면 V_i와 V_o 사이에는 위상반전이 생기지 않고 V_o가 V_i보다 위상이 90° 앞선다.

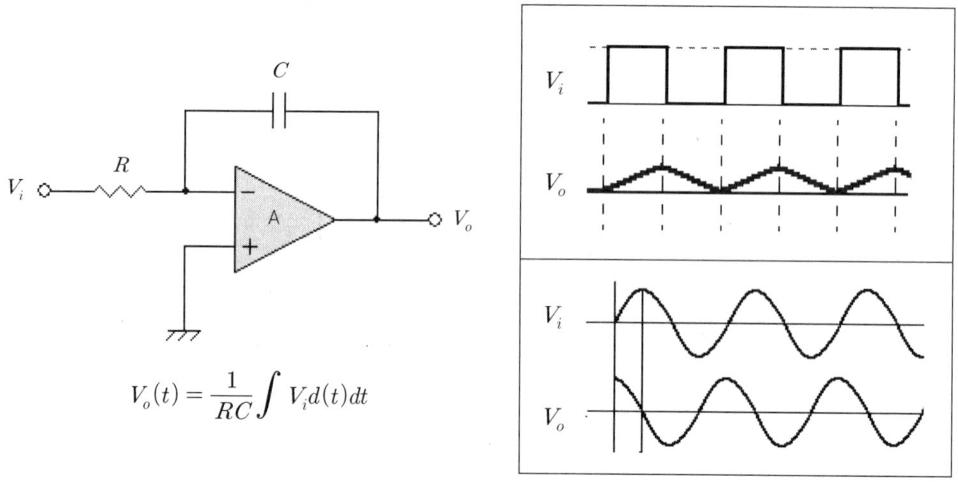

$$V_o(t) = \frac{1}{RC}\int V_i d(t)dt$$

[그림 3-23] 적분회로와 적분파형

(2) 미분기

① 미분기의 기본 회로는 [그림 3-24]와 같이 적분기에서 저항 R과 콘덴서 C의 위치를 바꾼 구조이다.

② 적분기의 입력에 직류전압을 가하면 콘덴서 C에 전류가 흐르지 못하여 저항에 흐르는 전류가 0이므로 출력전압은 0이다. 따라서 미분기의 입력전압으로 부적합하므로 삼각파나 펄스파 전압을 가한다.

③ 미분기의 입력에 펄스를 가할 때, RC 시정수가 입력 펄스폭보다 클수록 출력은 구형파에 가깝고, 작을수록 예리한 파형이 된다.

④ 미분기 입력에 정현파 전압을 가하면 V_i와 V_o 사이에는 위상반전이 생기지 않고 V_o가 V_i보다 위상이 90° 뒤진다.

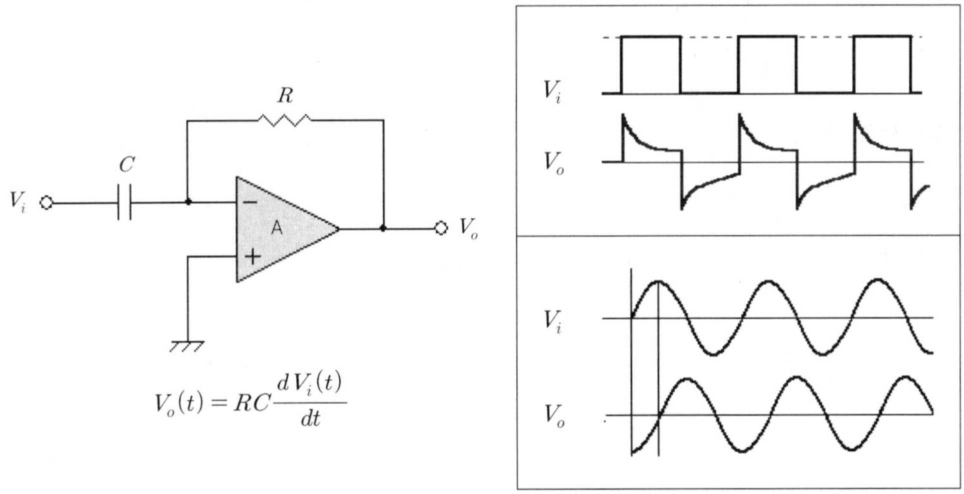

[그림 3-24] 미분회로와 미분파형

(3) 능동 필터

필터를 구성하는 방식에 있어 수동(Passive) 방식과 능동(Active) 방식으로 구분된다. 수동 필터는 저항과 콘덴서의 조합으로 이루어진 비교적 간단한 회로를 구성하며, 능동 필터는 연산 증폭기 등 전자회로를 조합하여 성능과 기능을 향상시킨 것이다.

1) 수동 필터

일반적으로 저항과 콘덴서의 조합으로 고주파영역을 통과시키는 고역 필터(High Pass Filter), 저역을 통과시키는 저역 필터(Low Pass Filter), 특정한 주파수 범위에서만 통과시키고 그보다 고역이나 지역을 저지하는 대역통과 필터(Band Pass Filter), 특정한 주파수 범위의 주파수를 저지하고 그 양측을 통과시키는 대역소거 필터(Band Elimination Filter) 등의 종류가 있다. 또한 필터 재료에 따라 세라믹 필터, LC 필터, RC 필터, 수정 필터 등의 종류가 있다.

2) 능동 필터

연산 증폭기를 사용하여 저역 필터, 고역 필터 등 능동 필터를 구성할 수 있으며, 또한 대역통과 필터와 대역소거 필터도 구성할 수 있다.

필터의 차단 주파수(Cutoff Frequency)는 최대 이득의 0.707배 즉, 3dB 저하되는 점의 주파수를 의미한다.

3) 저역 필터

저역 필터는 차단 주파수 이하의 주파수 성분을 통과시킨다. [그림 3-25]의 회로는 저역 필터로서 차단 주파수 f_{cL}는 다음과 같다.

$$f_{cL} = \frac{1}{2\pi R_1 C_1}$$

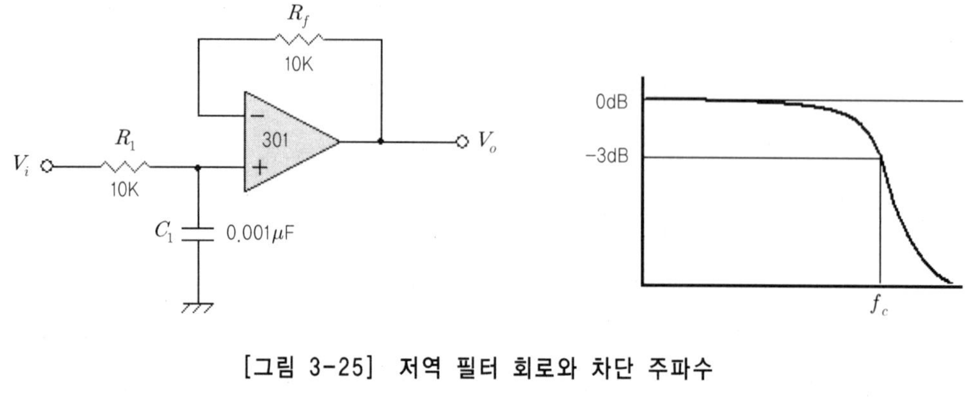

[그림 3-25] 저역 필터 회로와 차단 주파수

4) 고역 필터

[그림 3-26]은 고역 필터로서 차단 주파수 이상의 주파수 신호를 통과시킨다. 차단 주파수 f_{cH}는 저역 필터에서와 같다.

$$f_{cH} = \frac{1}{2\pi R_1 C_1}$$

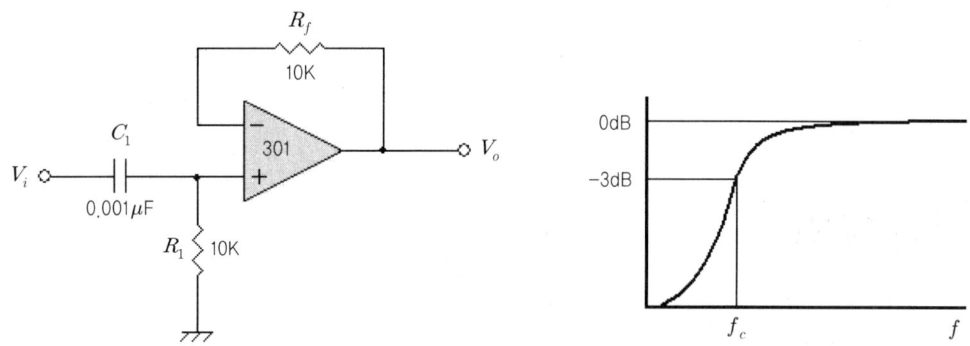

[그림 3-26] 고역 필터 회로와 차단 주파수

5) 대역통과 필터

대역통과 필터는 [그림 3-27]과 같이 저역 필터와 고역 필터를 조합하여 구성할 수 있고, 저역차단 주파수와 고역차단 주파수 사이의 대역을 통과시킨다.

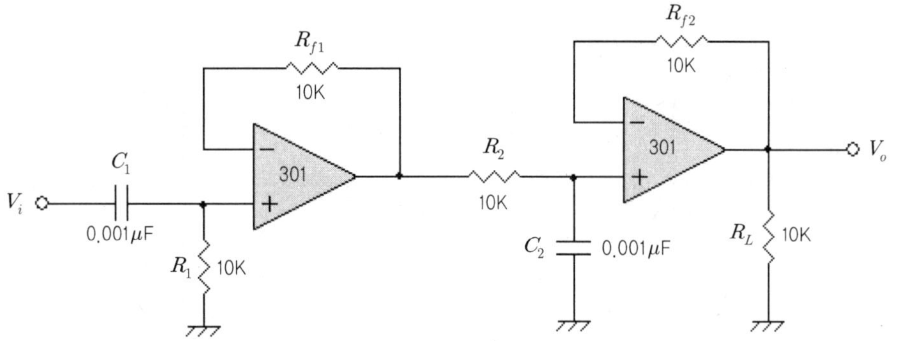

[그림 3-27] 대역통과 필터 회로

각 차단 주파수 역시 각 필터의 차단 주파수를 따로 구하면 된다. 이 회로의 통과 대역은 각 차단 주파수의 차이값(폭)이며 이를 대역폭(Band Width)이라 하며, 이득(Gain)과 대역폭의 곱(GB)은 항상 일정한 값이다. 각 차단 주파수와 대역폭은 다음과 같다.

① 고역차단 주파수 : $f_{cH} = \dfrac{1}{2\pi R_1 C_1}$

② 저역차단 주파수 : $f_{cL} = \dfrac{1}{2\pi R_1 C_1}$

③ 대역폭 : $B = f_{cL} - f_{cH}$

실험실습

(1) 적분회로

1) 다음 적분회로를 구성하고 입력 측에 1kHz, 2V 구형파를 가하고 입출력 파형을 비교한다.
2) 50kΩ 저항과 0.2μF 콘덴서를 100kΩ와 0.01μF, 그리고 5kΩ와 0.1μF으로 교체하여 같은 방법으로 측정한다.

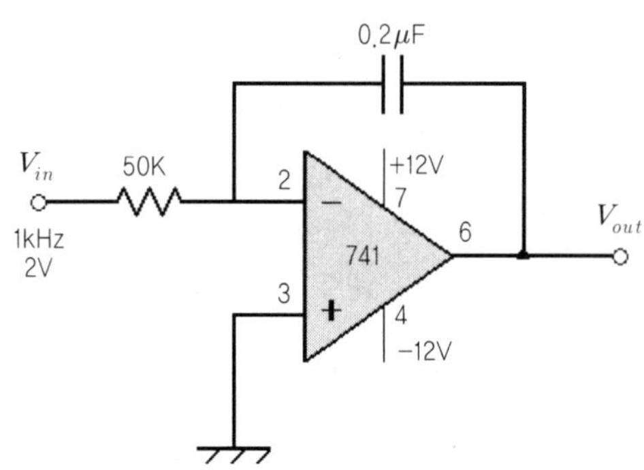

50kΩ, 0.2μF일 때 V_i, V_o

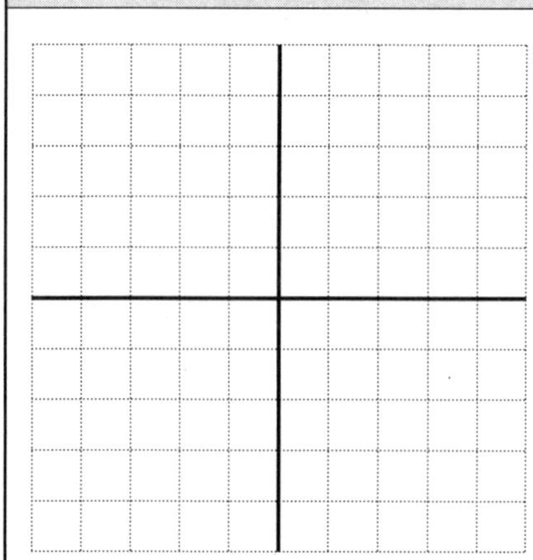

100kΩ, 0.01μF일 때 V_i, V_o

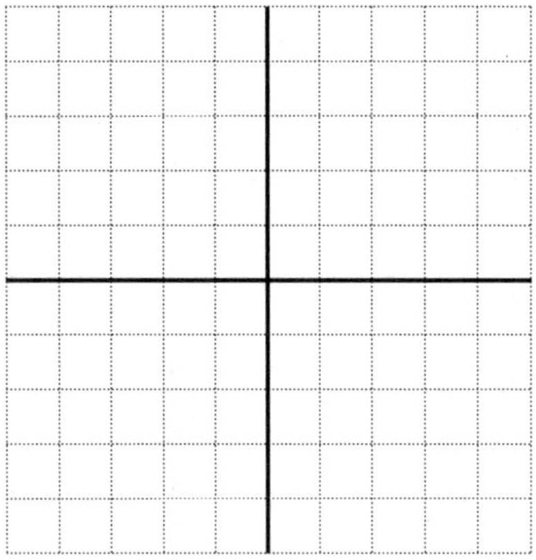

5kΩ, 0.1μF일 때 V_i, V_o

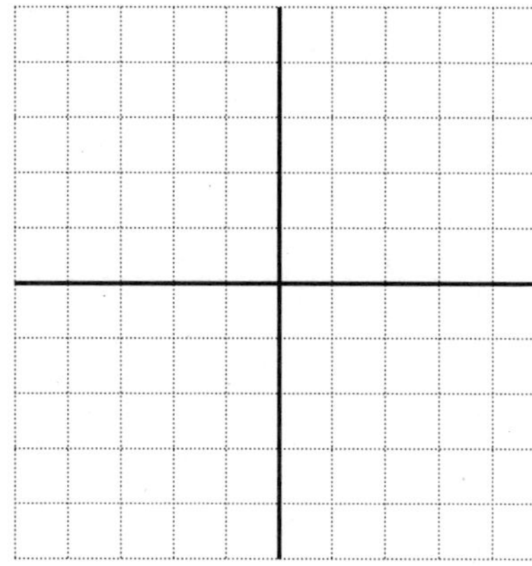

(2) 미분회로

1) 다음 미분회로를 구성하고 입력 측에 1kHz, 2V 구형파를 가하고 입출력 파형을 비교한다.
2) 50kΩ 저항과 20μF 콘덴서를 100kΩ와 47μF, 그리고 5kΩ와 20μF으로 교체하여 같은 방법으로 측정한다.

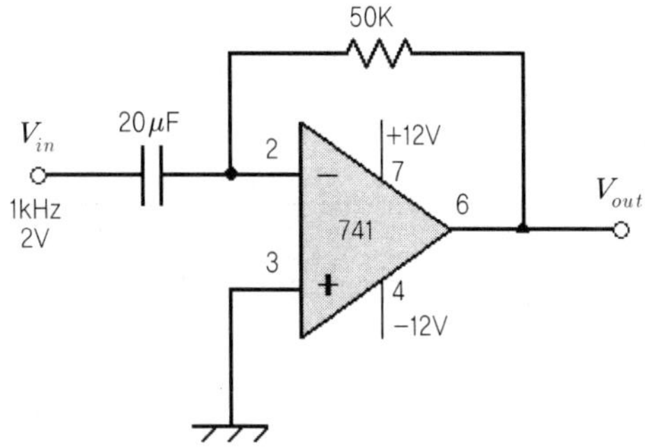

50kΩ, 20μF일 때 V_i, V_o

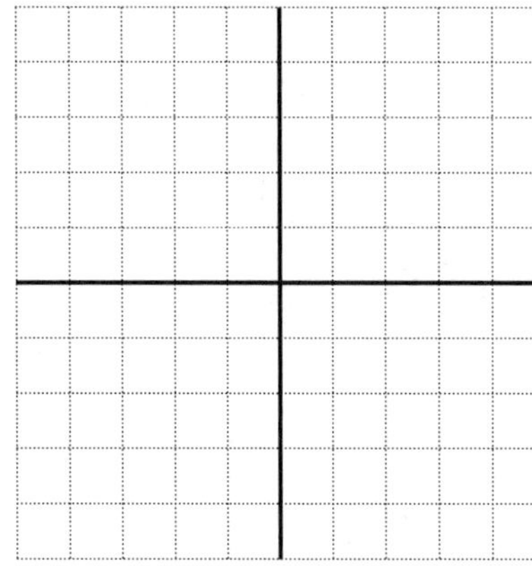

100kΩ, 47μF일 때 V_i, V_o	5kΩ, 20μF일 때 V_i, V_o
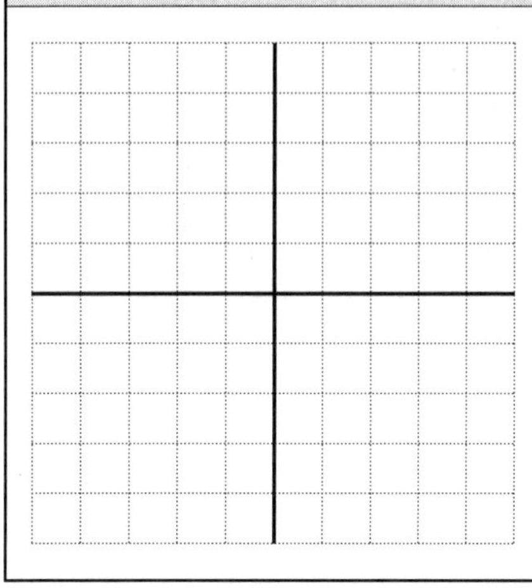	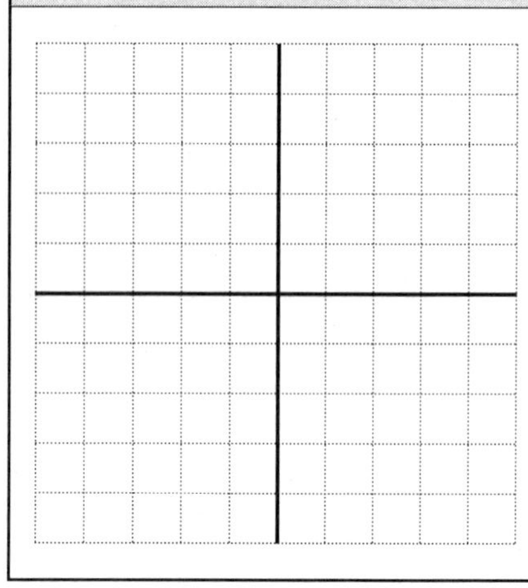

(3) 저역 필터

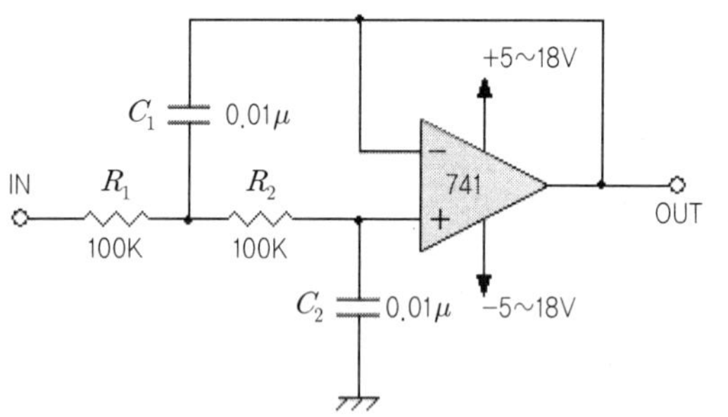

1) 그림의 저역 필터를 구성하고 입력에 1V의 정현파 신호를 가하여 주파수를 0Hz~30kHz까지 변화시키면서 출력을 측정하여 아래 표에 기록한다.

주파수	50 Hz	100 Hz	500 Hz	1 kHz	2 kHz	5 kHz	10 kHz	15 kHz	20 kHz	30 kHz
V_o										
G(dB)										

2) 저역 필터의 주파수 특성을 그래프로 그린다.

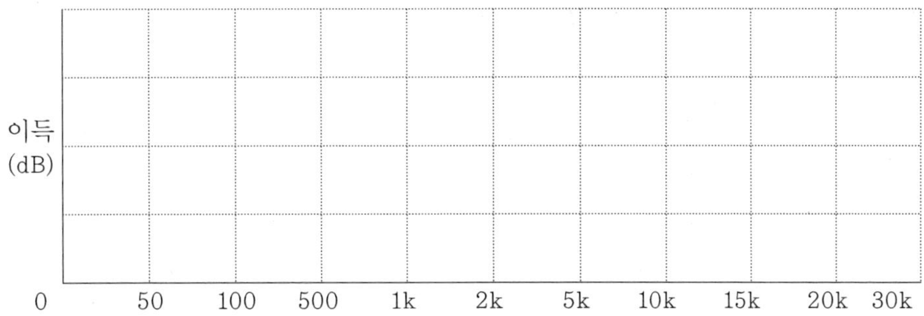

3) 주파수 특성 곡선에서 차단 주파수 f_c를 구하고 계산값과 비교한다.

구 분	측정값	계산값
저역차단 주파수(f_c)		

(4) 고역 필터

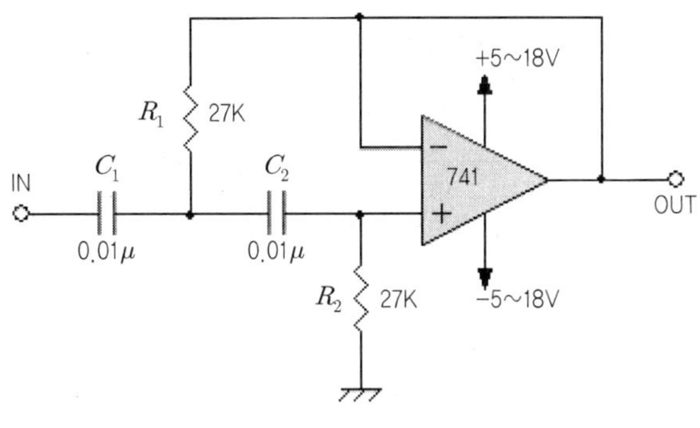

1) 그림의 고역 필터 회로를 구성하고 입력에 1V의 정현파 신호를 가하여 주파수를 0Hz~20kHz까지 변화시키면서 출력을 측정하여 아래 표에 기록한다.

주파수	50 Hz	100 Hz	200 Hz	500 Hz	1 kHz	2 kHz	5 kHz	10 kHz	20 kHz
V_o									
G(dB)									

2) 고역 필터의 주파수 특성을 그래프로 그린다.

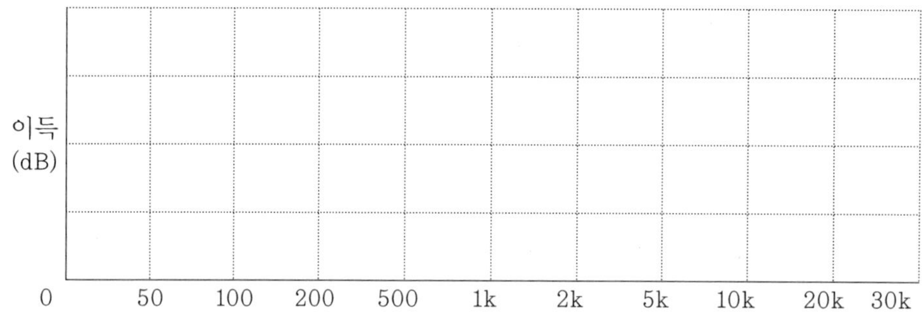

3) 주파수 특성 곡선에서 차단 주파수 f_c을 구하고 계산값과 비교한다.

구 분	측정값	계산값
고역차단 주파수(f_c)		

(5) 대역 필터

1) [그림 3-27]과 같은 대역 필터 회로를 구성하고 입력에 1V의 정현파 신호를 가하여 주파수를 100Hz~300kHz까지 변화시키면서 출력을 측정하여 아래 표에 기록한다.

주파수	100 Hz	500 Hz	1 kHz	2 kHz	5 kHz	10 kHz	15 kHz	20 kHz	30 kHz	50 kHz	100 kHz	200 kHz	300 kHz
V_o													
G(dB)													

2) 대역 필터의 주파수 특성을 그래프로 그린다.

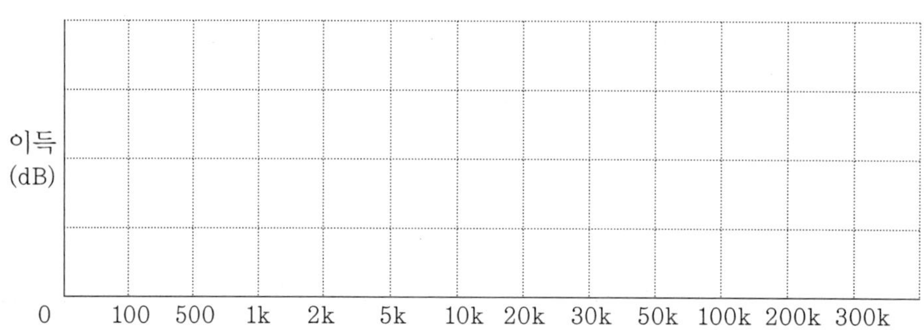

3) 주파수 특성 곡선에서 저역과 고역차단 주파수 f_{c1}, f_{c2}를 각각 구하고 계산값과 비교한다.

구 분	측정값	계산값
저역차단 주파수(f_{c1})		
고역차단 주파수(f_{c2})		

4) 이 필터의 대역폭을 구한다.

(6) 필터의 성능개선

다음 그림의 저역 필터는 차단 주파수에서 차단특성이 완만하여 이를 개선하기 위해 RC회로를 부가하여 개선된 회로를 보였다. 어떤 개선효과가 있는지 확인한다.

1) 저역 필터 회로

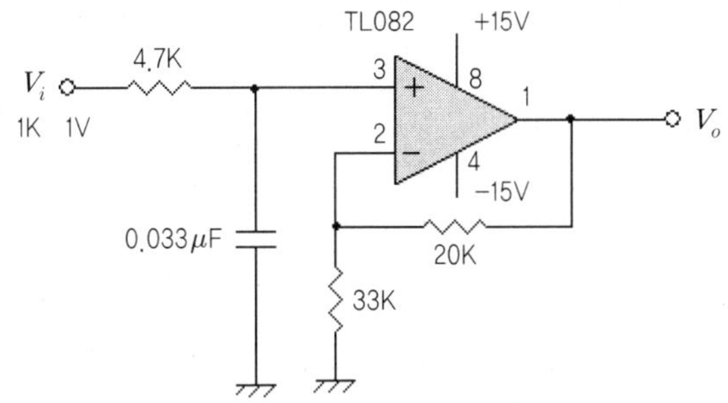

2) 성능이 개선된 저역 필터 회로

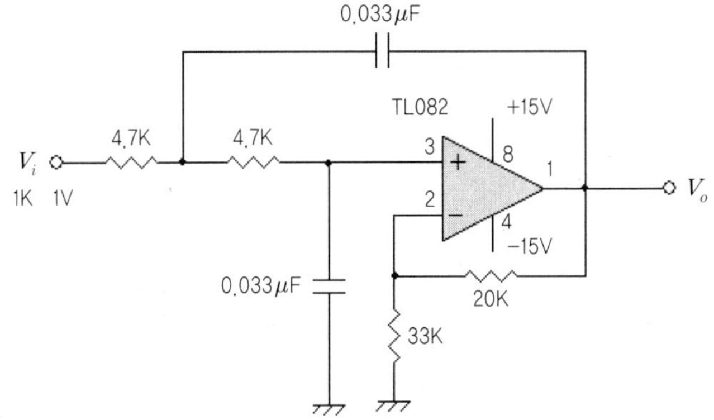

3-6 | 정현파 발진기

(1) 이상 발진기

① 이상 발진기(Phase Shift Oscillator)는 [그림 3-28]과 같이 한 조의 R과 C로 60° 의 위상차를 얻을 수 있으므로 3조의 R과 C를 이용하여 특정 주파수에서 180° 의 위상차를 만들어 반전 증폭기 입력 측에 귀환시키면 위상차가 360° 가 되어 정궤환상태로 되므로 발진상태로 된다. 또한 회로의 R과 C의 위치를 바꾸어도 발진한다.

② 발진조건 $A_V \geq 29$

③ 발진 주파수

㉠ 고역 필터형(저항 병렬형) $f_0 = \dfrac{1}{2\pi\sqrt{6}\,CR}$ [Hz]

㉡ 저역 필터형(콘덴서 병렬형) $f_0 = \dfrac{\sqrt{6}}{2\pi CR}$ [Hz]

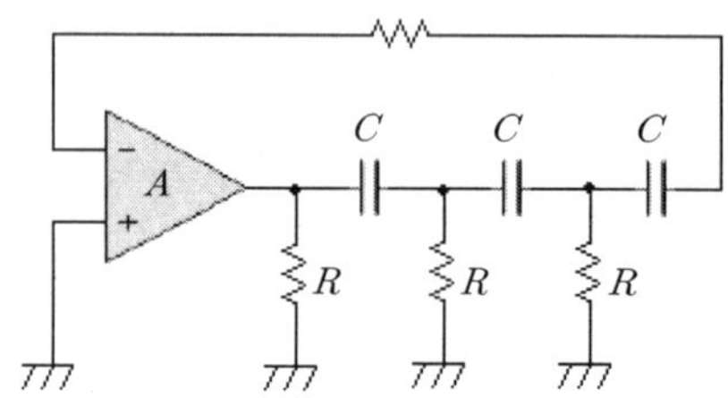

[그림 3-28] 이상 발진기

(2) 윈브리지 발진기

① [그림 3-29]와 같이 비반전 증폭기에 R_1, C_1, R_2, C_2의 직병렬회로를 추가한 것으로 윈브리지(Wien Bridge)의 평형조건에 일치한다.

② 증폭기 증폭도를 A_V라면 부호는 비반전 접속이므로 +가 되어 $V_0 = A_V \cdot V$로 되고 발진조건은 $A_V \geq 3$

③ 비반전 증폭기의 $A_V = 1 + \frac{R_f}{R_e}$ 이므로 $A_V = 3$이 되는 조건은 $R_f = 2R_e$

④ 발진 주파수 $f_o = \frac{1}{2\pi\sqrt{C_1 C_2 R_1 R_2}}$ [Hz]. 여기서 $C = C_1 = C_2$, $R = R_1 = R_2$이면 $f_o = \frac{1}{2\pi CR}$[Hz]가 된다.

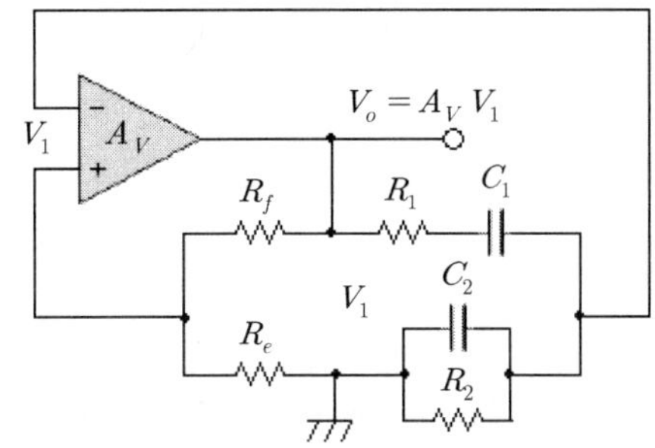

[그림 3-29] 윈브리지 발진기

(3) 쿼드라처 발진기

① 쿼드라처(Quadrature) 발진기는 90° 위상차의 사인파와 코사인파가 동시에 얻어지는 발진기로서 [그림 3-30]과 같이 비반전 적분회로(A_1)와 반전 적분회로(A_2)로 구성된다.

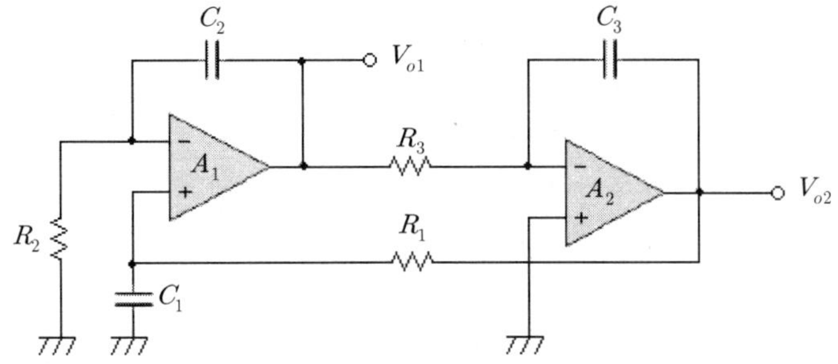

[그림 3-30] 쿼드라처 발진기

② V_{02}의 신호는 시정수 $R_1 C_1$을 가진 적분회로 → 시정수 $R_2 C_2$의 비반전형 적분회로(A_1) → 시정수 $R_3 C_3$의 반전형 적분회로(A_2)를 경유하여 발생한다.

③ 위상지연은 R_1, C_1 회로에서 90°, R_2, C_2 회로에서 90° 및 R_3, C_3 회로에서 90° ±180° =270° 로서 360° 의 위상지연에 의해 발진이 시작된다.

④ 이 회로의 발진 주파수(f_o)는 다음과 같다.

$$f_o = \frac{1}{2\pi\sqrt{R_2 C_2 R_3 C_3}}$$

실험실습

(1) 이상 발진기

1) 그림의 회로와 같은 이상 발진기를 구성하고 가변저항을 0에서부터 서서히 증가시켜 발진이 시작하는 점의 저항값, 발진 주파수, 출력전압을 측정한다.

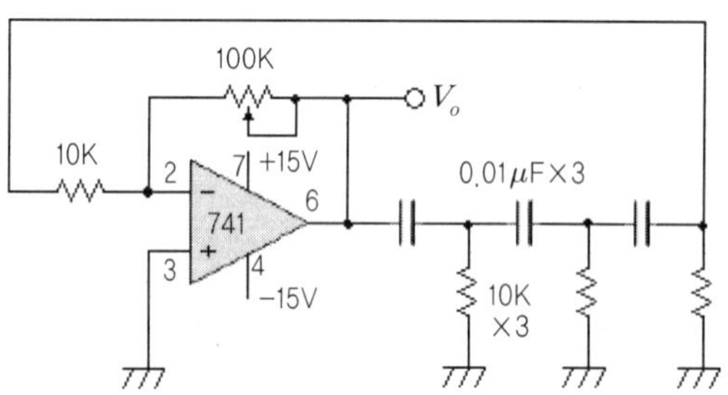

저항값(kΩ)	
출력전압	
f_o 측정값	
f_o 계산값	

2) 저항 10kΩ 3개를 3kΩ으로 교체하고 같은 방법으로 측정한다.

저항 10kΩ 3개일 때

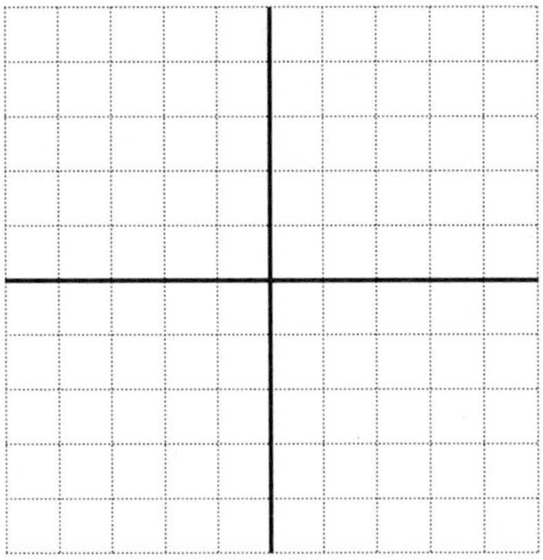

저항 3kΩ 3개일 때

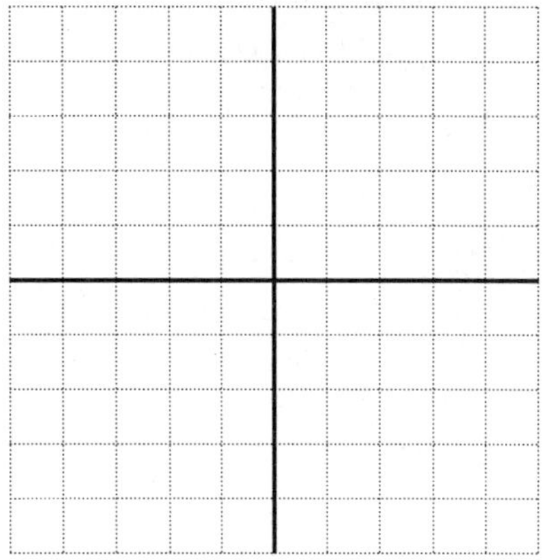

3) 저항을 아래 표와 같이 바꿔서 접속했을 경우 같은 방법으로 측정한다.

저항값 (10kΩ 2개, 3kΩ 1개)	
출력전압	
f_o 측정값	
f_o 계산값	

저항값 (10kΩ,5kΩ, 3kΩ 1개)	
출력전압	
f_o 측정값	
f_o 계산값	

저항 10kΩ, 10kΩ, 3kΩ일 때

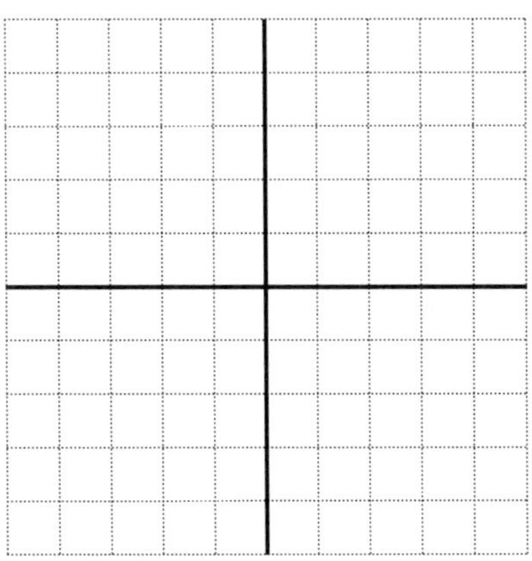

저항 10kΩ, 5kΩ, 3kΩ일 때

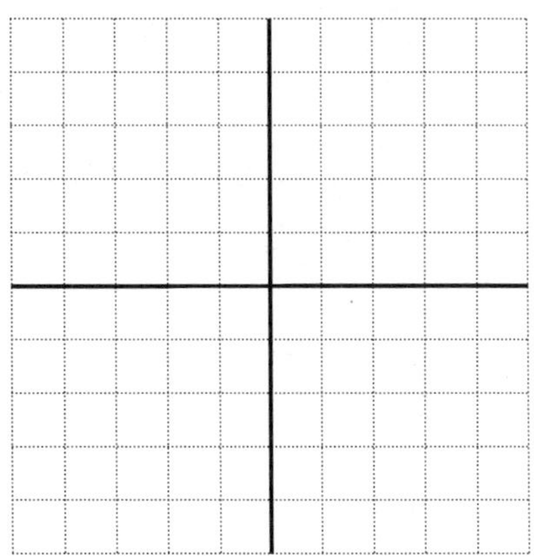

(2) 윈브리지 발진기

1) 그림과 같은 윈브리지 발진기를 구성하고 가변저항 1kΩ을 정현파가 일그러지지 않는 범위에서 주파수를 측정한다. 그때의 가변저항기 저항값을 측정한다.

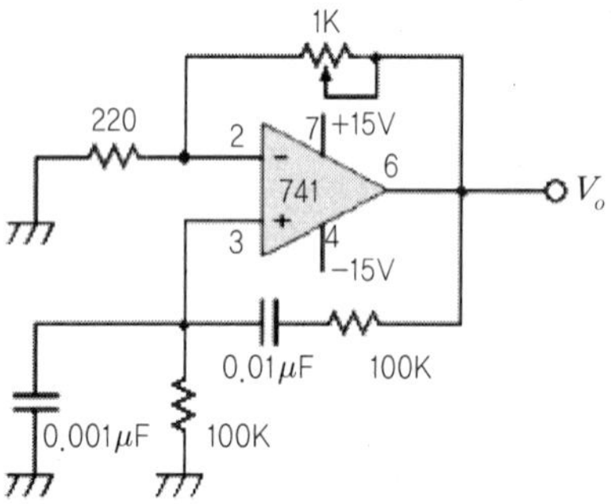

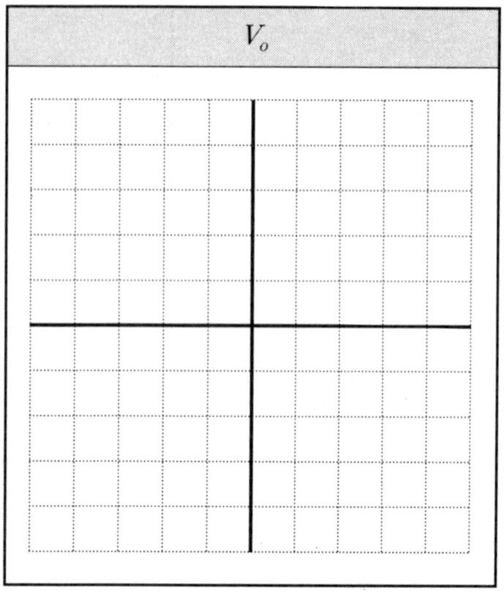

주파수 계산값	주파수 측정값	가변저항기 측정값

2) 220Ω 저항 양단 전압을 측정하고, 가변저항과의 저항비를 구한다.

$$R_{VR} = \frac{V_{VR}}{V_{220}} \times 220 =$$

3) 100kΩ 저항 2개를 1kΩ으로, 콘덴서 0.001μF을 0.01μF으로 각각 교체하고 출력을 측정한다.

저항 1kΩ로 교체	콘덴서 0.001μF로 교체

(3) 쿼드라처 발진기

1) 아래 그림의 쿼드라처 발진기를 구성하고 V_{o1}과 V_{o2}의 파형을 측정한다.

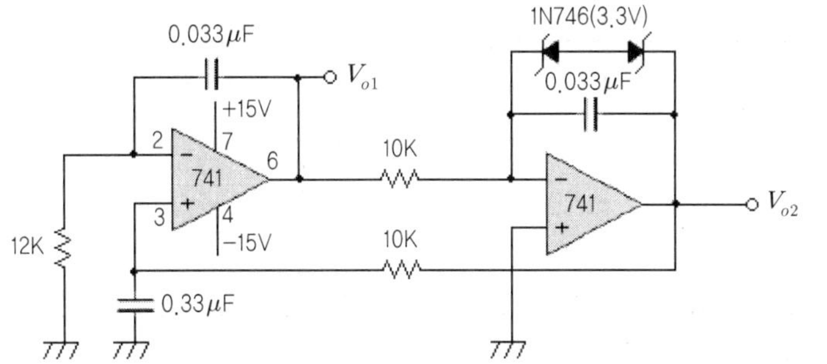

V_{o1}	V_{o2}

2) 발진 주파수를 측정하여 계산값과 비교한다.

구 분	측정값	계산값
주파수(f_o)		

3) 회로에서 제너다이오드를 제거하고 V_{o2}의 파형을 측정하여 제너다이오드의 정격 전압과 같은지 확인한다.

4) 12kΩ 저항을 8.2kΩ으로 교체하고 V_{o1}과 V_{o2}의 파형을 측정하여 비교한다.

8.2kΩ 교체 V_{o1}

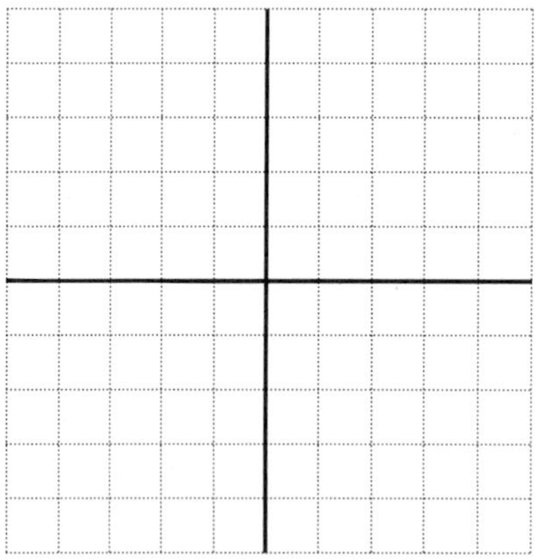

8.2kΩ 교체 V_{o2}

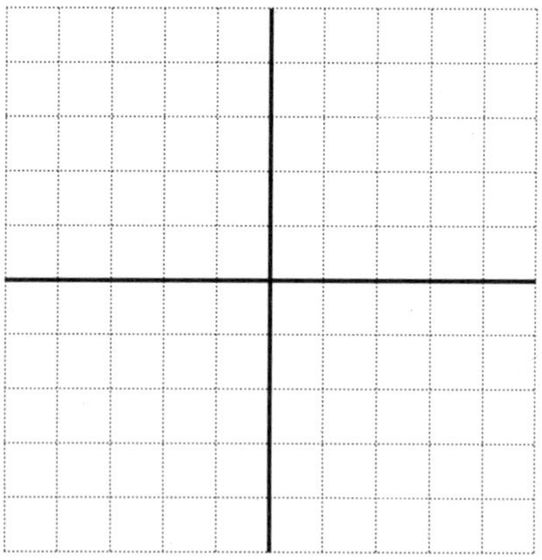

3-7 | 슈미트 트리거 회로

(1) 슈미트 트리거

슈미트 트리거 회로(Schmidt Trigger Circuit)는 안정된 두 가지의 상태를 가지고 있고, 쌍안정 멀티바이브레이터와 같이 상반된 두 가지의 동작상태를 가지며, 파형 발생에 사용된다.

입력전압에 따라 민감하게 동작하며, 하위 트리거 전압(LTL : Low Trigger Level)과 상위 트리거 전압(UTL : Upper Trigger Level)에서 동작하며, 출력은 두 개의 논리상태를 형성하는 펄스파이다. [그림 3-31]은 슈미트 트리거 회로의 기본 파형을 보여주는 것이다. 여기서 히스테리시스 전압은 V_H =UTL−LTL 이다.

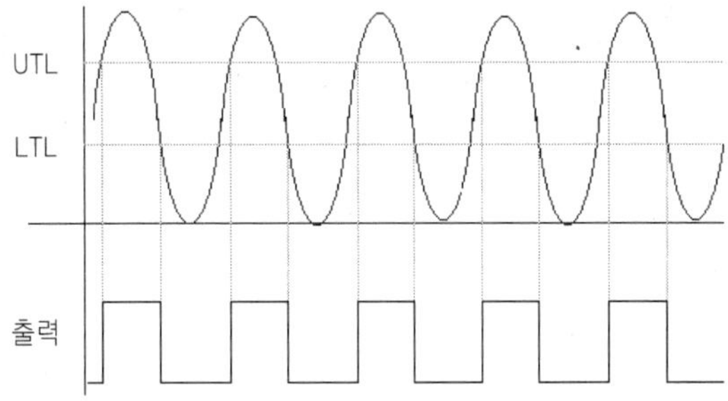

[그림 3-31] 슈미트 트리거의 기본 파형

1) 슈미트 트리거 회로의 동작

슈미트 트리거는 히스테리시스(Hysteresis) 특성을 갖도록 한 비교기이다. 비교기는 하나의 전압을 다른 기준전압과 비교하기 위한 회로인데, 비교기의 입력 측에 나타나는 잡음전압은 출력 측에 오차를 유발하기 때문에 비교기가 잡음에 둔감하게 작용하도록 히스테리시스 정궤환법을 사용한다.

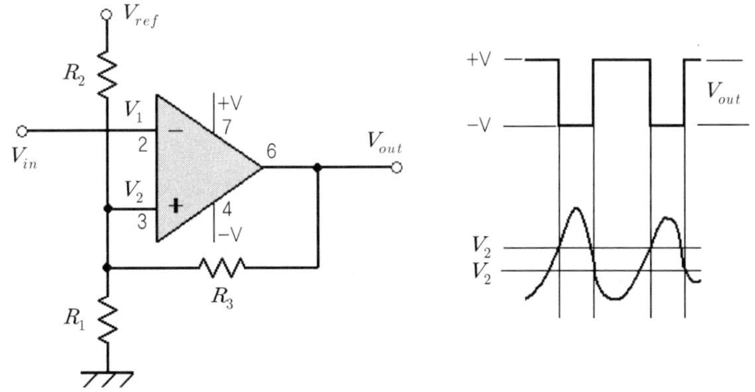

[그림 3-32] 비교기와 입출력 파형

히스테리시스는 입력전압이 높은 값에서 낮은 값으로 갈 때보다 낮은 값에서 높은 값으로 갈 때 높은 레벨이 되므로, 2개의 트리거 레벨이 절체 동작에서 오프셋 또는 지연되는 특성을 이용하여 입력에 포함된 약간의 잡음은 출력에 영향을 미치지 못하도록 한 것이다.

즉, High와 Low 상태의 전압이 0V와 5V의 전압차이를 보일 때 입력되는 신호는 깨끗하게 0V와 5V로 들어오는 것이 아니라 아날로그 신호와 같이 2.3V나 4V 등의 입력이 들어올 수 있다. 이때 슈미트 트리거를 이용해서 기준전압을 2.5V 이상은 High로 하고, 1.5V 이하는 Low로 정하는 등의 방식이 가능한 하나의 비교기이다. [그림 3-32]는 연산 증폭기를 이용한 비교기와 입출력 파형을 보였다.

2) 히스테리시스

히스테리시스는 과거의 경력에 따라 물리적 양이 변화하는 현상으로 특히 자기 히스테리시스를 단지 히스테리시스라고 할 때도 있다. 재료가 환경의 조건에 따라서 성질이 바뀌는데, 그 재료에 의해서 나타나는 현상이다. IC에서는 정궤환을 건 회로에서 입력전압 변화에 관계없이 출력이 정지되는 상태로서 입력특성이 불감이 되는 폭을 말한다. 이러한 성질을 이력현상이라고도 한다. 즉, 상위 트리거 전압과 하위 트리거 전압의 차이(UTL－LTL)를 의미한다.

(2) TTL 슈미트 트리거 회로

[그림 3-33]과 같은 히스테리시스 현상이 나타나는 TTL IC로는 SN7414 등이 있다. 슈미트 트리거 회로의 출력은 입력과 반대이고, 단안정 멀티바이브레이터와 같이 동작하도록 변경시킬 수도 있다.

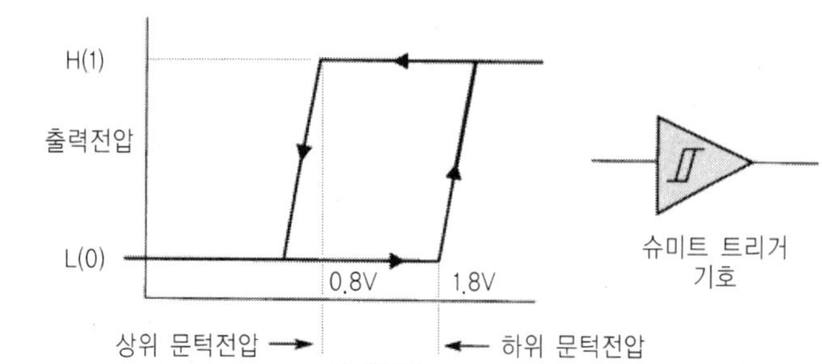

[그림 3-33] 히스테리시스 현상과 기호

TTL 슈미트 트리거 회로는 입력전압이 상승하여 1.8V에 도달할 때까지 출력 레벨이 L(0)을 유지하다가 상위 문턱전압(Upper Threshold)에 도달하면 출력은 H(1)의 상태로 갑자기 상승한다.

다시 입력이 감소하여 하위 문턱전압(Lower Threshold)인 0.8V 이하로 떨어지기 전까지는 출력논리는 H(1)을 유지하다가 하위 문턱전압에 도달하면 출력논리상태가 갑자기 L(0)로 하강한다.

실험실습

(1) 다음 그림의 슈미트 트리거 회로를 구성하고 동작을 확인한다.

1) 입력에 10kHz, 1V의 삼각파나 구형파를 가하고 출력파형을 측정한다.

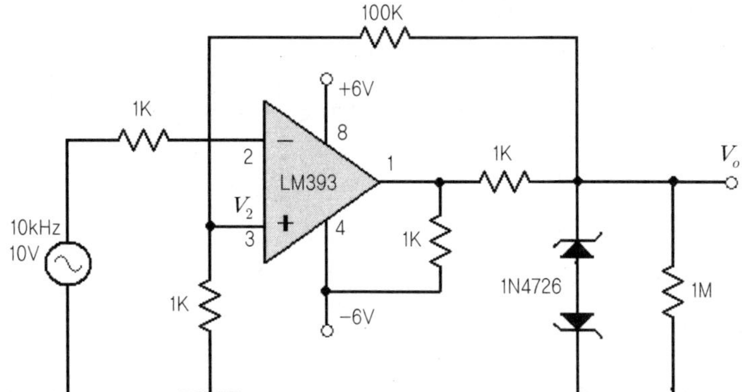

2) 이 회로의 히스테리시스 전압을 측정한다.

3) 히스테리시스를 줄이려면 어떻게 해야 하는지 확인한다.

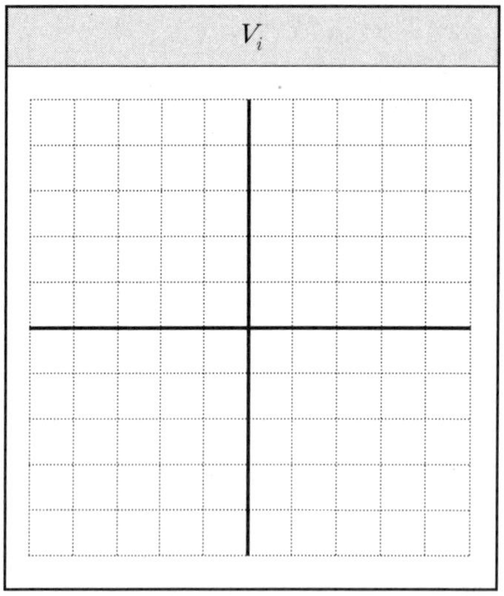

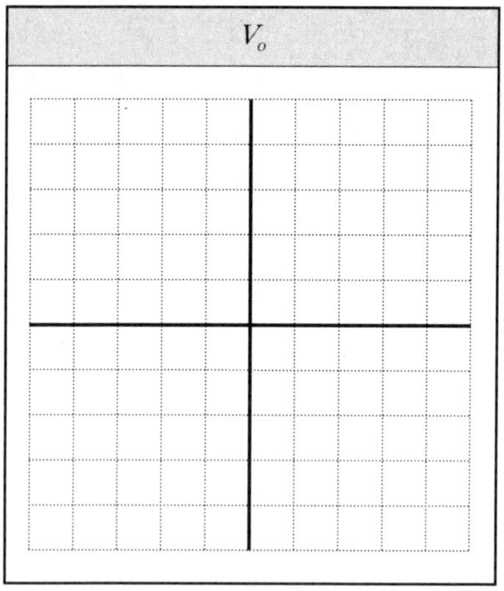

(2) 다음 그림의 슈미트 트리거 회로를 구성하고 동작을 확인한다.

1) V_{R1}은 입력신호 조정용이며, V_{R2}는 목표값 설정용이다. 입력신호의 범위와 목표값의 범위는 각각 0~7.5V로 한다.

2) 이 회로의 궤환율은 얼마인가 계산한다. 궤환율은 $\beta = \frac{R_4}{R_3 + R_4}$[%] 이다.

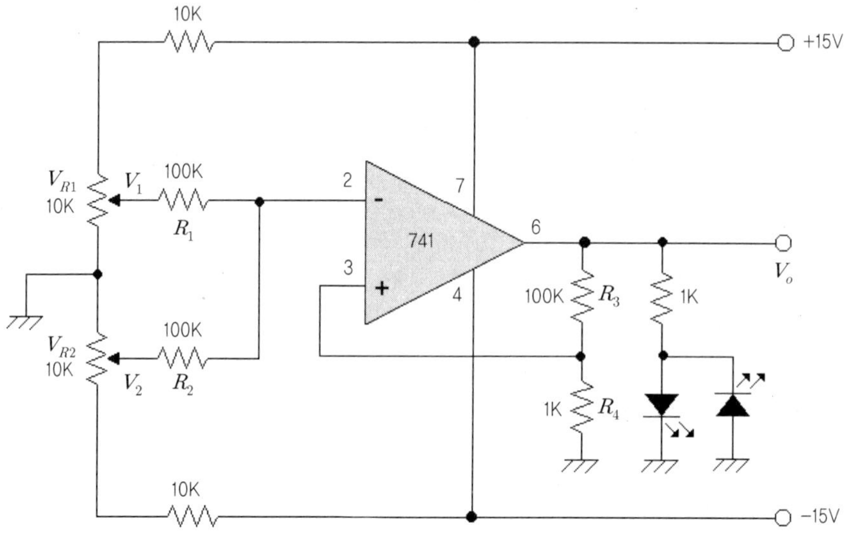

3) 전원을 인가하여 LED 한 개가 점등되면 목표설정용 가변저항 V_{R2}를 조절하여 V_2의 전압이 2.5V가 되도록 한다.
4) 입력신호용 가변저항을 0V에서부터 점차 증가시킨다. 이때 몇 V 지점에서 출력이 −로 반전되는가 확인한다.
5) 전압을 계속 증가시켜 최대 7.5V까지 조절한다.
6) 입력전압을 반대로 감소시킨다. 이때 몇 V 지점에서 출력이 +로 반전되는가 확인한다.

상위 트리거 전압(UTL)	
하위 트리거 전압(LTL)	

7) 측정 결과를 이용하여 히스테리시스 그래프를 그린다.

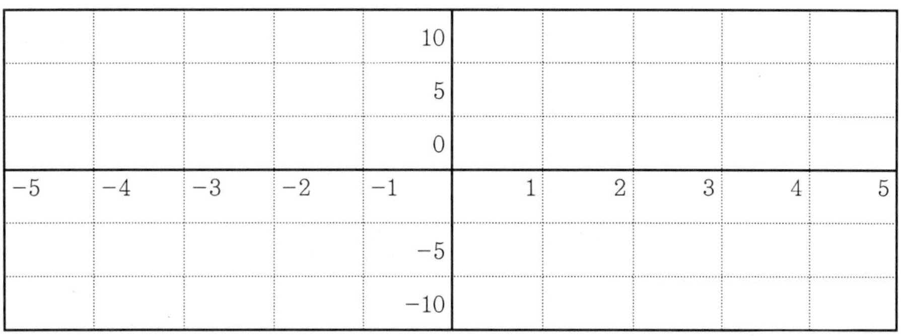

8) 히스테리시스 편차를 구한다.

목표값과 UTL의 차	목표값과 LTL의 차	히스테리시스 편차

3-8 | 삼각파 · 구형파 발생기

(1) 평형 브리지 RC 사인파 발진기

[그림 3-34]의 회로는 일명 Twin T형 정현파 발진회로라 하며 부궤환회로에 R_1, C_1 및 R_1의 T형 저역통과 필터와 C_2, R_2, C_2의 T형 고역통과 필터를 병렬접속 한 형태이다.

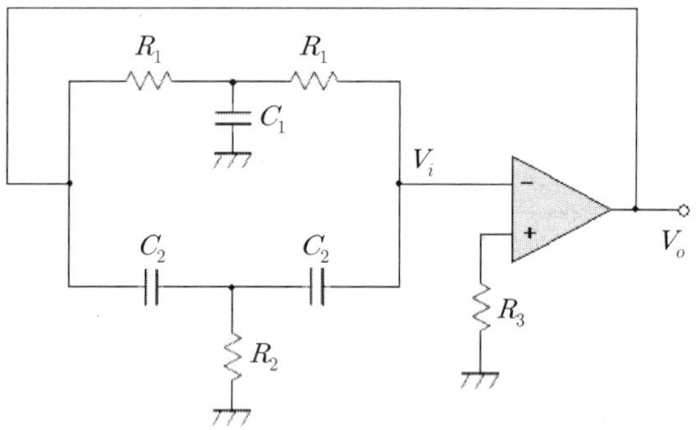

[그림 3-34] 평형 브리지 RC 발진기

이 회로의 발진현상은 R_1, C_1, R_1의 저역통과 필터 출력은 차단 주파수 경계에서 떨어지고 C_2, R_2, C_2의 고역통과 필터 출력은 상승하는데 이를 노치 주파수(Notch Frequency)라고 한다. 이 노치 주파수에서 위상이 180° 느려지고 OP Amp에서 180° 느려지므로 결국 360° 위상이 느려져 발진이 일어난다. 발진 주파수는 다음과 같다.

$$f_o = \frac{1}{2\pi R_1 C_2} \text{ (단, } C_1 = 2C_2,\ R_2 = R_1/2)$$

(2) 삼각파 발생기

[그림 3-35]의 회로는 구형파와 삼각파를 동시에 발생시키는 회로인데 OP Amp A_1은 슈미트 회로이고 A_2는 적분회로로 구성되어 있다.

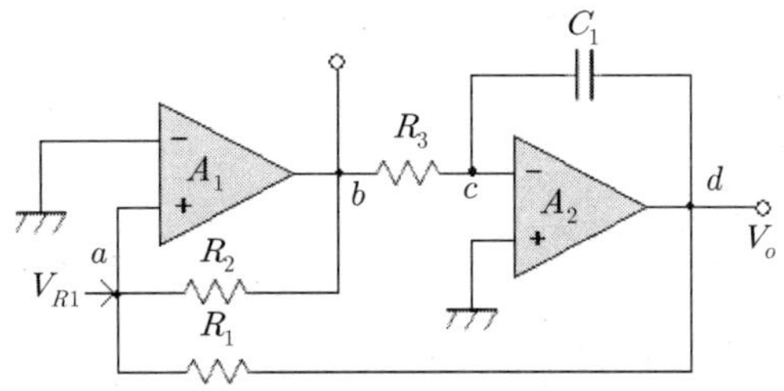

[그림 3-35] 삼각파 발생기

회로의 동작은 b점의 전위가 높으면 출력 d에서의 파형은 떨어지는 램프(Ramp)파이고, b점의 전위가 낮으면 출력 d에서의 파형은 올라가는 램프파이며, 결론적으로 슈미트 회로에서 발생한 구형파가 적분회로를 통과하면 삼각파가 발생한다.

이 회로의 발진 주파수는 다음과 같이 구해진다.

$$f_o = \frac{1}{4RC}\left(\frac{R_2}{R_1}\right),\ f_o = \frac{1}{2RC}\ \ (R_2 = 2R_1 \text{일 때})$$

(3) 삼각파 · 구형파 발진기

[그림 3-36]은 적분기와 비교기로 구성된 삼각파 · 구형파 발진기의 원리도이다.

적분기의 출력신호 V_D가 증가하여 비교기에 주어진 드레시홀드 전압을 넘자마자 그 출력전압 V_Q의 극성이 바뀌게 된다. 이것이 정궤환되어 적분기의 입력이 되므로 이때는 적분방향이 반대로 된다.

이 방향이 바뀐 적분신호가 증가하여 다시 비교기의 드레시홀드 전압을 넘어설 때, 그 출력전압 V_Q의 극성이 다시 바뀌게 되고, 적분방향은 처음과 같게 된다.

이 과정을 되풀이하여 적분기의 출력에는 삼각파가 발생하고, 비교기의 출력에는 구형파가 발생된다. 그리고 위 동작에서 비교기의 반전은 X점의 전위가 0을 통과할 때 이루어진다.

[그림 3-37]은 이 회로의 V_Q, V_D, V_X의 동작파형을 보였다.

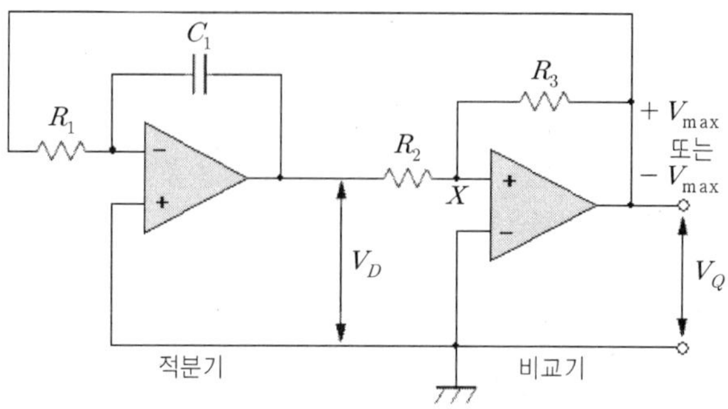

[그림 3-36] 삼각파 · 구형파 발진기

전압 분배기 R_2, R_3의 비는 적분기의 출력신호인 삼각파의 진폭을 결정하는데 비교기가 반전하는 시각에서 최대 진폭이 된다.

삼각파의 접지점을 기준으로 대칭적인 변화를 하며, 이때 비교기가 반전하는 시각에서 삼각파 출력전압은 다음과 같다.

$$V_D = V_{R2},\quad V_{R3} = V_{max},\quad I_{R2} = I_{R3}$$

$$V_D = I_{R2}R_2 = I_{R3}R_2 = \frac{V_{R3}}{R_3}R_2 = \frac{V_{max}}{R_3}R_2 = V_{max}\frac{R_2}{R_3}$$

여기서 V_{max}는 연산 증폭기의 출력 한계값이다.

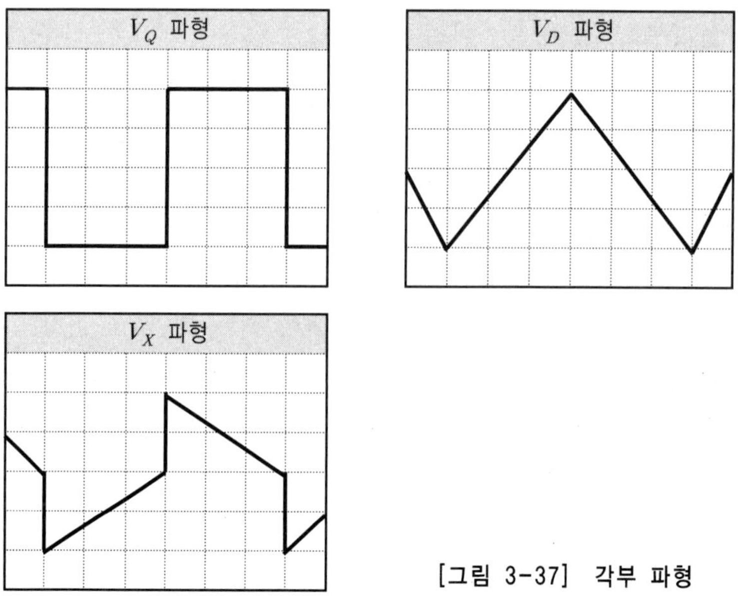

[그림 3-37] 각부 파형

(4) 함수 발진기

함수 발진기(Function Generator)의 내부에는 정현파를 만들어 주는 발진기(Oscillator)가 장치되어 있다. 발진기는 외부에서 설정한 주파수를 지니게 된다. 이렇게 만들어진 정현파는 외부 설정에 따라 바로 출력이 될 수도 있고, 비교기를 거쳐 삼각파나 구형파로 변형될 수도 있다. 비교기에서는 어느 특정한 레벨의 값을 기준으로, 입력이 그 값보다 큰 경우와 작은 경우의 두 가지에 대해 출력을 High와 Low로 만들어 준다.

이때, 기준 레벨을 조절함으로써 만들어지는 구형파의 듀티비(Duty Ratio)를 변경할 수 있다.

[그림 3-38]은 Quad Op Amp IC LM3900N을 이용한 함수 발진기 회로이다.

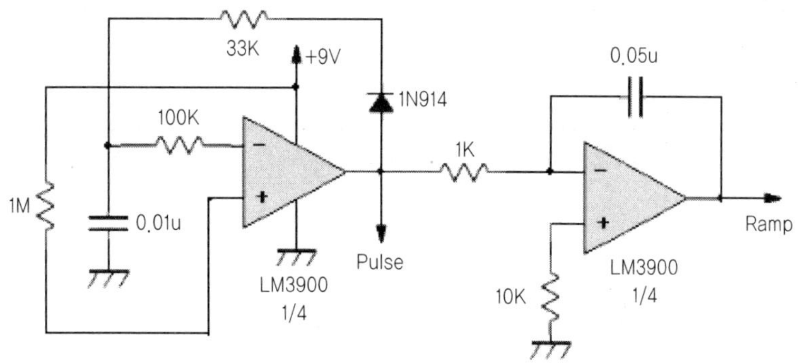

[그림 3-38] 함수 발진기 회로

실험실습

1) [그림 3-34]의 평형 브리지 RC 사인파 발생기 회로에서 $C_1 = 2C_2$, $R_2 = R_1/2$, IC uA741로 구성하여 각부 파형을 측정하고 발진 주파수를 계산값과 비교한다.

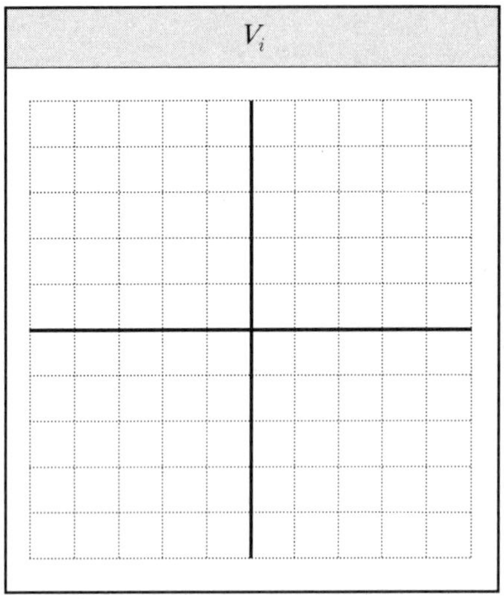

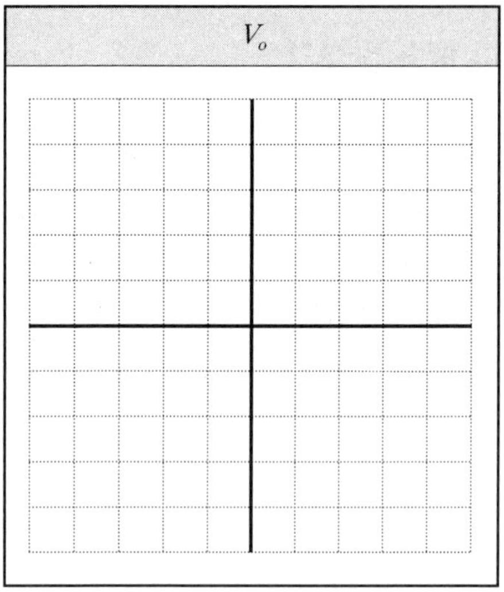

2) [그림 3-35]의 삼각파 발생기 회로에서 $R_2 = 2R_1$, IC uA741로 구성하여 각부 파형을 측정하고 발진 주파수를 계산값과 비교한다.

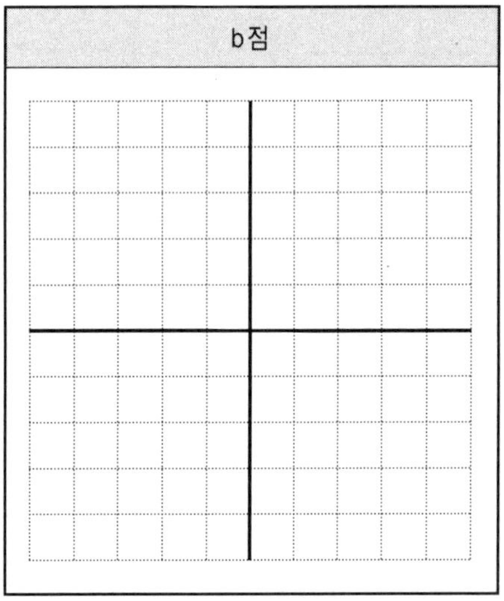

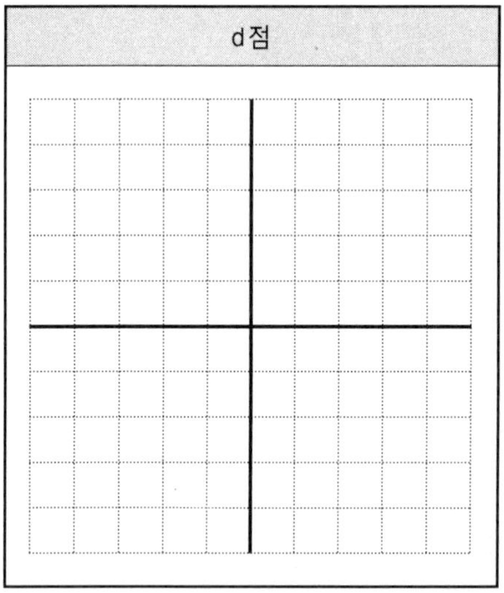

3) [그림 3-38]의 삼각파 · 구형파 발진기를 구성하고 동작을 확인한 후 각부 파형을 측정하고 주파수 및 전압측정을 확인한다.

구형파

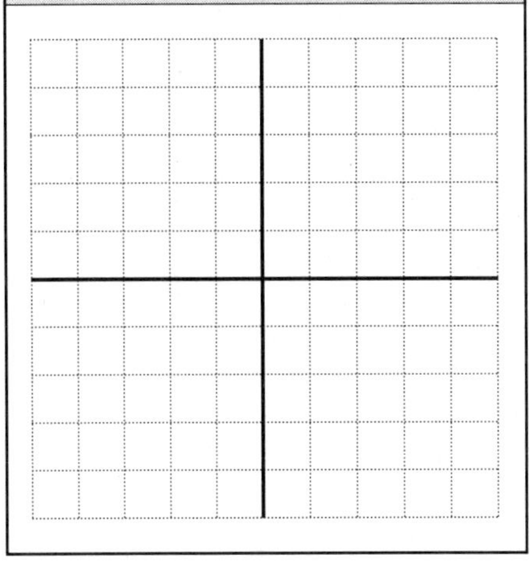

삼각파

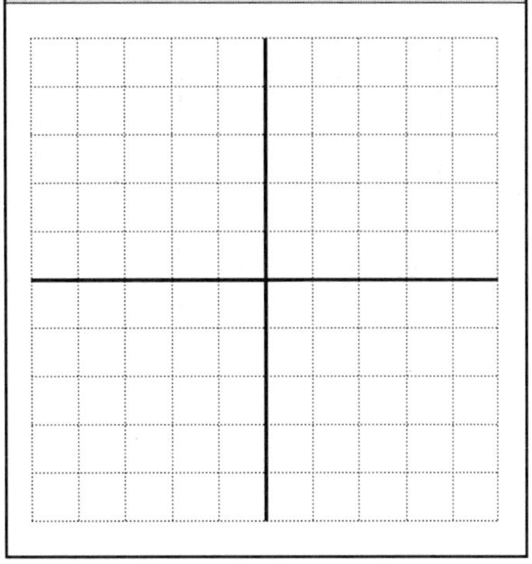

4) 다음 회로의 삼각파 · 구형파 발진기를 구성한다.

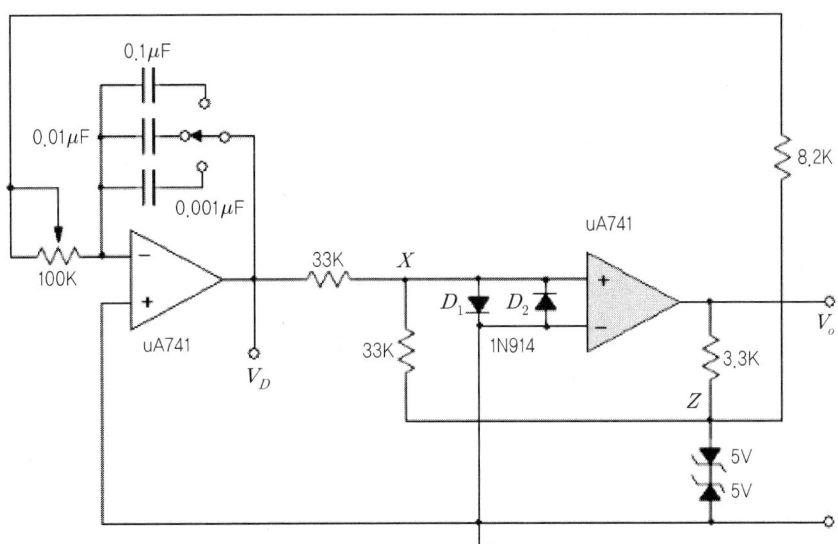

① V_Q, V_D의 파형을 측정하여 정상동작을 하는지 확인한다.

② 로터리 SW를 조작하여 발진 주파수의 변화를 측정한다.

③ 100kΩ 가변저항을 조절하여 발진 주파수의 변화를 측정한다.

④ 로터리 SW를 0.01μF 위치로 하고 V_Q, V_D의 파형과 X점과 Z점의 파형을 비교한다. 단 X점의 파형을 측정할 때는 D_1과 D_2를 회로에서 분리한다.

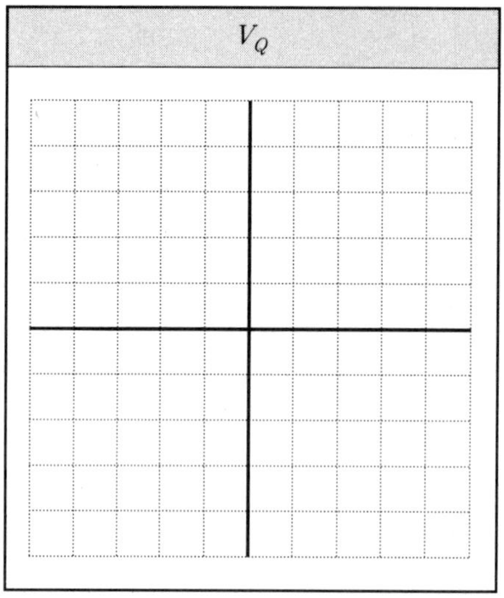

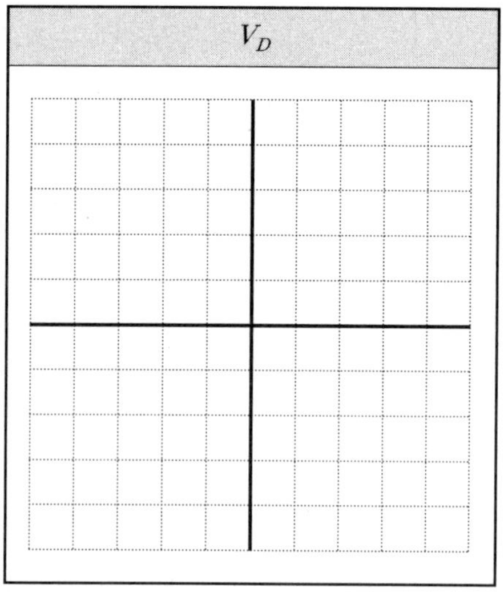

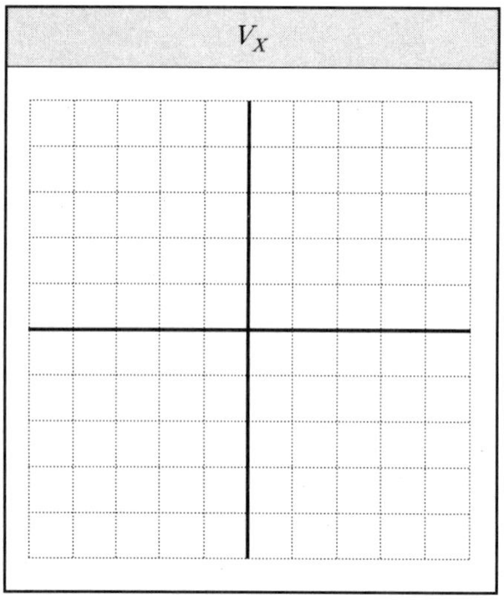

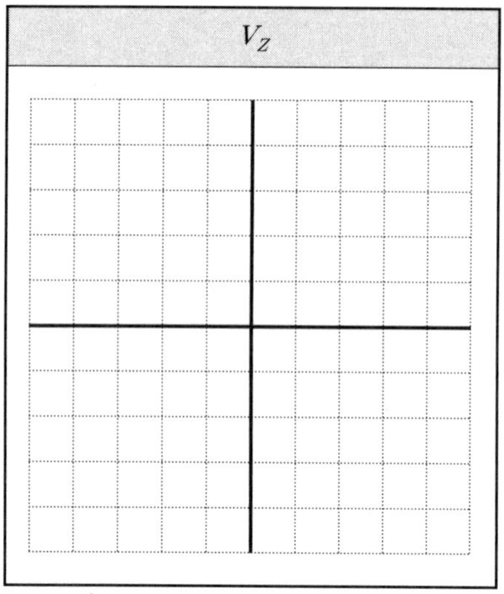

5) 삼각파 전압 V_D의 접지점을 기준으로 한 최대값을 측정하여 계산값과 비교한다.

6) SW를 0.1μF과 0.01μF, 0.001μF의 위치로 절환하면서 그때마다 100kΩ 가변저항을 조정하여 최대 주파수와 최소 주파수를 측정한다.

〈표 3-1〉 삼각파 전압

구 분	V_D[V]
측정값	
계산값	

〈표 3-2〉 주파수 측정

SW위치	0.1μF	0.01μF	0.001μF
최소			
최대			

3-9 | 전력 제어회로

(1) SCR

1) SCR의 구조와 원리

보통의 스위칭 TR에서 On 상태의 내부 저항을 낮게 하기 위해서는 컬렉터의 불순물 농도를 높여야 하는데, 그러면 컬렉터의 역전압이 낮아진다. 이를 극복하기 위해 고역전압, 대전력용 스위칭 소자로 개발된 소자로서 [그림 3-39]와 같이 4층 구조와 3개 단자를 갖는 SCR(Silicon Controlled Rectifier)이다.

이것을 사이리스터(Thyristor)라고도 한다. 이러한 SCR은 게이트에 어느 정도 이상의 펄스 전류를 흘려주어야만 애노드에서 캐소드로 순방향 전류를 흘릴 수 있다.

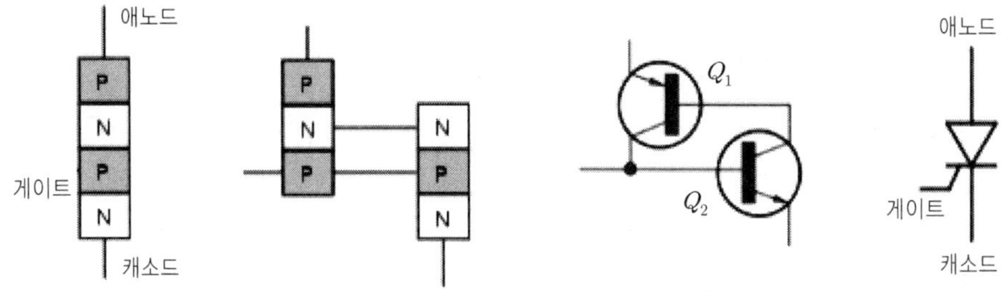

[그림 3-39] SCR의 구조와 기호

2) SCR의 전기적 특성

① 순방향 브레이크오버 전압(V_B)

SCR이 순방향 차단영역에서 순방향 전도영역으로 들어가기 위한 전압을 순방향 브레이크오버 전압이라고 한다. 게이트 전류 I_g가 증가하면 순방향 브레이크오버 전압은 감소한다. 게이트 전류 $I_g = 0$일 때 순방향 브레이크오버 전압이 최대가 된다.

② 유지전류

SCR이 순방향 전도영역에서 동작하기 위한 최소의 애노드 전류를 유지전류라 한다.

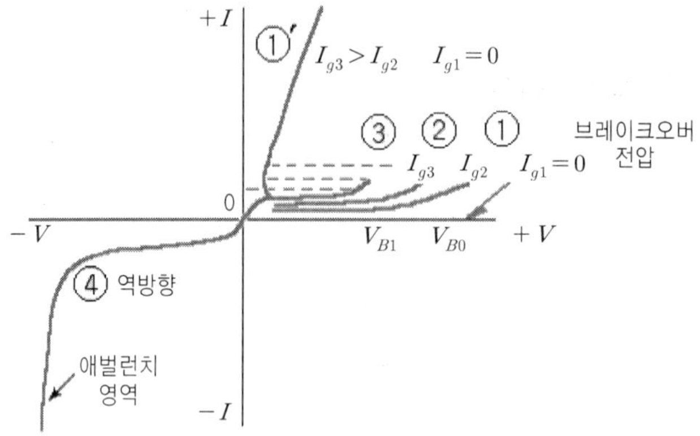

[그림 3-40] SCR의 V-I 특성

③ 순방향과 역방향 블로킹 영역

순방향 바이어스 전압을 인가했을 때 SCR이 Off 상태인 영역을 순방향 블로킹 영역이라 하고, 역방향 바이어스 전압을 인가했을 때 SCR이 Off 상태인 영역을 역방향 블로킹 영역이라 한다.

④ 게이트 트리거 전류(I_g)

SCR을 순방향 블로킹 영역에서 순방향 전도영역으로 전환하는 데 필요한 게이트 전류를 트리거 전류라 한다.

⑤ 순방향 전도영역

순방향 바이어스 전압을 인가했을 때 SCR이 On 상태인 영역을 순방향 전도영역이라 한다.

⑥ 역방향 항복전압

SCR이 애벌런치 영역으로 들어가서 급격히 도통되기 시작하는 애노드와 캐소드 양단의 역방향 전압을 역방향 항복전압이라고 한다.

3) SCR의 동작

① TURN ON

순방향 바이어스 상태에서 트리거 전류에 의해 턴온되며, Q_1의 컬렉터 전류가 Q_2

를 On시키고 Q_2의 컬렉터 전류는 Q_1의 베이스 전류를 발생하여 트리거 신호가 제거되더라도 계속 On 상태를 유지한다(Latch).

② TURN OFF

게이트 트리거가 0V로 되어도 SCR은 Off되지 않고 순방향 도통영역에 존재, SCR이 Off로 되기 위해서는 양극전류가 유지전류 I_H 이하로 감소되어야 한다.

두 가지 Turn off 방법은 양극전류를 중단하거나 강제 전환하는 것이다.

③ 위상 제어 동작

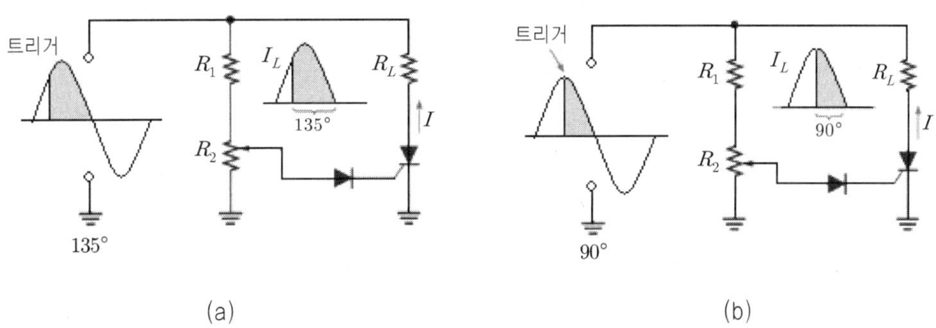

[그림 3-41] SCR의 위상 제어 동작

(2) TRIAC(Triode AC Switch)

1) TRIAC의 구조와 원리

트라이액은 SCR과 동일한 원리이나 [그림 3-42]와 같이 두 개의 다이오드를 서로 역방향으로 연결한 구조이며 트리거 신호가 가해지면 턴 온(Turn on) 된다. 양방향으로 도통하며 직류 및 교류 모두 사용 가능하다.

즉, 쌍방향 사이리스터로서 2개의 사이리스터를 역병렬로 접속하여 쌍방향에 전류를 통하도록 되어 있으나 실제 소자가 2개의 소자를 접속한 것은 아니며, 모노리딕 구조를 하고 있다.

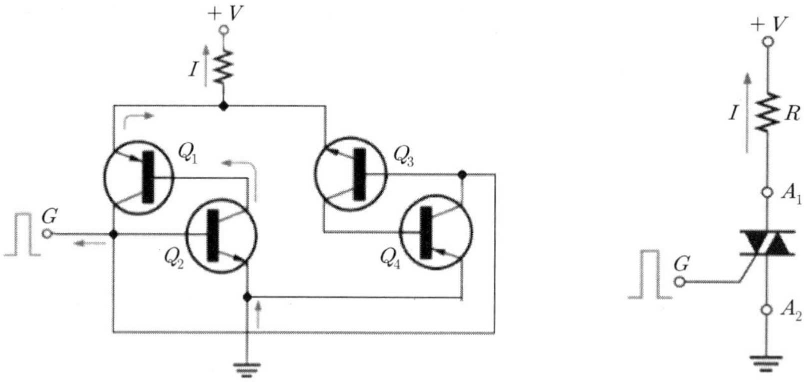

[그림 3-42] TRIAC의 구조와 기호

2) TRIAC의 특성

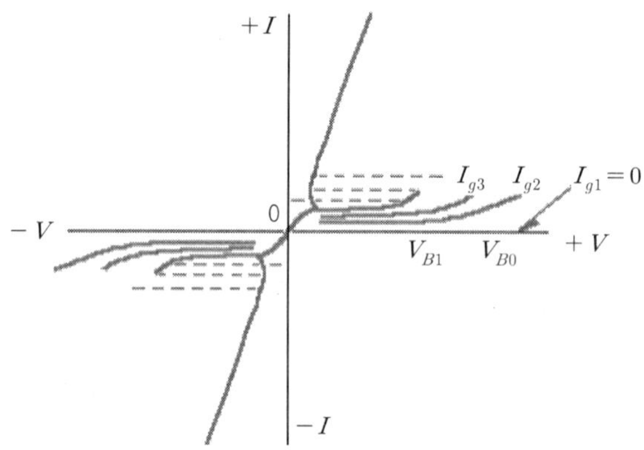

[그림 3-43] TRIAC의 V-I 특성

3) TRIAC의 동작

TRIAC의 게이트 신호는 +, − 어떤 신호라도 트리거 되는 특성을 가지므로 제어회로가 간단하고 부품수도 적어진다. 따라서 교류 제어에 적합한 소자이다.

TRIAC의 4가지 트리거 모드와 위상 제어 동작은 다음과 같다.

① 1+모드(T_2 : +, G : +)

② 1−모드(T_2 : +, G : −)

③ 3+모드(T_2 : −, G : +)

④ 3−모드(T_2 : −, G : −)

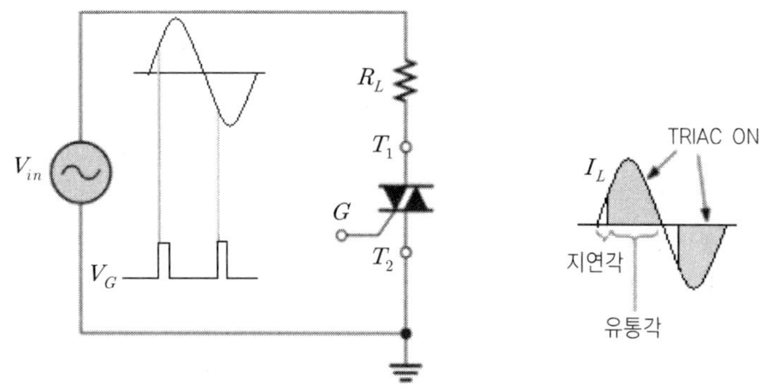

[그림 3-44] TRIAC의 위상 제어 동작

(3) MOSFET

1) MOSFET의 구조와 원리

MOSFET(Metal-Oxide Semiconductor Field Effect Transistor) 또는 MOS 트랜지스터는 금속막, 산화막, 반도체 영역으로 구성된 트랜지스터의 일종이다.

MOSFET의 S(소스 ; Source)와 D(드레인 ; Drain)은 실리콘 표면에 생성되며 G(게이트 ; Gate)의 양쪽에 배치되게 된다. 이것들은 각각 바이폴러 트랜지스터의 이미터, 콜렉터, 베이스와 같다.

바이폴러 트랜지스터가 베이스에 인가되는 전류의 양에 따라 제어되는 것과는 다르게 MOSFET는 게이트의 전압 수위에 따라서 제어된다. 게이트 밑 부분을 채널이라 하며 채널의 전도성은 게이트에 인가되는 전압에 의해 제어된다.

소스와 드레인이 P형 반도체이고 표면이 N형 반도체일 경우 MOSFET는 P채널 MOSFET 또는 PMOS라 불리며 소스와 드레인이 N형 반도체이고 표면이 P형 반도체일 경우 N채널 MOSFET 또는 NMOS라 불린다.

MOS 트랜지스터는 디지털 회로에 광범위하게 쓰이는데 스위칭 기능이 매우 뛰어나기 때문이다. 이는 산화막에 의해 채널로부터 절연되어 있기 때문에 게이트 단에는 전류 소모가 없고 채널의 전도성은 게이트의 전압변화에 따라 동작되기 때문이다.

2) MOSFET 특성

게이트에 어떤 +, -가 전압이 걸리더라도 전류가 흐를 수 없다는 것이다.

따라서 입력 임피던스가 매우 크며 약 $10^{13}\,\Omega$ 이다. 이는 성능 면에서 더욱더 좋은 것이다. 또한 실리콘 기판 하부 쪽으로 Substrate 단자가 하나 더 있는데 동작의 단순화를 위해 보통 소스 단자 쪽과 연결하여 사용한다.

MOSFET의 드레인 전류는 게이트와 소스 사이에 인가된 전압 V_{GS} 에 의존하며, 다음 관계식을 만족한다.

$$I_D = K(V_{GS} - V_{GS(TH)})^2$$

여기서, $V_{GS(TH)}$ 는 드레인 전류가 흐르기 시작하는 전압의 최소값이다. MOSFET의 입력전압 V_{GS} 를 증가시키면 출력전류 I_D 가 증가하므로, MOSFET를 전압 구동형 증폭소자라 한다.

MOSFET의 드레인 전류는 V_{GS} 전압이 $V_{GS(TH)}$ 이상에서 전압의 제곱에 비례한다. 따라서 선형증폭이 이루어질 수 없으므로 증폭기보다는 주로 스위치로 사용되고 있다. 다음은 MOSFET의 스위칭 특성이다.

V_{GS}	V_{DS}	N-MOSFET Switch
0	10	Off
5	0	On

V_{GS}	V_{DS}	P-MOSFET Switch
0	10	Off
5	0	On

3) 전력용 MOSFET

MOSFET의 내부가 대전력의 스위칭용으로 설계된 것이다. 바이폴러 전력 트랜지스터와 비교해서 전압 구동형 소자이기 때문에 구동회로의 전력 소비가 낮다. 그리고 다수 캐리어 디바이스이며 본질적으로 고속 스위칭이 가능하고 스위칭 손실도 적다. 그러나 내압이 높아질 경우에 온 저항이 높아지는 문제점이 있다.

(4) IGBT

1) IGBT의 구조와 원리

IGBT(Insulated Gate Bipolar Transistor)는 전력용 반도체의 일종으로 고전력 스위칭용 반도체를 뜻한다. IGBT는 트랜지스터와 MOSFET의 장점을 조합한 트랜지스터이다. FET의 장점은 입력 임피던스가 높기 때문에 드라이브가 쉽고 간단하며, 또한 소수 캐리어 축적이 없기 때문에 고속으로 동작이 가능하다. 다만 고압이 되면 게이트의 절연층 두께가 두꺼워지면서 Ron 저항을 낮추는 것이 어렵다.

반면에 트랜지스터의 경우는 고압, 대전류라도 쉽게 저렴하게 만들 수 있는 반면 고속 스위칭이 어렵고, BASE 전류가 높기 때문에 드라이브단의 구성이 어려워진다.

이 두 가지 소자의 장점을 모아 만든 것이 IGBT 이다. [그림 3-45]는 IGBT의 구조 및 기호이다.

즉, 입력(GATE) 쪽은 FET처럼 만들고 출력 측은 TR처럼 만들어 고압, 대전류에서는 높은 효율과 빠른 스피드, 간단하게 드라이브시킬 수 있게 만든 것이다. 턴 오프(Turn Off) 시간이 1μs로 초당 15,000번 이상 스위칭이 가능하다. 최대 정격은 1.2kV, 400A이다.

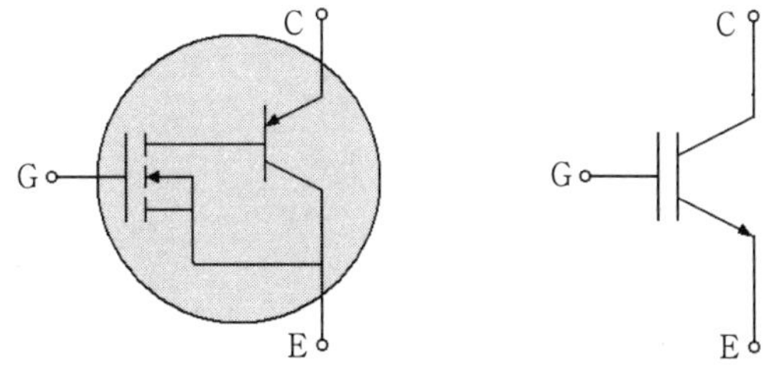

[그림 3-45] IGBT의 구조 및 기호

2) IGBT의 특징

① IGBT는 MOSFET에 비해 온 저항이 낮지만 MOSFET와 동등의 전압 제어 특성을 가지고 있으며, 또한 스위칭 특성에서는 MOSFET보다는 늦지만 BJT보다 빠른 이점으로 중소용량의 인버터를 중심으로 산업용에서부터 일반가정용에까지 폭넓게 사용되고 있다.

② 모터 가변속 구동장치나 산업용 로봇 장치, 컴퓨터의 무정전 전원장치(UPS) 등 스위칭 주파수가 수~20kHz 정도의 중용량장치에 IGBT가 주로 사용된다. 최근에는 소용량 가전제품부터 대용량으로는 전철의 모터 구동장치 등 다양한 전기기기에 IGBT가 사용되고 있다.

③ 인버터 회로에서는 모터 등의 유도성 부하의 전류를 On/Off함으로써 부하를 제어한다. 따라서 IGBT 이외에 부하전류를 전류(轉流)시키기 위한 다이오드(FWD : Free Wheeling Diode)가 필요하다. 시판되고 있는 IGBT 특히 모듈 타입의 제품에서는 FWD를 내장시킨 것이 일반적이다.

④ IGBT의 단점은 속도가 MOSFET에 비해 느리다는 것이다.

실제로 IGBT는 전자와 정공의 두 가지 반송자(Carrier)를 모두 사용하게 되는데 이로 인해 턴 오프 시간이 MOSFET에 비해 길다는 단점이 있다.

아직까지 IGBT의 스위칭 주파수는 100kHz 이하인 것이 대부분이다. 현재 생산판매 중인 IGBT의 용량은 대부분 600V, 1200V 정도의 항복전압에 전류용량은 10A 내외의 것이 많다.

실험실습

(1) SCR 위상 제어

1) SCR의 검사

① 회로시험기를 R×1의 레인지에 놓고 A, K, G 각 단자 간의 순방향 저항을 측정하면 한 방향으로 도통하는 전극이 있으며, 그 상태에서 흑색 리드봉이 접속된 전극이 게이트(G), 적색 리드봉이 접속된 전극이 캐소드(K)이며 나머지 전극이 애노드(A)이다.

② 캐소드에 적색 리드봉, 애노드에 흑색 리드봉을 접속하면 저항은 무한대를 지시하며, 이때 애노드와 게이트를 순간적으로 단락시키면 애노드와 캐소드가 도통되며 게이트 전압을 제거하여도 도통상태를 유지한다. 만약 게이트에 전압을 가하여도 애노드와 캐소드가 도통되지 않거나 일시적으로 도통되었다가 차단되면 불량품이다. SCR의 외형과 핀 구조는 다음 그림과 같다.

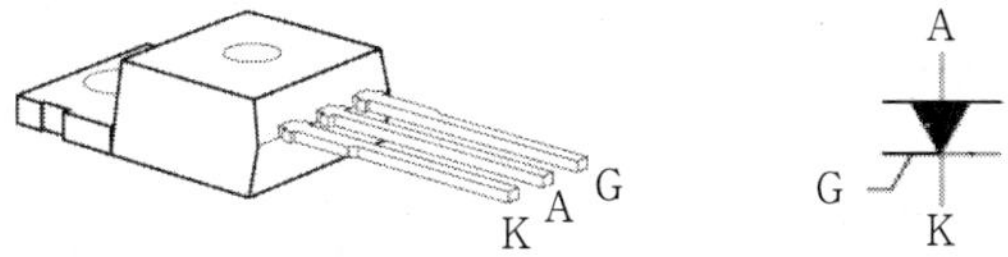

2) 위상 제어

① 그림의 회로를 구성하고 가변저항을 조절하여 전구의 점등상태를 확인한다.

② 전구의 밝기를 50%로 조정하고 전원전압과 부하 양단의 파형을 측정한다.

③ SCR의 A와 K 간의 파형을 측정하고 부하 양단의 파형과 비교한다.

④ 전구의 밝기가 50%일 때 게이트 전압을 측정하여 부하 양단의 파형과 비교한다.

⑤ 가변저항을 조정하면서 전구의 밝기와 부하 양단의 파형의 관계를 비교하여 변화상태를 관찰한다.

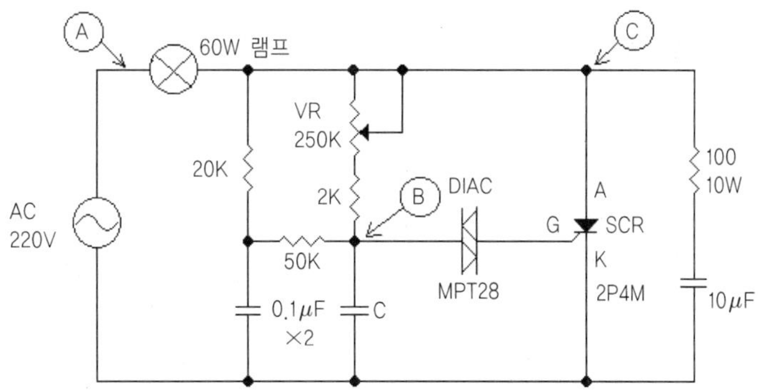

전원전압(A점)

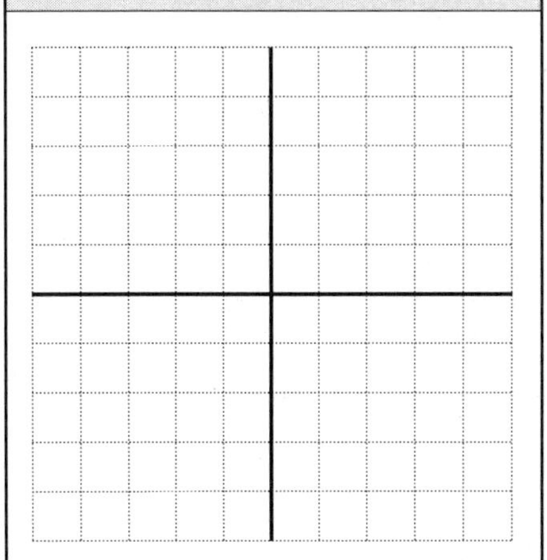

부하전압(A-C)

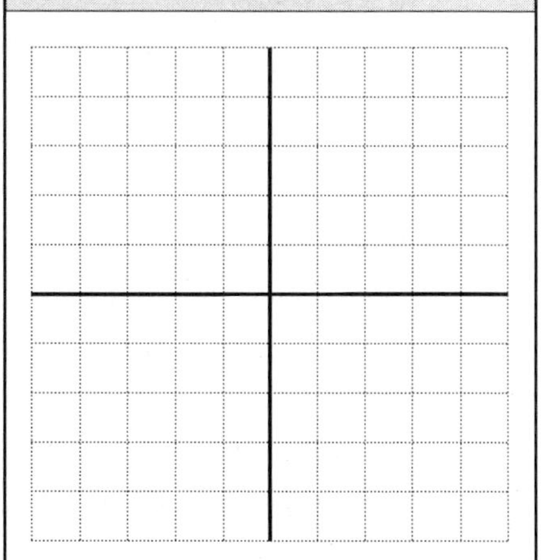

SCR의 A-K 간 전압(C점)

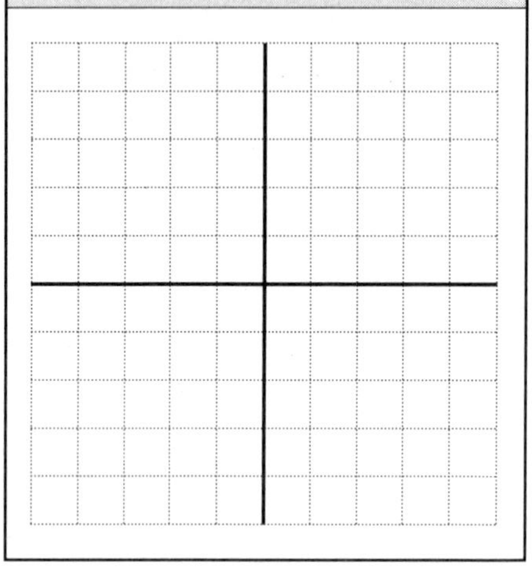

SCR의 게이트 전압(B점)

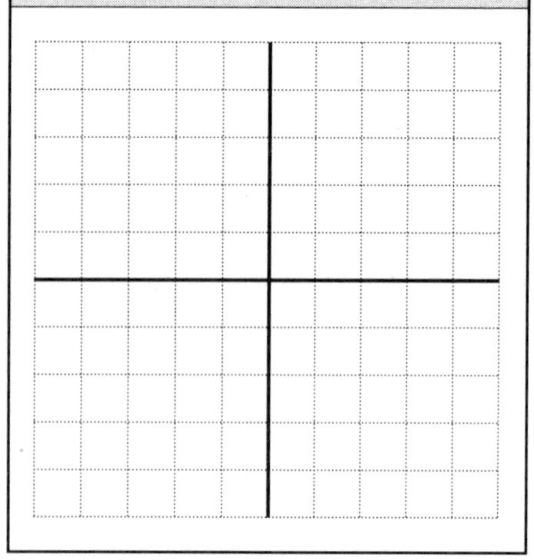

(2) TRIAC 위상 제어

1) TRIAC의 검사

① 회로시험기를 R×1의 레인지에 놓고 게이트와 T_1 간에 리드봉을 접속하면 극성에 관계없이 15~20Ω 정도를 지시한다. 일반적으로 방열판에 접속된 단자가 T_2이다.

② T_1과 T_2 간에는 저항값이 무한대를 지시하며 그 상태에서 게이트에 +전압을 인가하면 T_1과 T_2 사이가 도통되며, 게이트 전압을 제거하여도 도통상태는 계속 유지된다.

③ 회로시험기의 리드봉을 ①에서와 반대로 접속하고 게이트에 +전압을 인가하여도 TRIAC은 같은 상태로 동작한다.

④ 다이액(DIAC)은 양단자 간의 저항값이 무한대를 지시한다. TRIAC의 외형과 핀 구조는 다음 그림과 같다.

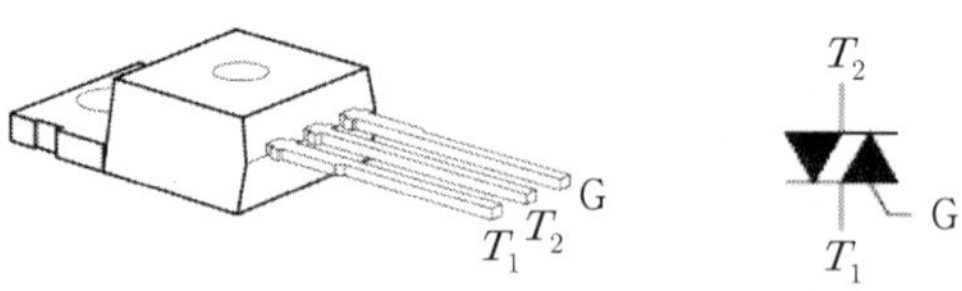

2) 위상 제어

① 그림의 회로를 구성하고 가변저항을 조절하여 전구의 점등상태를 확인한다.

② 전구의 밝기를 50%로 조정하고 전원전압과 부하 양단의 파형을 측정한다.

③ TRIAC의 T_1과 T_2 간의 파형을 측정하고 부하 양단의 파형과 비교한다.

④ 전구의 밝기가 50%일 때 게이트 전압을 측정하여 부하 양단 파형과 비교한다.

⑤ 가변저항을 조정하면서 전구의 밝기와 부하 양단의 파형의 관계를 비교하여 변화상태를 관찰한다.

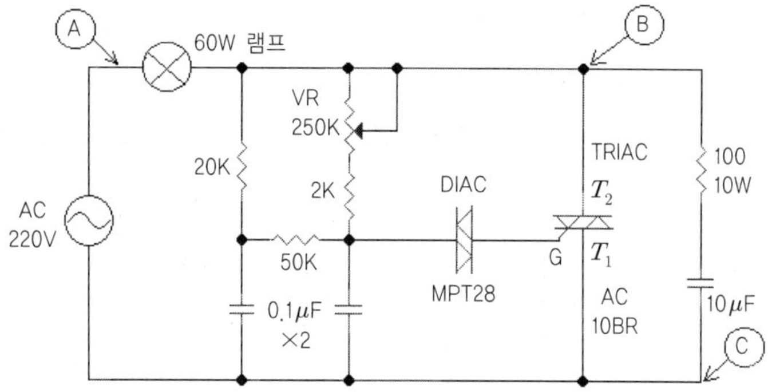

전원전압(A점)

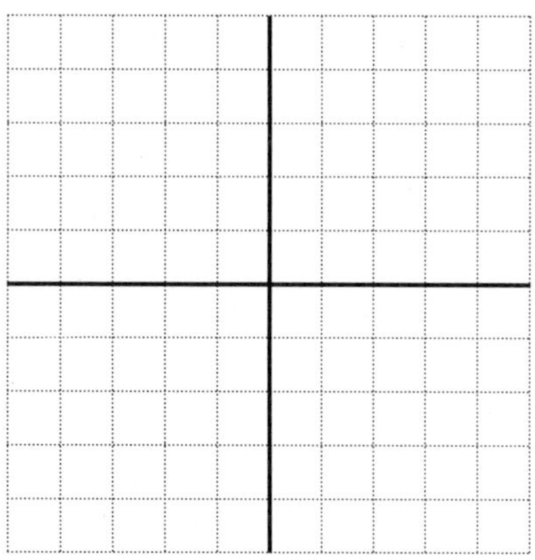

부하전압(B점)

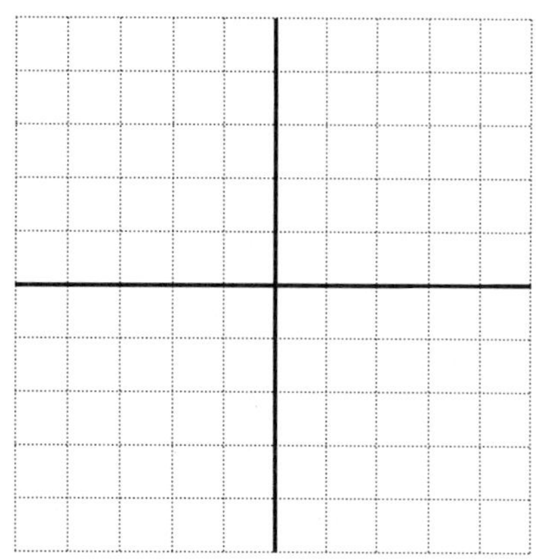

$T_1 - T_2$ 전압(B-C점)

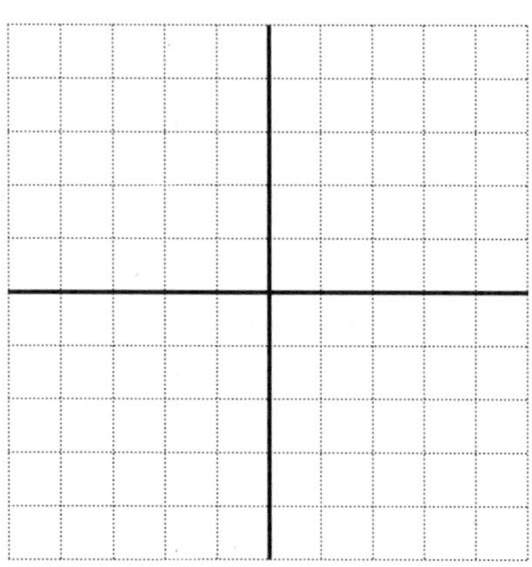

게이트 전압(G)

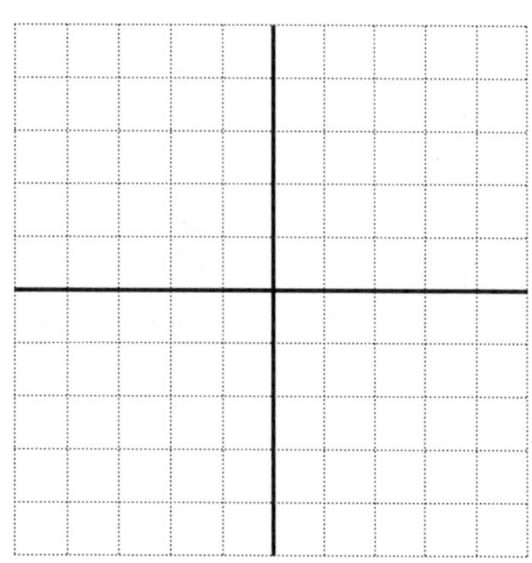

(3) Power TR을 이용한 PWM 제어

1) IGBT를 이용한 제어

① 그림과 같은 IGBT를 사용한 PWM 모터 제어회로를 구성하고 동작을 확인한다.

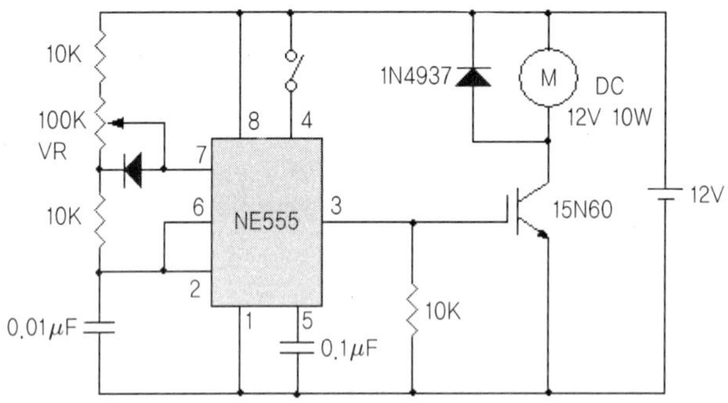

IGBT의 외형과 핀 구조는 다음 그림과 같다.

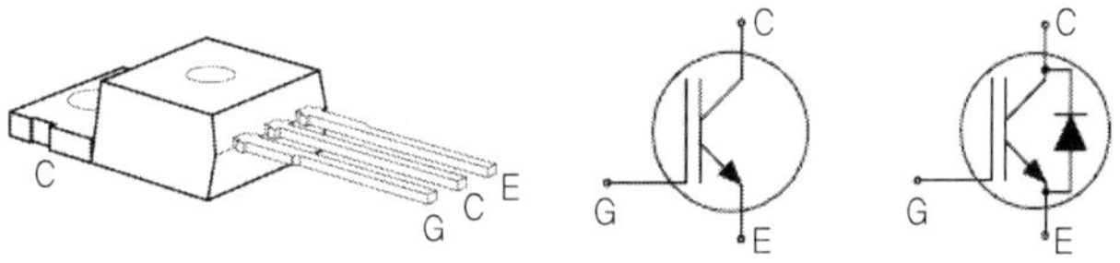

② NE555와 IGBT의 전원전압은 5~15V까지 사용할 수 있으므로 부하의 정격에 맞출 수 있다.

③ 전원을 가하고 가변저항을 조절하여 모터의 속도가 제어되는지 확인한다.

④ NE555 출력파형과 부하 양단의 파형을 측정하여 비교한다.

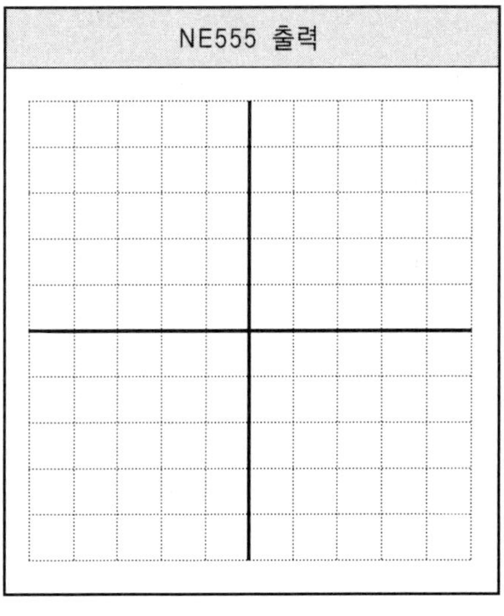

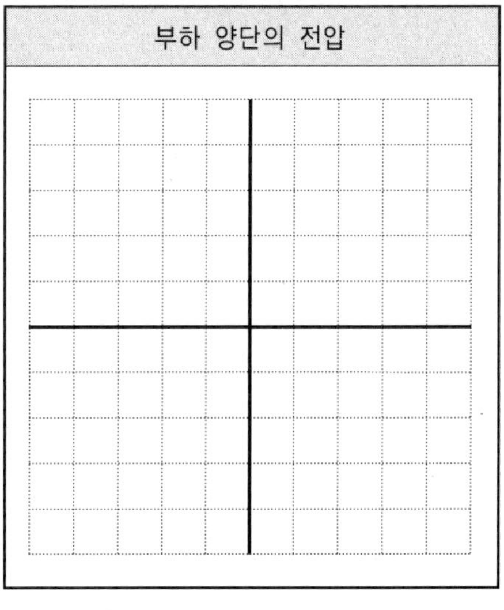

⑤ 모터를 220V 60W용으로 교체하고 여기에 맞는 전원회로를 구성하여 동작시킨다.

2) MOSFET를 이용한 제어

① 위 회로에서 다음 그림의 회로와 같이 IGBT 대신 MOSFET IRF730을 사용하여 동작을 확인한다.

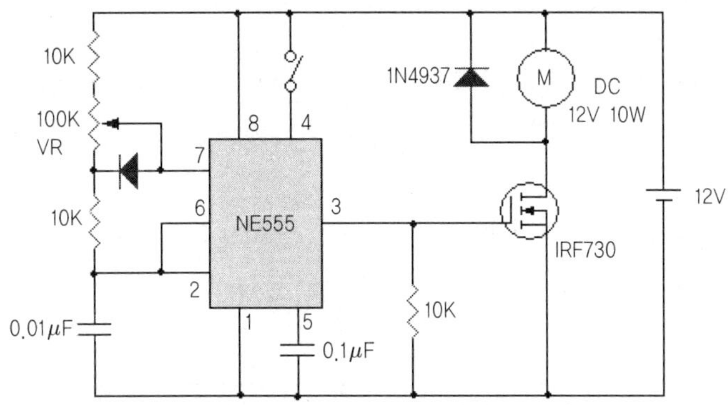

MOSFET의 외형과 핀 구조는 다음 그림과 같다.

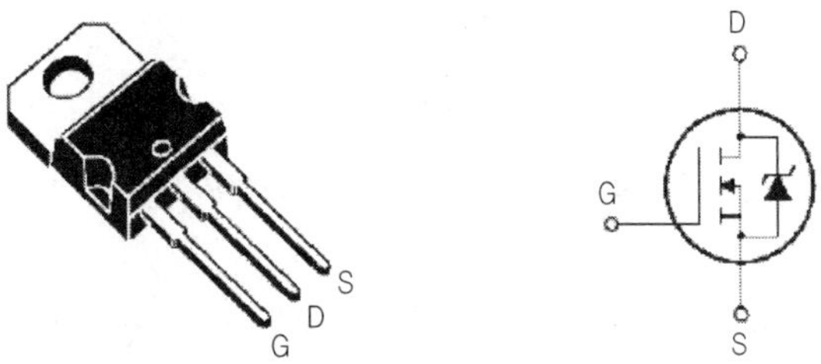

② IGBT와 MOSFET의 동작상 차이점을 확인한다.

3-10 | DC-AC 인버터

(1) 인버터

변압기는 직류를 입력해서는 출력을 낼 수 없을 뿐만 아니라 변압기가 소손될 수 있다. 그러나 DC 12V 배터리로 AC220V용의 전자기기를 사용할 경우와 같이 DC를 입력해야 할 필요성이 생길 때가 있다.

일반적인 DC 전원공급장치가 AC를 DC로 바꾸어 주는 것에 비해 역으로 DC를 AC로 바꾸어 주므로 인버터(Inverter)라는 이름을 사용한다.

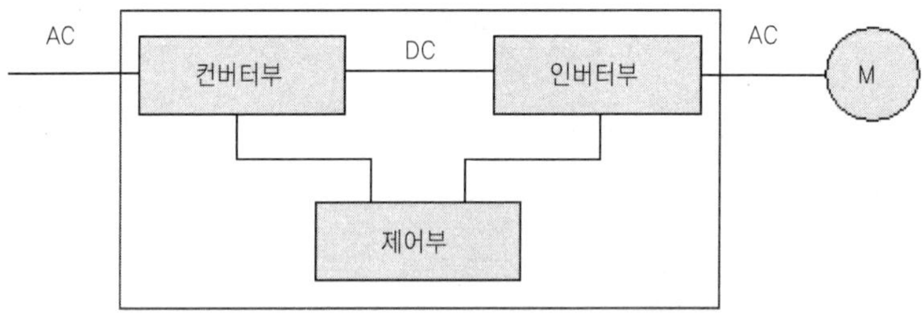

[그림 3-46] 인버터의 기본 구성

인버터는 반도체 소자의 스위칭 기능을 이용하여 직류전력을 교류전력으로 변환하는 전력변환장치로서 AC전원의 전압 및 주파수를 제어하기 위한 전력변환장치를 통칭한다.

인버터의 기본 원리는 상용 교류전원으로부터 공급된 전력을 입력받아 직류전원으로 변환시킨 뒤 다시 임의의 주파수와 전압의 교류로 변환시켜 전동기에 공급함으로써 전동기 속도를 고효율로 제어하게 된다.

상용 AC전원을 DC전원으로 변환하는 컨버터 부분과 DC전원을 재단하여 전압 및 주파수가 변화된 AC전원으로 변환하는 인버터 부분으로 복잡하게 형성되어 있으나 간단히 인버터라 한다.

VVVF(Variable Voltage Variable Frequency) 인버터는 제어소자로 GTO(Gate Turn Off) 사이리스터 혹은 IGBT 소자를 사용하여 직류전력을 3상 교류(동력운전상

태)로 변환 및 3상 교류전력을 직류전력(회생상태)으로의 변환이 가능한 전력변환장치로 유도전동기의 속도 및 회전력 등을 제어하기 위하여 가변전압(Variable Voltage) 및 가변 주파수(Variable Frequency)를 출력시키는 장치이다.

(2) 인버터를 사용하는 이유

1) 에너지 절약

팬, 펌프 등의 요구유량, 교반기 등의 부하상태에 따라서 회전수를 제어함으로써 구동전력을 절감하고, 자동화 분야, 반송기의 정지 정도향상, 라인 속도의 제어향상, 피드백 제어 등에 의한 유량 제어 자동화 실현이 가능하다.

2) 보수성의 향상

공조기에 무리를 주지 않는 기동정지, 무부하 시의 저속운전에 의해 설비의 수명 연장

3) 설비의 소형화

고속화에 의한 설비의 소형화와 운전상태를 고려한 기계시방에 의한 여유분의 삭감 등에 소형화 실현

4) 환경의 쾌적성

공조상태 등에 있어서 온오프 제어에서 속도 제어에 의해 필요유량을 연속 운전함으로써 쾌적한 환경 유지

5) 저소음화

부하에 맞추어 회전수를 낮춤으로써 기계, 바람의 소음을 저감

(3) 주파수 제어 인버터의 원리

모터 속도 제어 방식에는 아래 식과 같이 주파수 f를 변화시키든지 모터의 극수 P나 슬립 S를 변화시키면 임의의 회전속도 N을 얻을 수 있다.

$$N = \frac{120f}{P} \times (1 - S)$$

극수(P) 제어 방식은 연속 제어가 불가능하며 극수의 값에 따라 한 점에서 모터 속도가 제어된다. 또한 슬립(S)을 제어할 경우 저속운전 시 손실이 커지게 된다.

모터에 가해지는 주파수(f)를 변화시키면, 극수(P) 제어와는 달리 제어는 rpm에서 연속적인 속도 제어가 가능하고 또한 슬립(S) 제어보다 고효율 운전이 가능하게 된다. 따라서 이 원리를 이용하여 모터의 가변속을 실행하는 것이 인버터이다.

인버터는 교류를 일단 직류로 변환시켜 이 직류를 트랜지스터 등의 반도체 소자의 스위칭에 의하여 교류로 역변환을 한다. 이때에 스위칭에 의하여 교류로 역변환을 하며, 스위칭 간격을 가변시킴으로써 주파수를 임의로 변화시키는 것이다.

실제로는 모터 운전 시 충분한 토크를 확보하기 위해 주파수뿐만 아니라, 전압도 주파수에 따라 가변시킨다. 따라서 인버터는 VVVF(Variable Voltage Variable Frequency)라 한다.

(4) 인버터의 종류

1) 전류형 인버터

전류형 인버터는 [그림 3-47]의 회로에서와 같이 DC Link 양단에 평활용 콘덴서 대신에 리액터 L을 사용하는데, 인버터 측에서 보면 고임피던스 직류전류원으로 볼 수 있으므로 전류형 인버터라고 한다. 전류형 인버터는 전류가 일정하게 제어되며 전류파형은 구형파이고, 출력전압은 정현파이다.

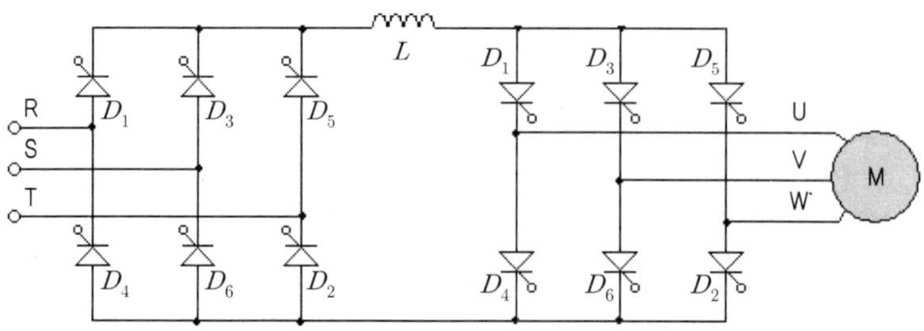

[그림 3-47] 전류형 인버터

2) 전압형 인버터

교류전원을 사용할 경우에는 교류 측 변환기 출력의 맥동을 줄이기 위하여 LC 필터를 사용하는데 이를 인버터 측에서 보면 저임피던스 직류전압원으로 볼 수 있으므로 전압형 인버터라 한다.

[그림 3-48]에 전압형 인버터 회로를 보였다. 제어 방식이 PAM 제어인 경우 컨버터부에서 전압이 제어되고, 인버터부에서 주파수가 제어되며, PWM 제어인 경우 컨버터부에서 정류된 DC전압을 인버터부에서 전압과 주파수를 동시에 제어한다. 전압형 인버터의 전류파형은 정현파이고, 출력전압은 PWM 구형파이다.

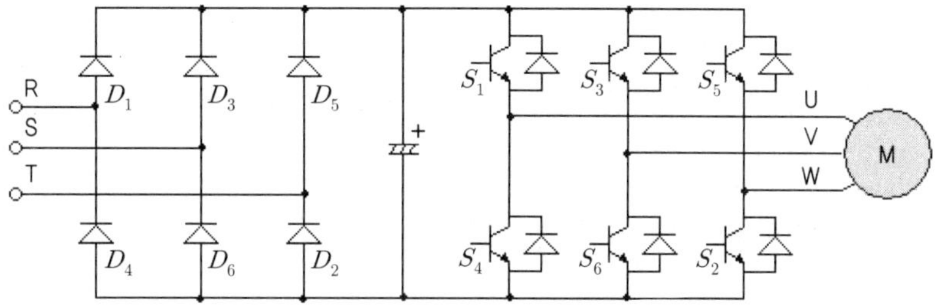

[그림 3-48] 전압형 인버터

(5) 인버터 제어 방식

1) PAM(Pulse Amplitude Modulation) 제어 방식

PAM 제어는 컨버터부에서 AC전압을 DC전압으로 변환 시 다이오드 모듈(Diode Module) 대신 SCR 모듈을 사용하여 위상 제어기법으로 직류전압을 제어하고, 동시에 인버터부에서 주파수를 제어하는 방식이다.

2) PWM(Pulse Width Modulation) 제어 방식

PWM 제어는 컨버터부에서 다이오드 모듈을 이용하여 AC전압을 DC전압으로 정류시켜 콘덴서로 평활시킨 다음, 인버터부에서 직류전압을 Chopping하여 펄스폭을 변화시켜서 인버터 출력전압을 변화시키며, 동시에 주파수를 제어하는 방식이다. 즉, 펄스폭이 1/2주기에 있어서 같은 간격인 등 펄스폭 제어와 중앙부에서 양단으로 좁아지는 부등 펄스폭 제어가 있다.

(6) 여러 가지 인버터 회로

1) NE555를 사용한 DC-AC 인버터

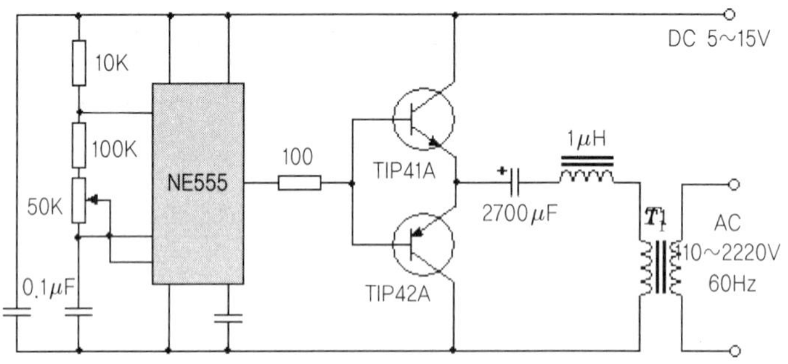

[그림 3-49] NE555를 사용한 인버터

2) 달링턴 TR을 사용한 DC-AC 인버터

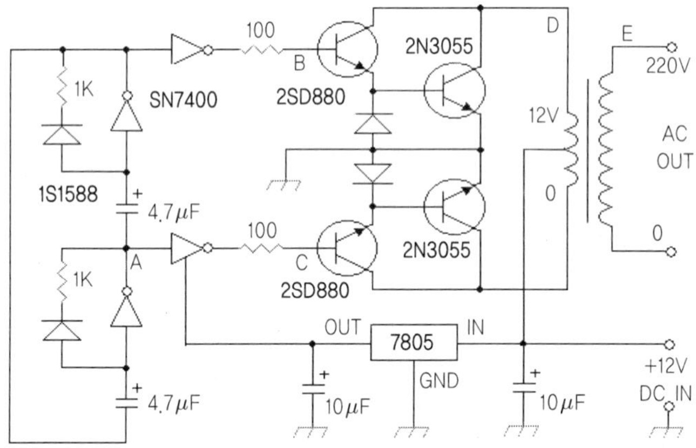

[그림 3-50] 달링턴 TR을 사용한 인버터

3) MOSFET를 사용한 DC-AC 인버터

최근 성능 및 효율 향상을 위한 인버터 드라이브의 수요가 급증하고 있다. 세탁기, 에어컨, 팬 모터 등 가전제품에서 고속, 저소음, 에너지 효율 구현이 가능하게 하기 때문이다.

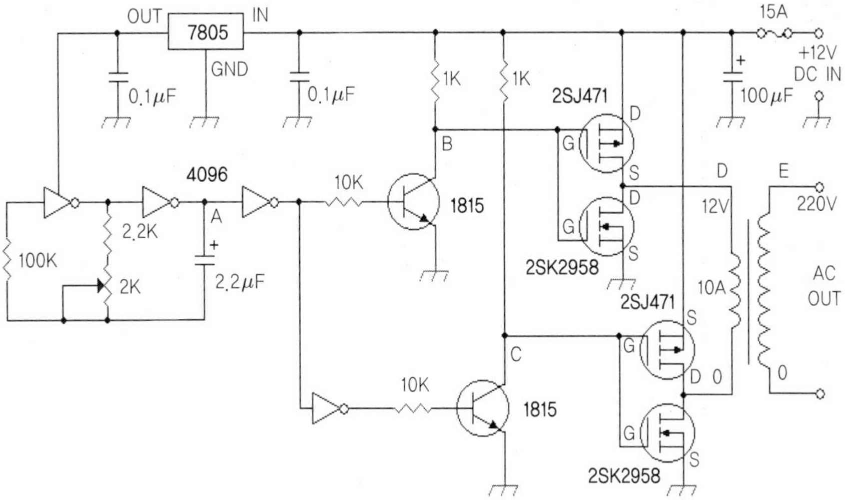

[그림 3-51] MOSFET를 사용한 인버터 회로

중소용량의 인버터에는 전력용 BJT나 전력용 MOSFET가 사용되고, 대용량의 초퍼와 인버터에는 전력용 BJT와 전력용 MOSFET의 장점을 동시에 구현하는 IGBT를 사용한다. 최근에는 소용량에서부터 중대용량의 전력변환장치에 IGBT가 광범위하게 이용되고 있고, 소용량 파워서플라이 분야에서 고속 스위칭을 필요로 하는 경우에 한해서 전력용 MOSFET가 활용되고 있다.[그림 3-51]에서 전력용 MOSFET를 사용한 인버터 회로를 보였다.

실험실습

1) [그림 3-49]의 NE555를 사용한 DC-AC 인버터를 브레드보드에 구성하고 동작을 확인한다.
2) NE555 출력파형을 측정하고 주파수를 계산하고, 트랜스 입력 출력전압을 측정한다.

NE555 출력

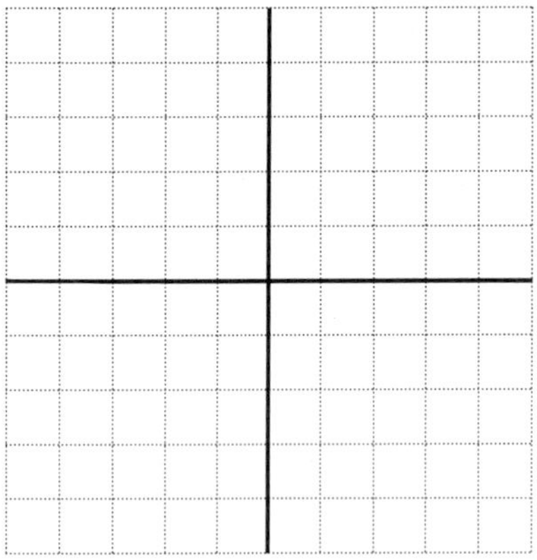

• NE555의 출력 주파수를 계산하고, 계산값과 측정값을 비교한다.

계산값	
측정값	

• 트랜스 입력전압과 출력전압을 측정한다.

입력전압	
출력전압	

3) [그림 3-50]의 달링턴 TR을 사용한 DC-AC 인버터와 MOSFET를 이용한 DC-AC 인버터의 동작원리를 분석한다.
4) [그림 3-51]의 MOSFET를 사용한 DC-AC 인버터를 구성하고 발진 주파수를 60Hz로 조정한 후 동작을 확인한다.
5) 회로의 각부(A, B, C, D, E) 파형을 측정한다.

A점

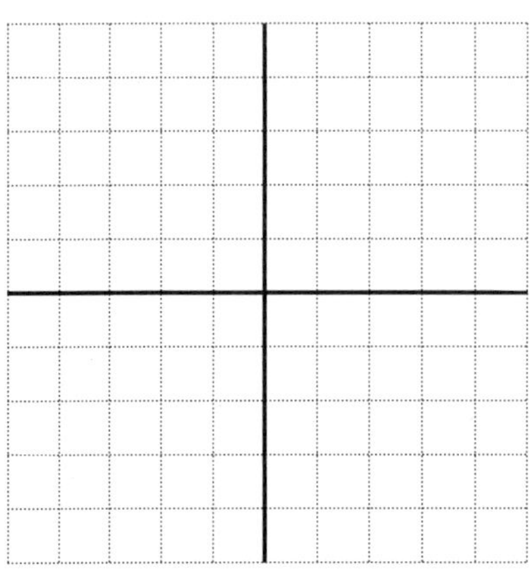

B점, C점

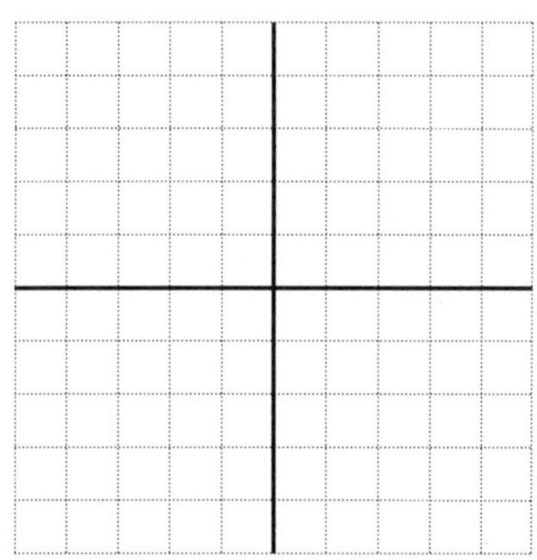

D점	E점
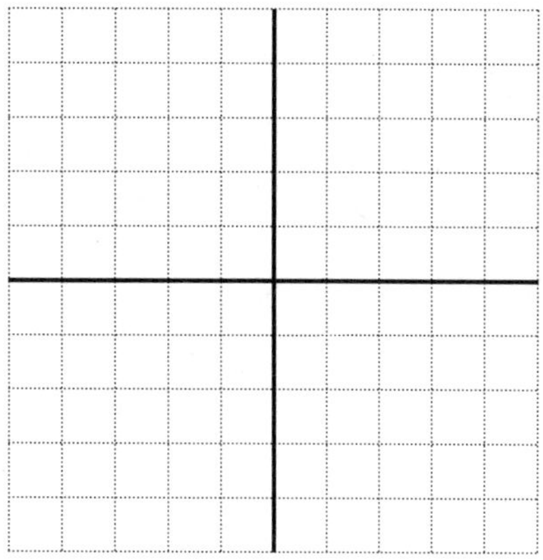	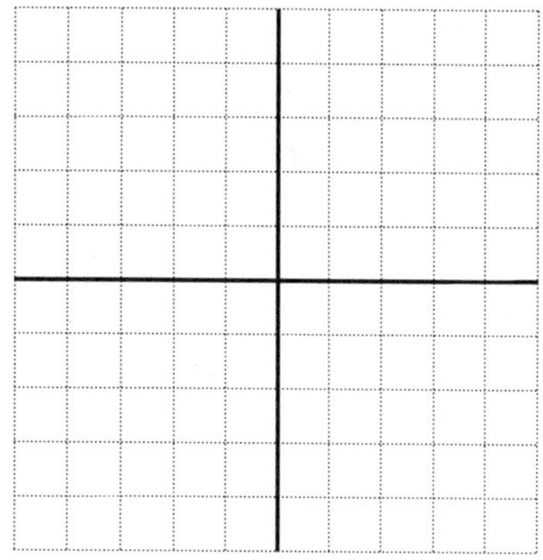

6) 트랜스 1차 측 전류를 측정하고, 트랜스 1차 측 전압과 2차 측 전압을 회로시험기로 측정한다.

1차 측 전류	1차 측 전압	2차 측 전압

7) 인버터의 출력을 220V 300W로 얻고자 한다면 트랜스 1차 측 전압이 12V일 때 전류용량은 얼마가 되어야 하는가?

chapter

4 디지털 회로

4-1 주파수 체배기

4-2 비동기식 카운터

4-3 동기식 카운터

4-4 시프트 레지스터

4-5 메모리 확장

4-6 D/A 변환기

4-7 A/D 변환기

4-8 디지털 조도 측정기

4-9 스텝 모터 컨트롤러

4-10 기타 응용회로

4-1 | 주파수 체배기

보통 높은 주파수를 낮은 주파수로 만들기 위해서는 [그림 4-1]과 같이 디지털 카운터 회로를 사용하면 된다.

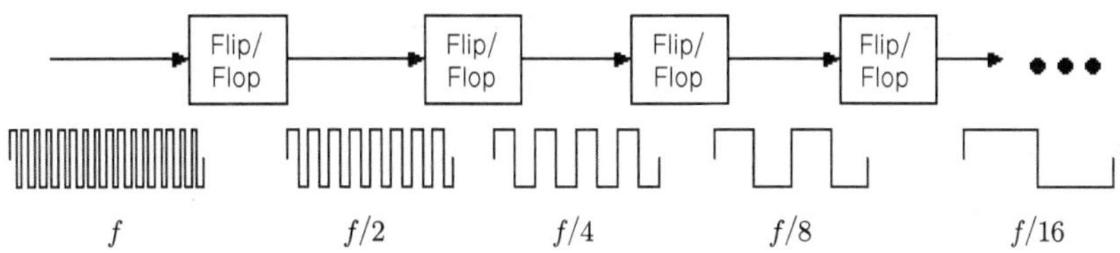

[그림 4-1] 주파수 분주

입력 주파수 f에 대해 D, T 플립플롭 등을 하나 사용하면 간단히 $f/2$로 쉽게 만들 수 있다. 이것을 분주기라고 한다.

그러나 반대로 낮은 주파수의 소스로부터 주파수를 높이는 작업은 그리 쉽지 않다.

(1) 주파수 체배기

주파수 체배기(周波數遞倍器 : Frequency Multiplier)는 입력 주파수의 정수배가 되는 주파수의 출력을 꺼내는 회로이다. 그 원리는 입력신호를 일그러짐을 많이 발생하는 회로에 가하고 그 출력에서 필터에 의하여 필요한 고조파 성분만을 꺼내도록 한 것이다. 회로의 비직선 특성을 이용하여 출력파형을 일그러지게 한 다음 이 중에서 필요한 고조파를 끄집어낸다.

주파수를 2배 또는 3배로 할 경우 각각 주파수 2배기(Frequency Doubler), 주파수 3배기(Frequency Tripler)라고 한다. 또 멀티바이브레이터를 원 주파수로 제어하면 많은 고조파를 얻을 수 있다.

[그림 4-2]와 같이 어떤 특정 주파수 f가 들어가면, $2f$ 혹은 $3f$와 같이 특정 배수의 출력 중 하나를 내보내게 된다. 일반적으로 주파수 체배기는 Doubler나 Tripler 정도 배율을 주로 사용한다.

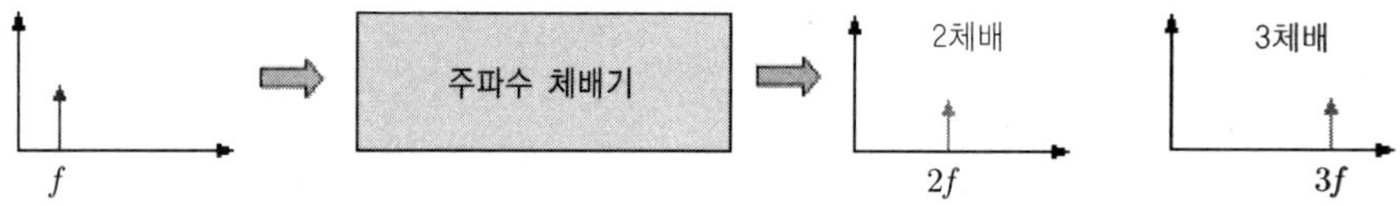

[그림 4-2] 주파수 체배기

(2) 주파수 2배기

주파수 2배기(周波數二倍器 : Frequency Doubler)는 입력신호 주파수의 2배가 되는 주파수를 얻도록 한 장치이다. MC1459는 AM Modulator로 사용한다.

그러나 여러 가지 응용회로에 사용할 수 있다. 이 칩의 응용 분야는 AM(진폭변조), Synchronous Detection, FM Detection, 위상검출, Chopper 등이며, 여기서는 주파수를 2배로 체배하는 회로를 알아본다.

[그림 4-3]의 회로는 MC1496을 이용한 2배 주파수 체배기이다.

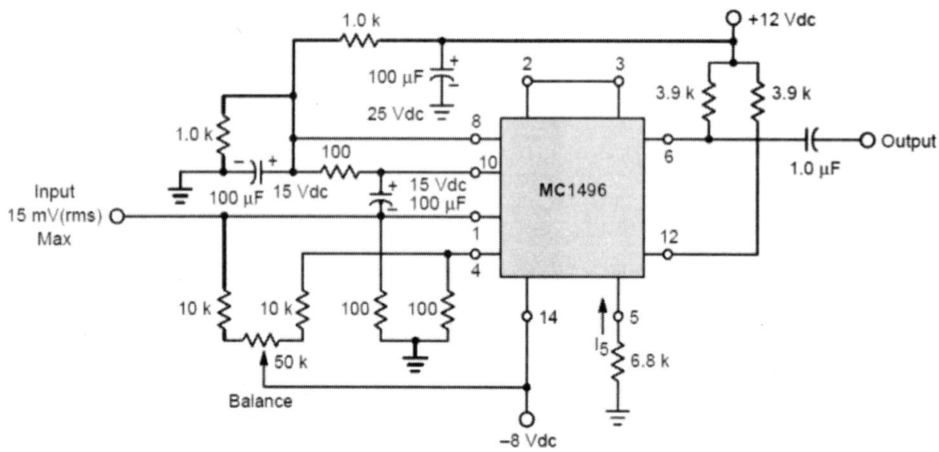

[그림 4-3] AM 변조기를 이용한 주파수 2체배기

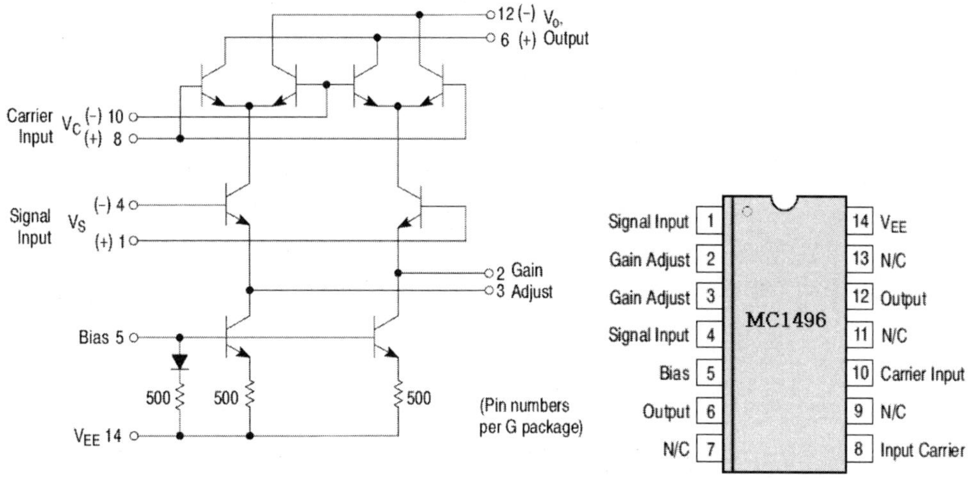

Circuit Schematic

(a) (b)

[그림 4-4] MC1496의 내부 회로도 및 핀 기능

실험실습

1) 아래 그림의 회로는 NAND 게이트와 적분기를 이용하여 입력 주파수를 2배로 높여 출력하는 2체배기이다. 이때 사용하는 IC는 HC형을 사용한다.

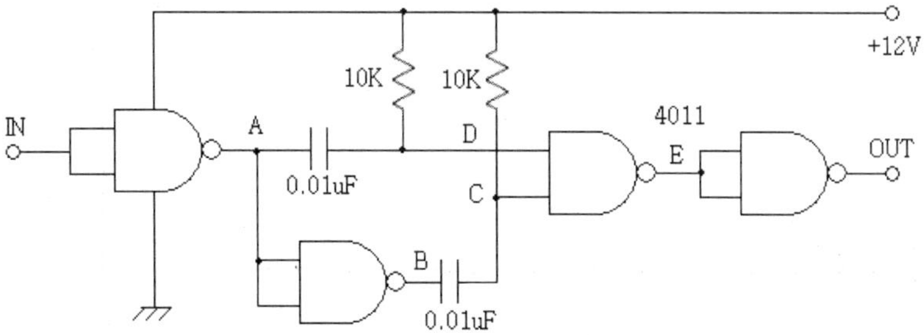

2) 위 회로를 구성하고 500kHz의 펄스 입력을 가하여 각부 파형을 측정하여 아래 표에 기입하고 주파수를 확인한다. 이때 사용하는 IC가 HC형이 아닌 경우 주파수는 5kHz를 가하여 실험한다.

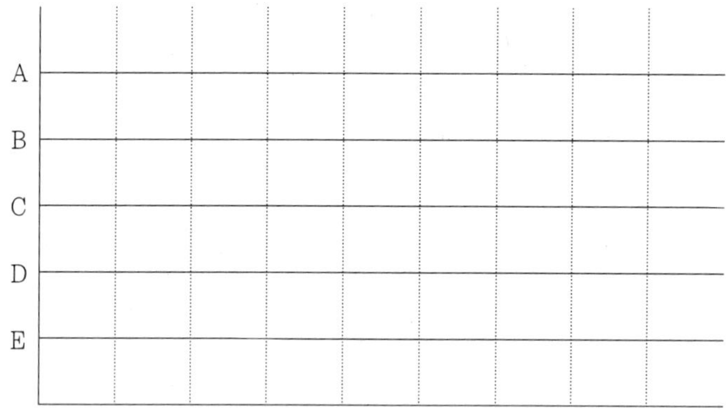

3) 아래 인버터(Inverter)로 구성된 회로의 IN단자에 구형파 500kHz(HC형이 아닌 경우 5kHz)를 가하고 A, B, C, D, E, F, G의 각부 파형을 측정하고 출력 주파수를 확인한다.

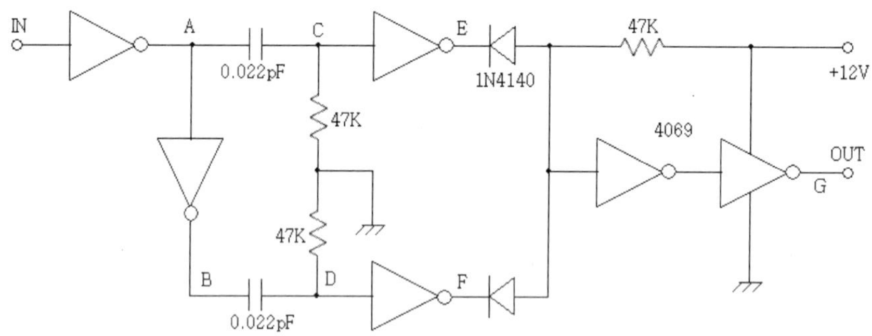

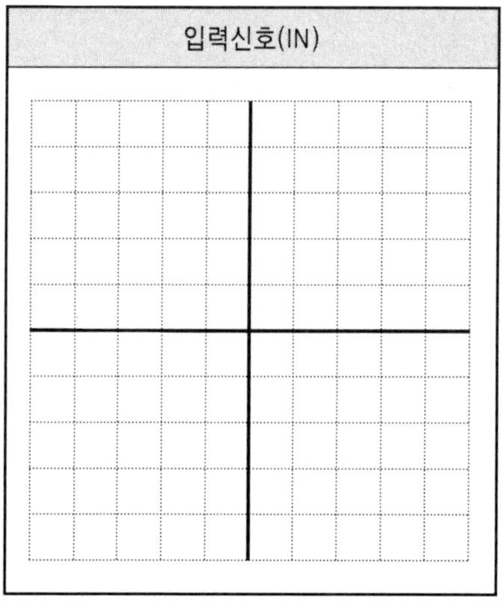

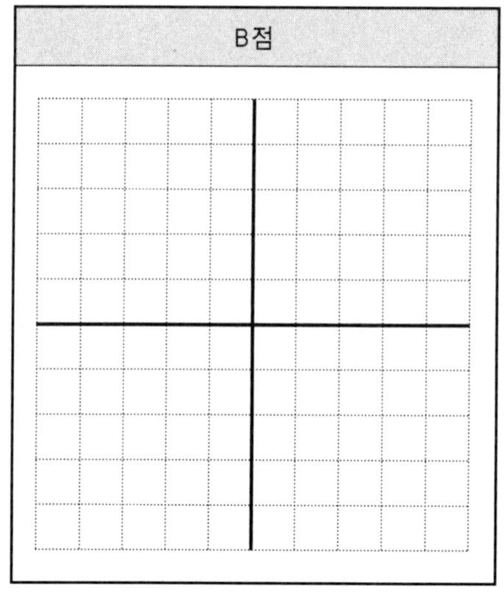

C점

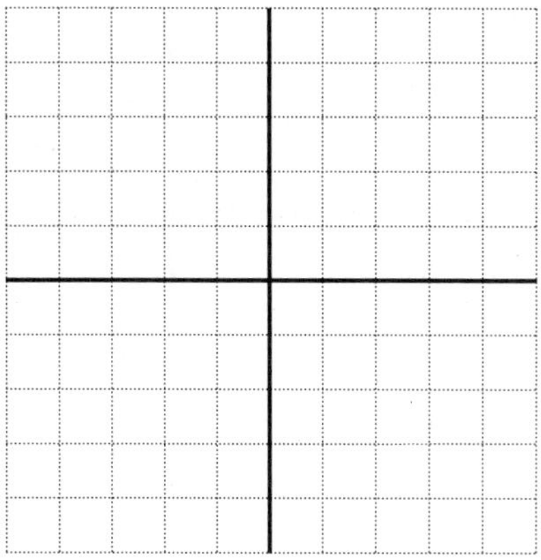

D점

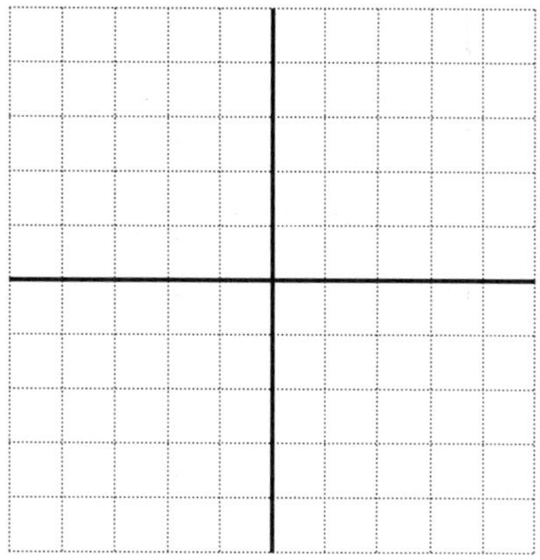

E점

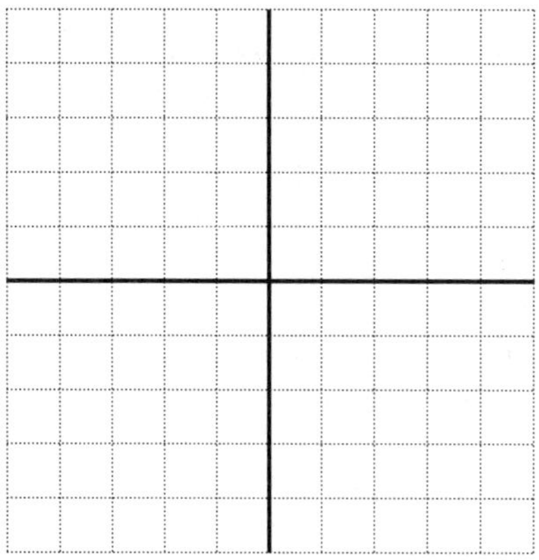

F점

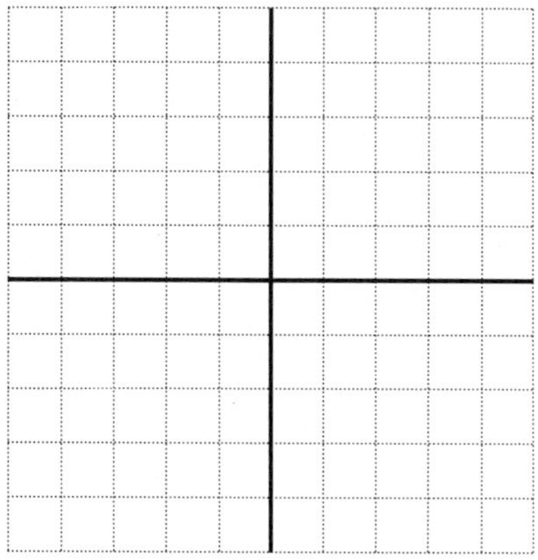

출력(G점)

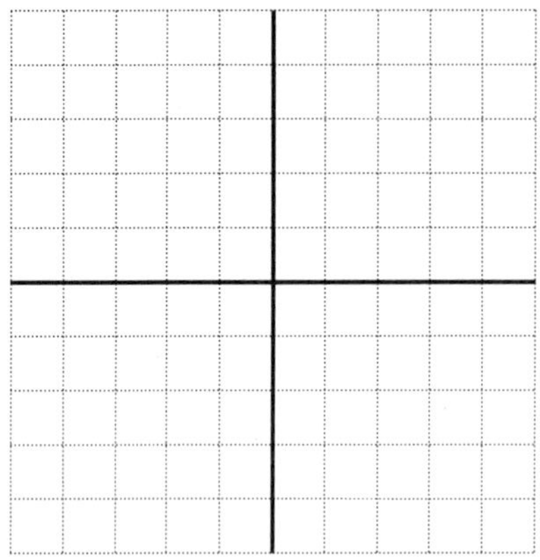

AM 변조기 이용 체배기 출력

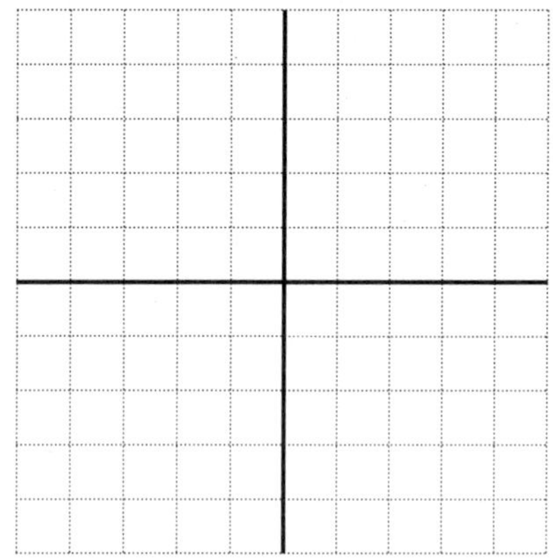

4) 그림의 AM 변조기를 이용한 주파수 2체배기를 구성하고 입력단자에 정현파 500kHz의 신호를 가하고 출력 주파수를 측정한다.

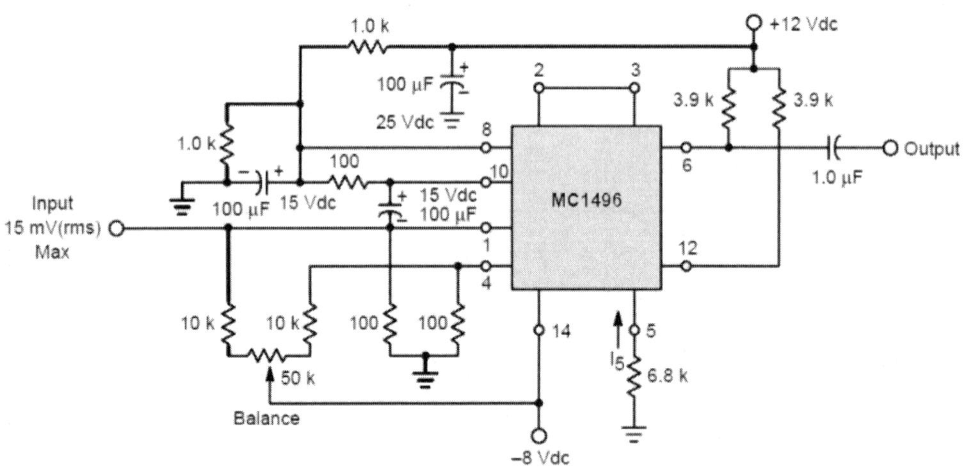

4-2 | 비동기식 카운터

동기식 카운터는 모든 플립플롭들이 하나의 공통 클록에 연결되어 있어서 모든 플립플롭이 동시에 트리거(Trigger)되지만, 리플(Ripple) 카운터라고도 불리는 비동기식 카운터는 앞쪽에 있는 플립플롭의 출력이 뒤쪽에 있는 플립플롭의 클록으로 사용된다.

(1) 비동기식 카운터의 특징

비동기식 카운터는 동기식 카운터에 비해 회로가 간단해진다는 장점이 있으나 전달 지연이 커진다는 단점이 있다.

[그림 4-5]에 T 플립플롭을 사용해 구성한 비동기식 4비트 상향 카운터(Up Counter) 회로를 나타내었다. 이 회로에서 사용된 4개 플립플롭의 클록 단자가 공통으로 연결되어 있지 않고 대신 전단의 플립플롭 출력이 다음 단 플립플롭의 클록으로 사용됨을 볼 수 있다. 이 회로는 하강 모서리(Falling Edge) 트리거 방식이므로 클록이 1에서 0으로 떨어지는 순간 동작하게 된다.

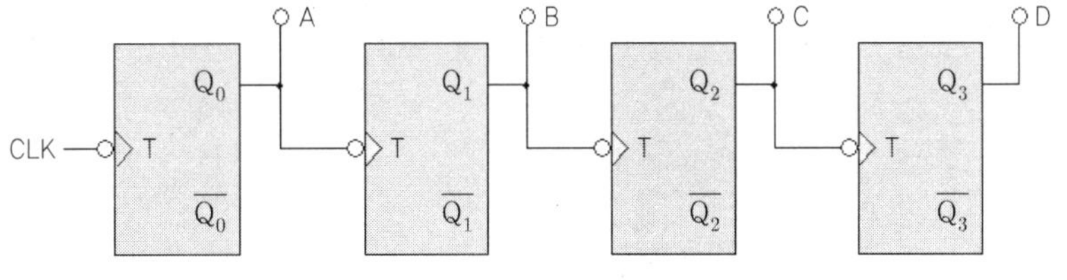

[그림 4-5] 비동기 증가형 카운터

[그림 4-6]은 하향 카운터(Down Counter)를 나타내었다. 전단의 플립플롭의 부($\overline{Q}$) 출력이 다음 단 플립플롭의 클록으로 연결되었다.

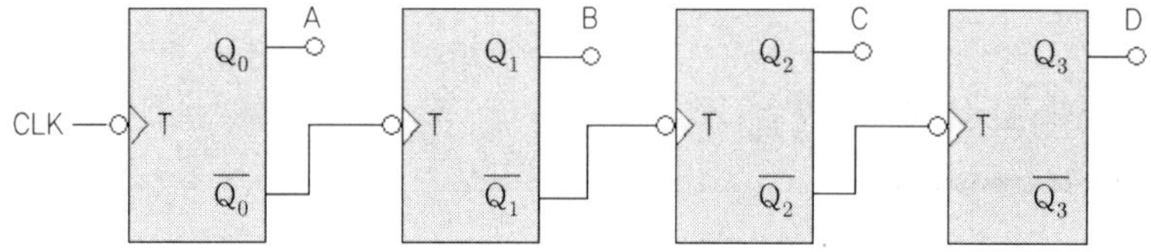

[그림 4-6] 비동기 하향 카운터

(2) 순차회로 해석

① 먼저 사용된 플립플롭의 제어입력에 대한 논리식과 출력에 대한 논리식을 회로도로부터 구한다.

② 다음에 동작표(Behavior Table)를 작성한다. 먼저 전 단계에서 구한 플립플롭 입력에 대한 논리식과 출력에 대한 논리식으로부터 해당 칼럼을 계산한 후, 현재상태와 플립플롭 입력 칼럼을 참조하여 다음상태 칼럼을 작성한다.

③ 동작표가 완성되면 이로부터 상태천이표나 상태천이도를 작성한다.

④ 마지막으로 상태천이표나 상태천이도로부터 회로의 기능을 추론한다.

⑤ 2비트 2진 카운터의 해석 : 이 회로는 $x = 0$일 경우에는 무조건 다음상태는 00상태가 되며 출력도 0임을 알 수 있다. 만일 $x = 1$일 경우에는 00→01→10→11→00→01→……과 같이 0부터 3까지를 차례로 순환하며 반복하고, 상태가 11일 때 출력이 1이 됨을 알 수 있다. 따라서 이 회로는 $x = 0$일 경우 상태 00으로 초기화되고, $x = 1$일 경우 0~3(00, 01, 10, 11)을 차례로 순환하되 상태값이 11일 경우에만 출력이 1이 되는 일종의 카운터 회로라고 해석할 수 있다.

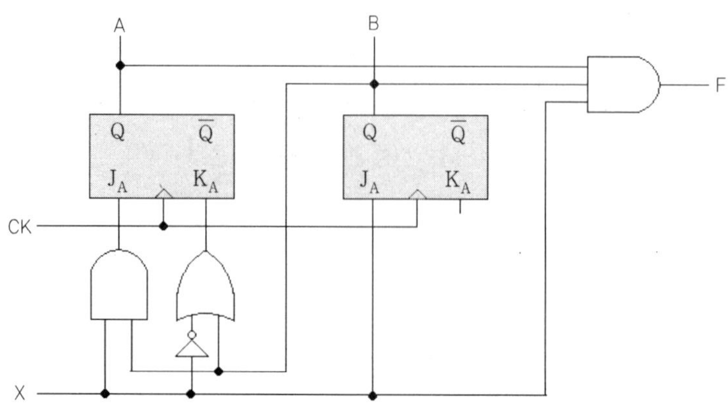

[그림 4-7] 2비트 2진 카운터

(3) MOD-10 카운터 설계

1) 순차회로 설계절차

① 설계하고자 하는 회로의 사양을 명확히 정의
② 설계회로의 입력, 출력 및 상태변수를 설정하고 이진 코드를 할당
③ 상태천이도 또는 상태천이표를 작성
④ 사용할 플립플롭의 종류를 결정
⑤ 설계회로의 여기표 작성
⑥ 플립플롭 입력에 대한 논리식과 출력에 대한 논리식 구함
⑦ 회로도 작성
⑧ 회로 구현 및 동작 검증

2) 리셋형 카운터(MOD-10)

• 계수 1010에서 리셋

동 작 표			
D	C	B	A
0	0	0	0
0	0	0	1
0	0	1	0
0	0	1	1
0	1	0	0
0	1	0	1
0	1	1	0
0	1	1	1
1	0	0	0
1	0	0	1

(a) 동작표

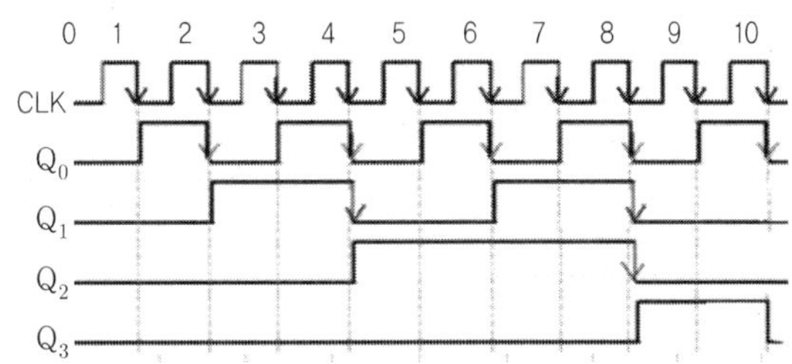

(b) 타이밍도

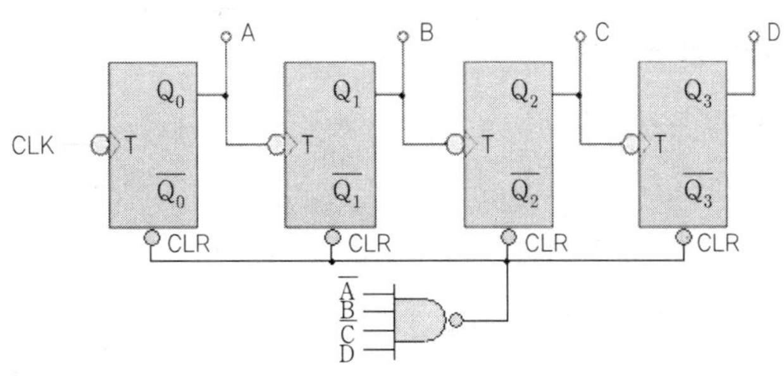

(c) 카운터 회로

[그림 4-8] 리셋형 카운터

0에서 9까지의 펄스를 계수하고 10(1010)의 출력이 NAND Gate를 통하여 부 펄스를 발생시킨 다음 플립플롭의 CLR 단자를 구동하여 0이 되게 한다. 즉, 계수 자릿수 10 대신 0이 되도록 한 것이다.

[그림 4-8]에 리셋형 카운터의 진리표와 동작 타이밍 차트, 구현된 카운터 회로를 보였다.

3) 제어형 카운터

	동작표			
	D	C	B	A
0	0	0	0	0
1	0	0	0	1
2	0	0	1	0
3	0	0	1	1
4	0	1	0	0
5	0	1	0	1
6	0	1	1	0
7	0	1	1	1
8	1	0	0	0
9	1	0	0	1
10	0	0	0	0

(a) 동작표

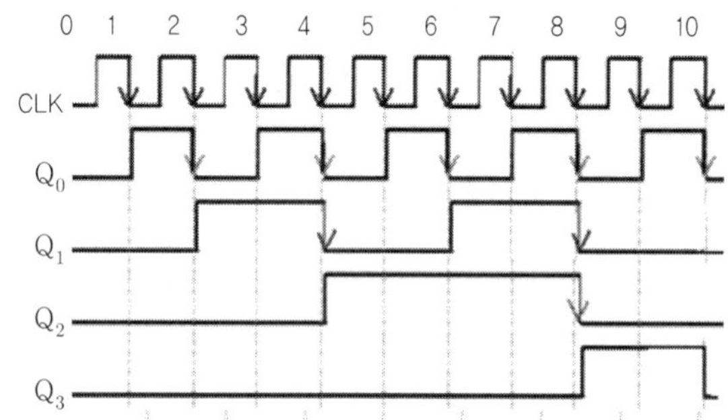

(b) 타이밍도

[그림 4-9] 제어형 카운터의 동작표와 타이밍도

① 논리함수 작성

- A단-펄스 입력 시마다 출력 반전 : $Ck_A = Ck$, $J_A = K_A = 1$
- B단-A출력이 1→0으로 될 때마다 반전, 마지막 펄스 때는 0→0이므로 D출력을 J_B 에서 받아 제어 : $Ck_B = A$, $J_B = \overline{D}J$, $K_B = 1$
- C단-B출력이 1→0일 때마다 반전 : $Ck_C = B$, $J_C = K_C = 1$
- D단-B=C=1과 0의 상태에서 A가 1→0으로 될 때 반전 :
  $Ck_D = A$, $J_D = BC$, $K_D = 1$

② 회로도 구현

데이터 제어를 받아야 할 J_B와 J_D는 카르노 맵을 사용하여 구할 수 있다.

[그림 4-9]는 제어형 카운터의 동작표와 타이밍도이고, [그림 4-10]은 구현된 MOD-10 카운터 회로도이다.

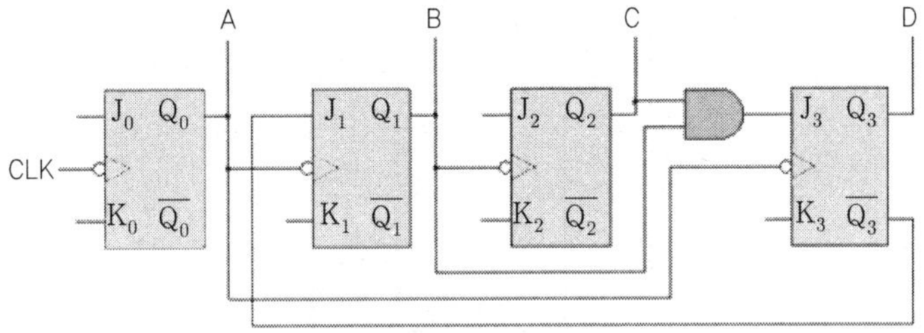

[그림 4-10] 비동기식 10진 카운터

(4) MOD-5 카운터 설계

1) MOD-10 카운터와 MOD-5 카운터 비교

계수	D	C	B	A
0	0	0	0	0
1	0	0	0	1
2	0	0	1	0
3	0	0	1	1
4	0	1	0	0
5	0	1	0	1
6	0	1	1	0
7	0	1	1	1
8	1	0	0	0
9	1	0	0	1
10	0	0	0	0

A가 0일 때

계수	D	C	B	A
0	0	0	0	0
1	0	0	0	1
2	0	0	1	0
3	0	0	1	1
4	0	1	0	0
5	0	1	0	1
6	0	1	1	0
7	0	1	1	1
8	1	0	0	0
9	1	0	0	1
10	0	0	0	0

A가 1일 때

(a) MOD-10 카운터

계수	C	B	A
0	0	0	0
1	0	0	1
2	0	1	0
3	0	1	1
4	1	0	0
5	0	0	0

(b) MOD-5 카운터

MOD-10의 동작표에서 A가 0과 1일 때 중 어느 한 경우만 선택하면 MOD-5의 동작표와 같게 된다.

[그림 4-11] 10진 카운터와 5진 카운터의 동작표

2) MOD-5 카운터

① 계수동작표

계수	C	B	A
0	0	0	0
1	0	0	1
2	0	1	0
3	0	1	1
4	1	0	0
5	0	0	0

5진 카운터에 대한 계수동작표를 참고하여 설계한다. 우선 플립플롭은 3단이 필요하며, 각 단에 대한 논리식을 다음과 같이 유도한다.

② 논리식 유도

- A단-클록 입력마다 A출력 반전, 마지막 클록 때 불변 $\overline{C}$ 출력으로 클리어 :
  $Ck_A = Ck$, $J_A = \overline{C}$, $K_A = 1$
- B단-A단 출력이 1-0일 때 B출력 반전 : $Ck_B = A$, $J_B = K_B = 1$
- C단-A=B=1일 때 0→1반전, A=B=0일 때 1→0반전 :
  $Ck_C = Ck$, $J_C = ABJ$, $K_C = 1$

③ 논리회로 구현

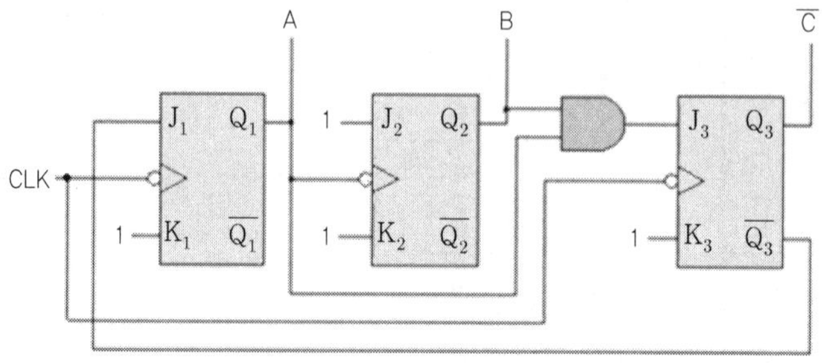

[그림 4-12] MOD-5 카운터 회로

실험실습

(1) 비동기식 MOD-5 카운터

1) JK 플립플롭 SN7476 2개, SN7408 1개, 타이머 NE555 1개, LED 4개 및 기타 부품을 이용하여 제어형 비동기식 5진 카운터를 설계한다.
2) 설계한 회로를 다음 도면에 완성한다.

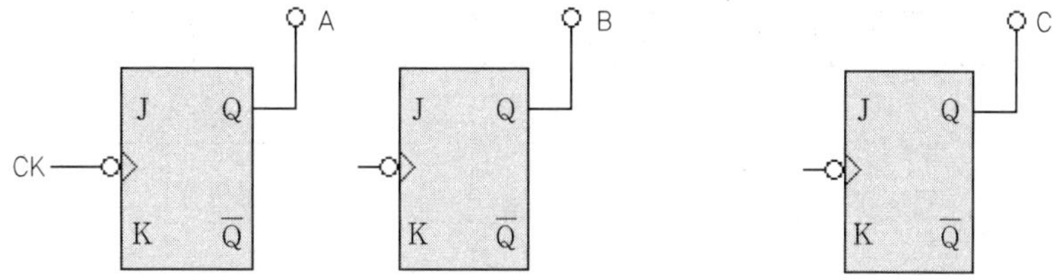

3) 설계된 회로를 브레드보드에 구성하고 동작을 시험한다.
4) 동작상태를 아래 타이밍 차트로 그린다.

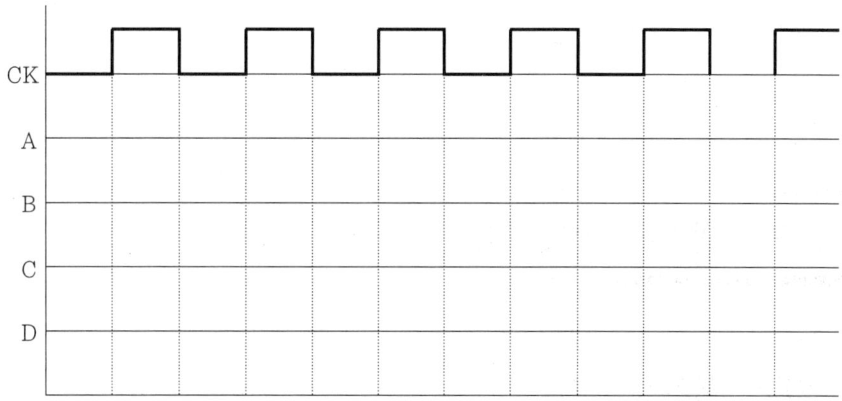

(2) 리셋형 10진 카운터 설계

1) JK 플립플롭 SN7476 2개, SN7420(또는 SN7400) 1개, 타이머 NE555 1개, LED 4개 및 기타 부품을 이용하여 리셋형 10진 카운터를 설계한다.
2) 설계한 회로를 다음 도면에 완성한다.
3) 완성된 도면의 카운터를 브레드보드에 구성하고 동작을 시험한다.
4) 동작상태를 아래 타이밍 차트로 그린다.

① 설계한 회로도

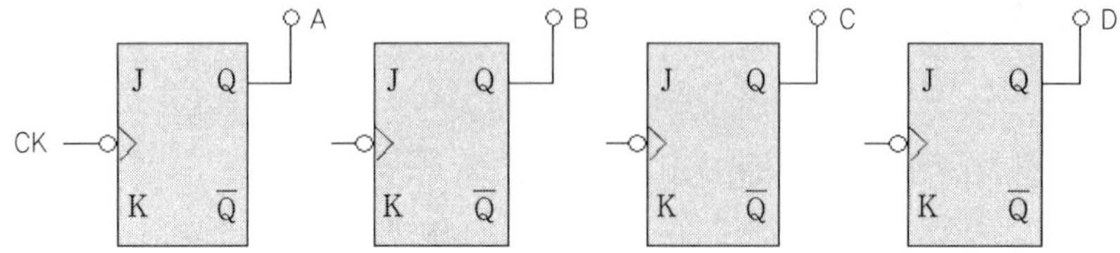

② 타이밍 차트

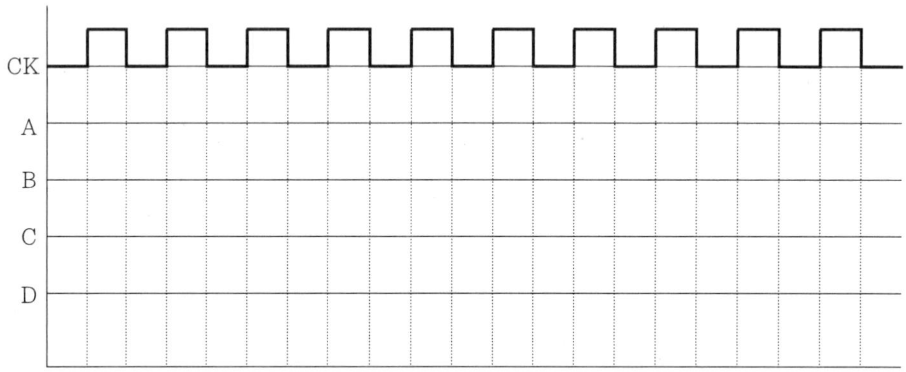

4-3 | 동기식 카운터

(1) MOD-6 동기식 카운터

[그림 4-13]에 Module-6 카운터에 대한 상태천이도를 나타내었다. 원래 상태천이도의 화살표 상에는 '입력값/출력값' 을 기록하도록 되어 있지만 이 카운터 회로의 경우 입력이 별도로 없으며 출력 또한 상태값과 동일하기 때문에 화살표 상에 아무것도 쓰지 않았다.

설계에 사용할 플립플롭을 결정한 후 해당 플립플롭의 진리표를 보고 여기표를 작성한다.

〈표 4-1〉 J-K 플립플롭의 진리표

J	K	Q_{n+1}
0	0	Q_n
0	1	0
1	0	1
1	1	Toggle

〈표 4-2〉 J-K 플립플롭의 여기표

현재상태	다음상태	J K
0	0	0 X
0	1	1 X
1	0	X 1
1	1	X 0

이제 상태표와 여기표를 확장하여 동작표를 작성해야 한다. 동작표는 [그림 4-13]에 나타내었다. 여기표에서 현재상태가 110, 111인 경우에 대한 다음상태 칸과 플립플롭 입력 칸은 모두 무정의 조건 X로 처리하였다. 그 이유는 상태천이도를 보면 알 수 있듯이 상태값이 000, 001, 010, 011, 101값만을 차례로 순환하도록 되어 있으며 따라서 회로가 정상적으로 동작한다면 상태값이 110이나 111이 되는 경우는 없을 것이기 때문이다.

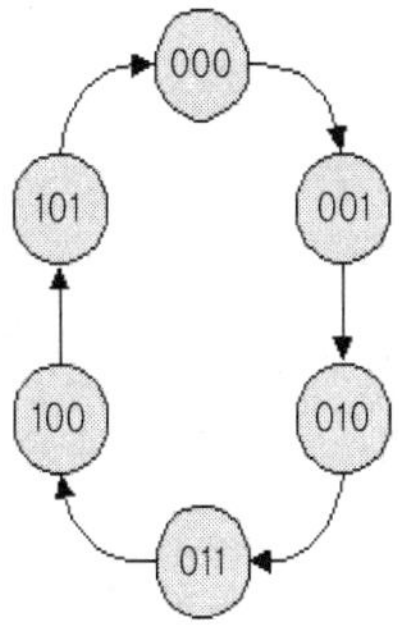

(a) 상태천이도

현재상태			다음상태			플립플롭 입력					
C	B	A	C	B	A	J_2	K_2	J_1	K_1	J_0	K_0
0	0	0	0	0	1	0	x	0	x	1	x
0	0	1	0	1	0	0	x	1	x	x	1
0	1	0	0	1	1	0	x	x	0	1	x
0	1	1	1	0	0	1	x	x	1	x	1
1	0	0	1	0	1	x	0	0	x	1	x
1	0	1	0	0	0	x	1	0	x	x	1
1	1	0	x	x	x	x	x	x	x	x	x
1	1	1	x	x	x	x	x	x	x	x	x

(b) 상태표 (b) 여기표

[그림 4-13] MOD-6 동기식 카운터의 상태천이도와 동작표

■ 동기식 카운터 설계방법

① 설계하고자 하는 카운터의 상태천이도를 만든다.

② 설계용 플립플롭의 종류를 결정하고 해당 진리표를 이용하여 여기표를 작성한다.

③ 계수동작표를 만들고 여기표를 확장한 다음, 계수상태 변화에 따른 확장된 상태 여기표를 작성한다.

④ 확장된 상태여기표를 이용하여 각 플립플롭 단의 J, K입력에 대한 카르노도를 만들고 최소화된 논리식을 구한다.

논리식 : $J_2 = BC$, $K_2 = C$, $J_1 = \overline{A}C$, $K_1 = C$, $J_0 = 1$, $K_0 = 1$

⑤ 최소화된 논리함수로부터 동기식 카운터 회로를 구현한다.

여기표로부터 플립플롭 입력에 대한 논리식을 구하는 과정은 [그림 4-14]에 나타내었으며, 이 논리식을 이용해 설계한 회로도는 [그림 4-15]에 나타내었다.

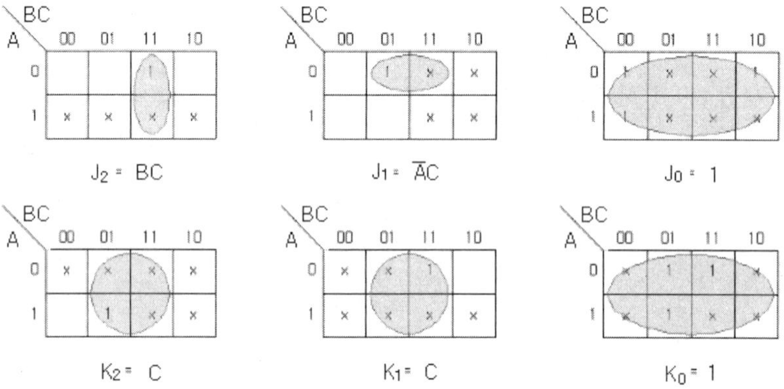

[그림 4-14] MOD-6 동기식 카운터의 카르노 맵

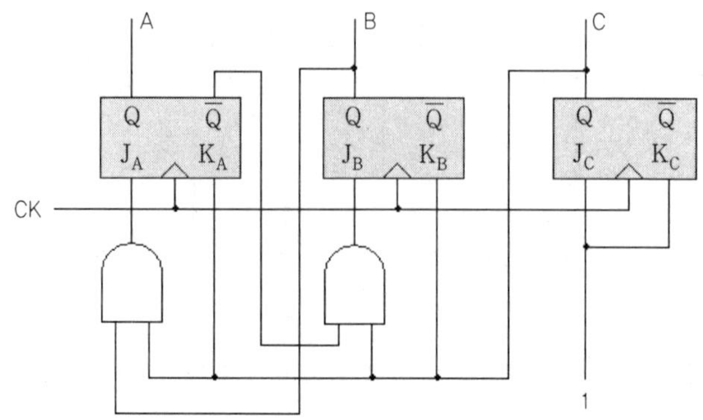

[그림 4-15] MOD-6 동기식 카운터 회로

(2) 카운터를 이용한 적외선 토글스위치

[그림 4-16]의 회로는 원격동작 기능이 없는 전자제품에 대한 제어 메커니즘을 제공하기 위한 원격 스위치이다. 목표는 220V AC용 및 모든 현대적인 IR 리모컨을 이용하여 플러그인 할 수 있는 블랙박스를 구성한다.

최근의 적외선 리모컨의 모든 키를 누르면 38kHz 주파수 변조된 펄스열을 출력한다. 용량성 필터링의 사용을 통해 입력에 관계없이 핵심 중 하나를 펄스로 펄스의 스트림을 변환한다. 리모컨의 아무 키라도 누르면 릴레이 스위치를 전환할 수 있게 된다. 회로는 TV, DVD, 디지털카메라 등 리모컨의 종류에 관계없이 잘 동작된다.

적외선 수광 센서 모듈 TSOP1738은 적외선 리모컨에서 받은 38kHz 입력 펄스를 감지한다. 적외선 수광 센서 모듈은 논리상태 H에 있으며, 그것이 펄스열을 감지했을 때, 출력이 나타난다. 이 센서 모듈의 출력은 4.7kΩ의 베이스 저항과 PNP 트랜지스터(BC557)에 공급되고, NPN 트랜지스터의 컬렉터에 펄스열이 반전된다. 트랜지스터 컬렉터에서 접지에 연결된 10μF 콘덴서와 100kΩ 저항 병렬회로는 펄스열을 단일 펄스로 변환한다, 그리고 저항은 커패시터에 대한 방전 경로를 만들어 준다.

리모컨 키를 눌렀을 때 무슨 일이 생기는지 알아보면, 대기하는 동안 적외선 수신 센서 모듈의 출력은 H가 되도록 BC557은 차단된다.

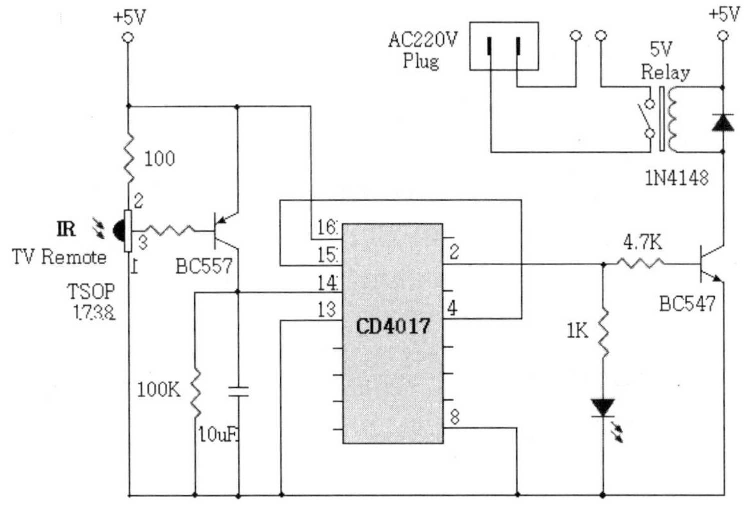

[그림 4-16] 카운터를 이용한 적외선 토글스위치

콘덴서가 완전히 방전하고, BC557의 컬렉터는 L 상태가 된다. 리모컨 버튼을 누르면 펄스열이 BC557의 베이스에 공급되어 매우 빠르게 OFF TR을 활성화시킨다. TR이 On되면, 콘덴서는 BC557 컬렉터를 통해 충전되고, TR이 Off되면, 콘덴서에 충전된 전압은 100kΩ 저항을 통해 방전하기 시작한다. 리모컨의 버튼을 누를 때마다 펄스열은 초당 38,000 펄스 간격으로 빨리 방전한다. 따라서 클록 펄스는 BC557 트랜지스터의 컬렉터에 생성된다.

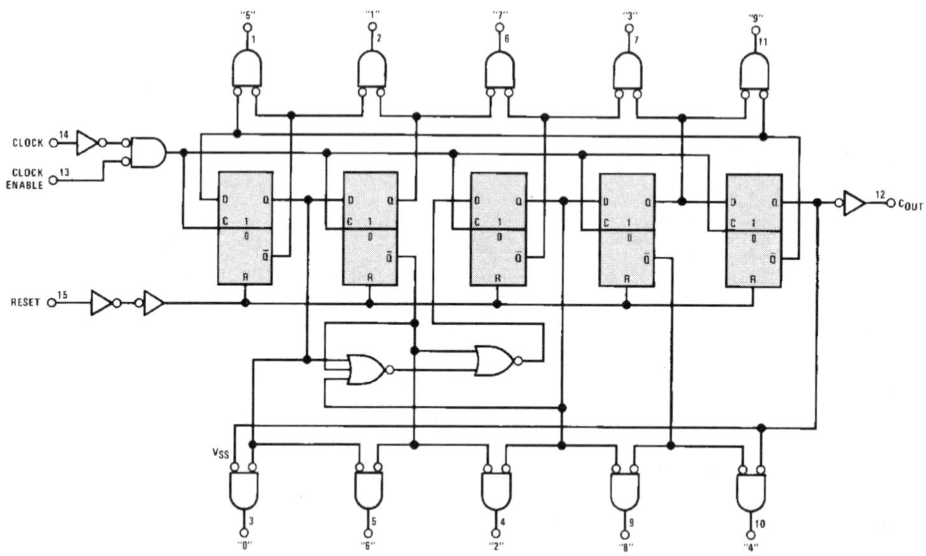

[그림 4-17] 10진 카운터 4017 내부 회로

클록 펄스는 10진 카운터 CD4017의 클록으로 공급되고 카운터가 동작하게 되면 CD4017의 2번 핀(Q_1)의 H와 L출력에 의해 LED가 점멸하게 되고 NPN 트랜지스터(BC547)를 통해 릴레이 스위치를 동작시키는 데 사용된다. 5V 소스에서 BC547에 의해 70mA로 증폭된 전류로 5V DC 릴레이가 동작하게 되고, 리모컨의 버튼을 누를 때마다 릴레이의 스위치는 토글된다.

이 회로의 전원은 5V 레귤레이터 IC LM7805를 통해 공급된다. 또한 릴레이에 병렬 접속된 역방향 다이오드는 EMF(전자기장) 보호를 위한 것이다.

실험실습

(1) BCD 카운터 설계

BCD 카운터는 10개의 BCD 코드값(0000, 0001, 0010, …, 1000, 1001)을 상태값으로 가지는 카운터를 말하며, 십진 카운터(Decade Counter)라고도 한다.

1) 카운터 설계순서

① 설계하고자 하는 카운터의 상태도(상태천이도)를 작성한다.

② 상태도를 이용하여 입출력 변수를 정한 다음 상태도를 작성한다.

③ 설계할 카운터에 사용할 플립플롭의 종류를 결정한 후 플립플롭 여기표를 작성한다.

④ 상태도에 여기표를 확장하여 동작표를 작성한다.

⑤ 카르노 맵을 이용하여 간략화된 각 플립플롭의 입력함수를 구한다.

⑥ 각 플립플롭의 입력 논리식을 이용하여 카운터 회로를 완성한다.

(2) 카운터 설계

1) 상태도 작성

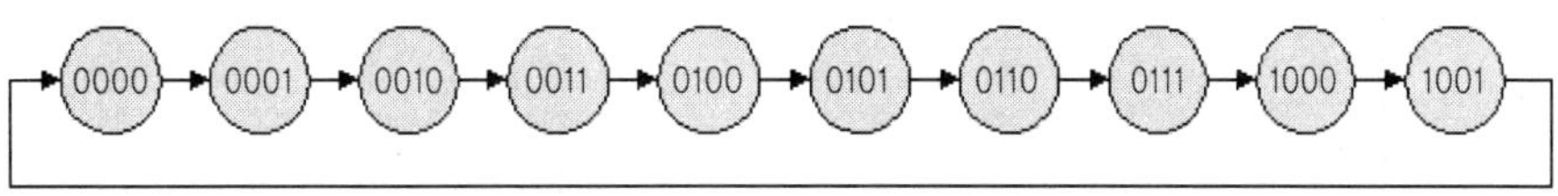

2) 상태표 및 여기표 작성

펄스 계수	D C B A	J_A K_A	J_B K_B	J_C K_C	J_D K_D
0	0 0 0 0				
1	0 0 0 1				
2	0 0 1 0				
3	0 0 1 1				
4	0 1 0 0				
5	0 1 0 1				
6	0 1 1 0				
7	0 1 1 1				
8	1 0 0 0				
9	1 0 0 1				
0	0 0 0 0				

3) 카르노 맵을 이용한 논리식 간략화

J_A

DC \ BA	0 0	0 1	1 1	1 0
0 0				
0 1				
1 1				
1 0				

K_A

DC \ BA	0 0	0 1	1 1	1 0
0 0				
0 1				
1 1				
1 0				

$J_A = K_A =$

J_B

DC \ BA	0 0	0 1	1 1	1 0
0 0				
0 1				
1 1				
1 0				

K_B

DC \ BA	0 0	0 1	1 1	1 0
0 0				
0 1				
1 1				
1 0				

$J_B = K_B =$

J_C

DC \ BA	0 0	0 1	1 1	1 0
0 0				
0 1				
1 1				
1 0				

K_C

DC \ BA	0 0	0 1	1 1	1 0
0 0				
0 1				
1 1				
1 0				

$J_C = K_C =$

J_D

DC \ BA	0 0	0 1	1 1	1 0
0 0				
0 1				
1 1				
1 0				

K_D

DC \ BA	0 0	0 1	1 1	1 0
0 0				
0 1				
1 1				
1 0				

$J_D = K_D =$

4) 논리회로 구현

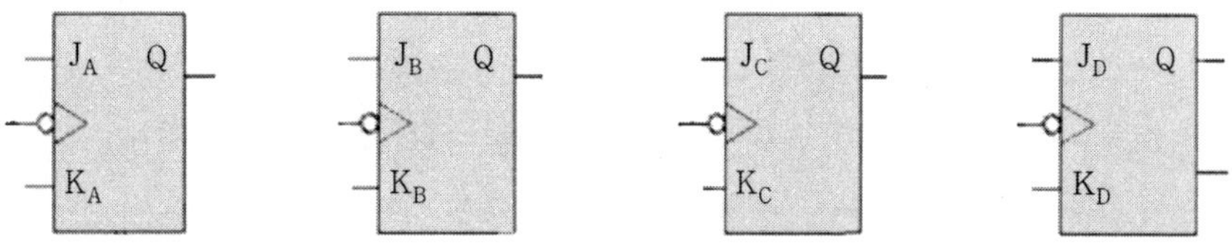

5) 설계한 카운터 회로를 브레드보드에 구성하여 동작을 확인하고 타이밍 차트를 작성한다.

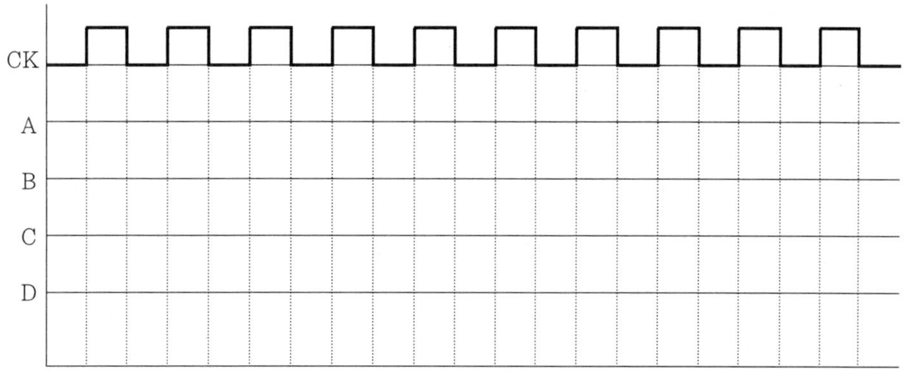

4-4 | 시프트 레지스터

(1) 레지스터

레지스터(Register)는 데이터를 저장하기 위해 플립플롭들을 여러 개 모아놓은 회로를 말한다. 레지스터는 디지털 시스템 간의 직렬 · 병렬 데이터 전송이나 각종 연산 등에 이용되고 있다. [그림 4-18]에 가장 간단한 형태의 4비트 레지스터를 나타내었다. 그림에 나타낸 4비트 레지스터는 D 플립플롭 4개로 구성되어 있으며, 모든 플립플롭들의 클록 단자는 하나로 묶여 있음을 볼 수 있다. 따라서 클록 CLK의 상승 모서리 시점마다 모든 플립플롭들이 동시에 각자의 입력 I_i 값을 받아들여 Q_i에 저장하게 된다. 출력 A_i의 값은 저장된 Q_i값과 같다.

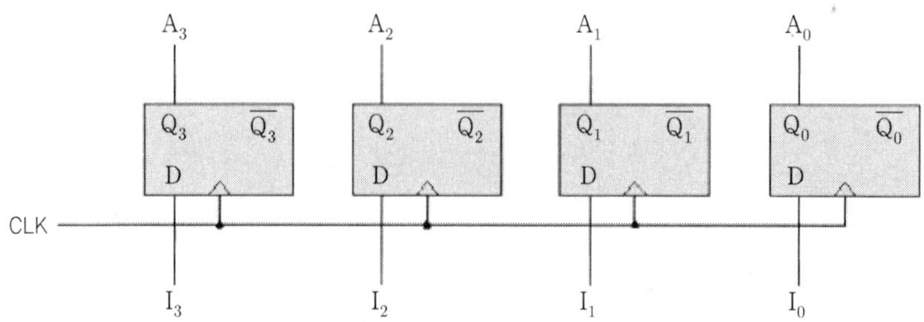

(a) 회로도

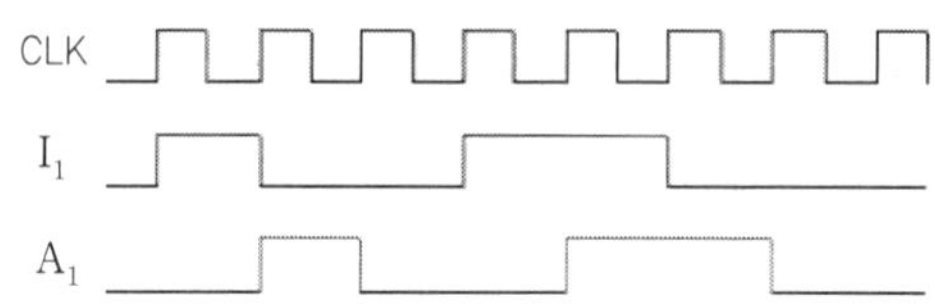

(b) 타이밍도

[그림 4-18] PIPO 레지스터

(2) 시프트 레지스터

시프트 레지스터(Shift Register)란 [그림 4-19]의 회로와 같이 각 플립플롭의 출력이 옆에 있는 플립플롭의 입력에 차례로 연결되어 있어서 클록 펄스가 들어올 때마다 저장된 2진 정보가 한 자리씩 옆으로 이동되는 레지스터를 말한다.

시프트 레지스터는 주로 입력된 데이터를 저장하고 자리이동을 하는 데 사용되며 입출력 방식에 따라 직렬-직렬, 직렬-병렬, 병렬-직렬, 병렬-병렬의 4가지 방식으로 분류되며, 데이터 이동 방식에 따라 좌측 시프트, 우측 시프트, 양방향 시프트, 만능 시프트 등 4가지 방식이 있다. 가장 간단한 형태의 시프트 레지스터 회로와 타이밍 차트를 [그림 4-20]에 나타내었다.

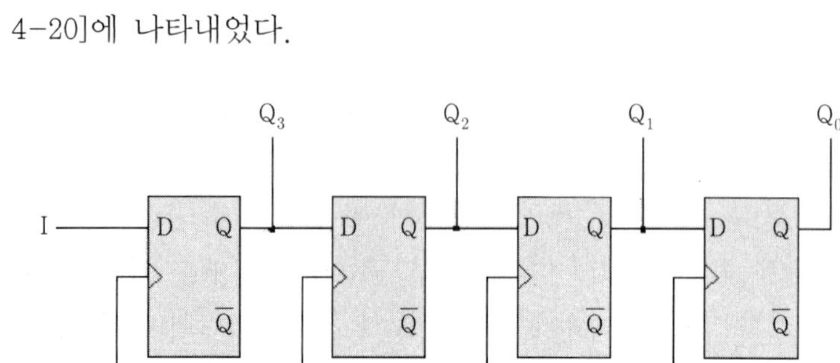

[그림 4-19] 우측 시프트 레지스터

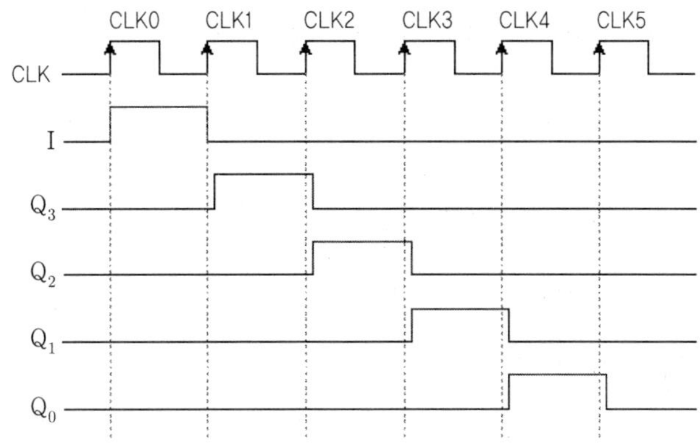

[그림 4-20] 시프트 레지스터의 타이밍도

(3) 전기능 시프트 레지스터

[그림 4-21]과 같은 회로는 4bit 시프트 레지스터인 SN7495 내부 회로이다. 이 레지스터는 SISO, SIPO, PISO, PIPO의 모든 입출력 기능을 수행할 수 있다. 만능(Universal) 시프트 레지스터는 이 레지스터의 기능에 좌측 시프트 기능이 추가됨으로써 모든 기능을 다 포함한 레지스터이다.

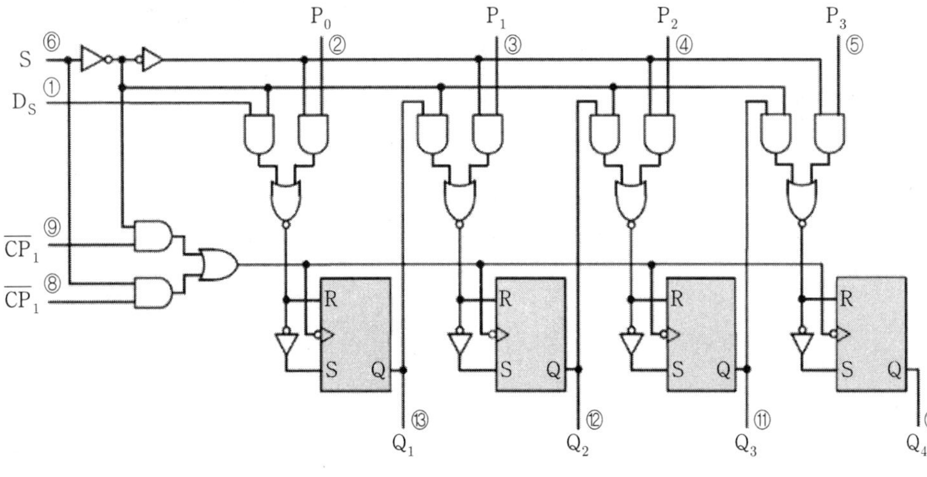

[그림 4-21] SN7495 전기능 시프트 레지스터

(4) 병렬 로드 기능을 갖는 양방향 시프트 레지스터

병렬 로드 기능을 갖는 양방향 시프트 레지스터(Bidirectional Shift Register with Parallel Load)를 [그림 4-22]에 나타내었다.

이 레지스터는 동작 모드를 제어하는 입력신호 S_1S_0의 값에 따라 여러 가지 기능을 수행할 수 있다. 즉, 제어신호 $S_1S_0 = 00$일 경우에는 레지스터의 값에 변화가 없이 현재값을 계속 유지하며, $S_1S_0 = 01$일 경우에는 오른쪽 방향 자리이동 기능을 수행하고, $S_1S_0 = 10$일 경우에는 왼쪽 방향 자리이동 기능을 수행하고, $S_1S_0 = 11$일 경우에는 병렬 로드 기능을 수행한다.

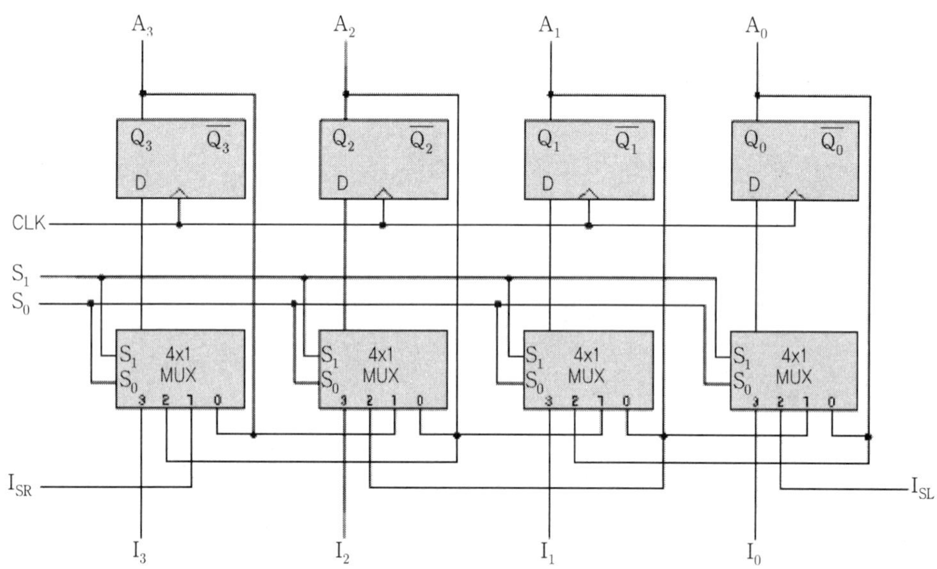

[그림 4-22] 병렬 로드 기능을 가진 시프트 레지스터

실험실습

(1) 레지스터 동작이해

1) [그림 4-21]의 시프트 레지스터 동작을 분석하여 회로의 기능을 이해한다.

동 작	동 작 내 용
SHIFT RIGHT	
SISO	
SIPO	
PISO	
PIPO	

2) [그림 4-22]의 병렬 로드 기능을 가진 시프트 레지스터의 동작 진리표를 작성한다.

S_1 S_0	동 작 내 용
0 0	
0 1	
1 0	
1 1	

(2) 시프트 레지스터 회로의 구성 및 특성 측정

1) SN74164 내부 회로를 참고하여 [그림 4-23]의 8bit 시프트 레지스터를 동작 실험할 수 있도록 회로구성을 한다. 단, H와 L 데이터를 입력할 수 있는 SW 저항, Reset 회로, 7414를 사용하여 Shift 펄스를 가할 수 있는 클록 발생 회로, 클록 발생 확인용 LED 등을 사용한다.

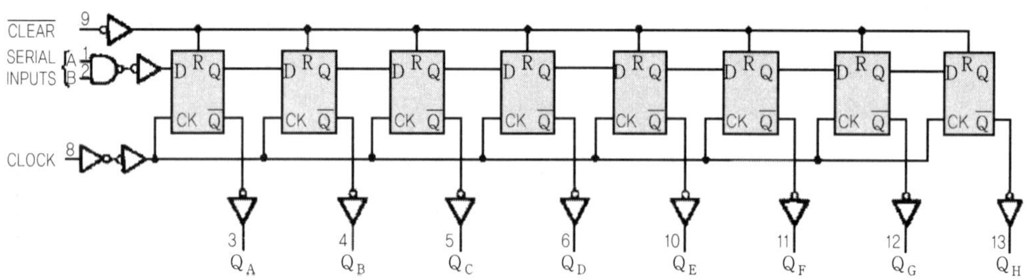

[그림 4-23] 8bit 시프트 레지스터 SN74164의 내부 회로

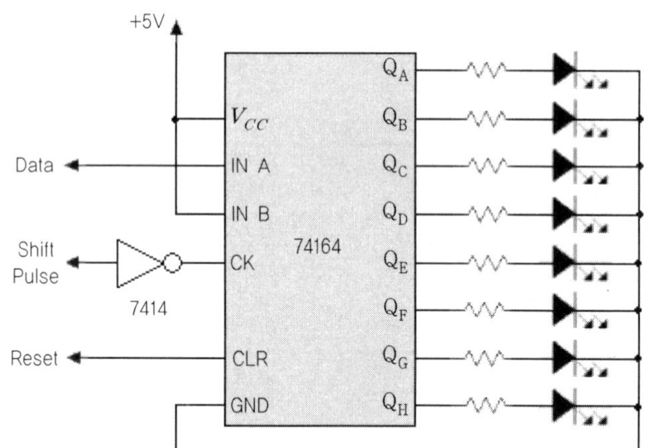

[그림 4-24] 8bit 시프트 레지스터

2) 완성된 회로 중 Shift 펄스 발생회로를 NE555를 이용한 클록 발생기로 대체하여 회로를 구성하고 동작을 확인한다.

3) 위의 시프트 레지스터를 링 카운터로 동작시키려면 회로를 어떻게 수정해야 하는가? 링 카운터로 수정한 회로를 구성하고 동작을 확인한다.

① 회로수정

② 동작상태

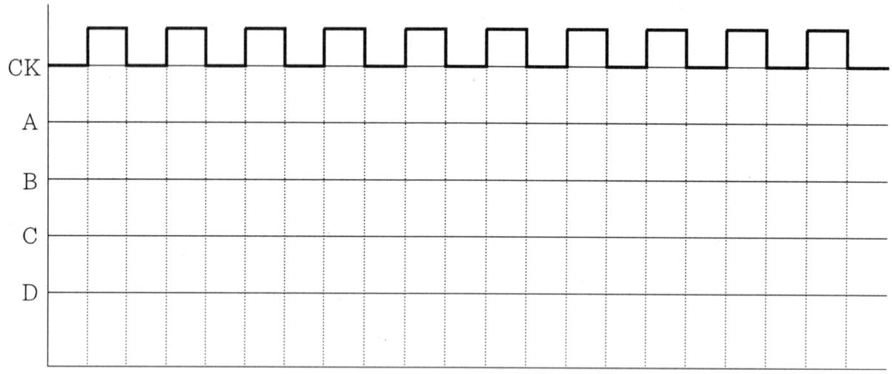

4-5 | 메모리 확장

(1) ROM

ROM은 Read Only Memory로 읽을 수만 있는 메모리이기 때문에 전원이 없어도 내용이 지워지지 않는다.

ROM은 다시 데이터를 써넣는 횟수와 방법에 의해 여러 가지로 나눌 수 있다.

칩을 만들 때 제조회사에서 내부에 각종 자료를 미리 기록해서 생산하는 것이 마스크롬(Mask ROM)이다.

내부에 데이터를 써넣을 수 있도록 만든 칩을 PROM(Programmable ROM)이라 하며 오직 한 번만 지우고 써넣을 수 있는 것을 OTPROM(One Time PROM), 여러 번 지우고 쓸 수 있는 것을 EPROM(Erasable PROM)이라 한다.

(2) RAM

RAM은 Random Access Memory로 읽고 쓸 수도 있는 대신 전원이 나가버리면 모든 내용이 지워진다.

1) S램(Static RAM)

CPU 캐시로 쓰는 S램은 D램과 달리 리프레시가 필요 없다. 덕분에 데이터를 쓰고 지우는 속도가 무척 빠르고 안정적이다. 하지만 값이 비싸다. 수백 MB에 이르는 기본 메모리로 쓰기엔 부담스럽다. 다만, CPU 캐시로 몇십~몇백 Kbyte만 쓸 뿐이다.

2) D램(Dynamic RAM)

기본 메모리로 쓰는 D램은 데이터를 계속해서 가지고 있지 못하므로 주기적으로 리프레시를 해야 한다. S램보다 값이 싸고 종류가 EDO램, SD램, DDRSD램, RD램이 있다.

RAM은 정보를 저장하거나 저장된 정보를 읽어낼 수 있는 기억장치를 말한다. 일반적으로 기억장치는 주소(Address) 개념을 가진다. 주소에 대한 필요성을 설명하기 위해 여러 가지 물건들을 저장할 수 있는 매우 커다란 창고가 있다고 가정하고, 이 창고에 물건들을 저장하였다가 다음에 쉽게 꺼낼 수 있는 효율적인 방법을 생각해 보자.

만일 물건을 아무 생각 없이 창고의 빈 공간 아무데나 넣는다면, 물건이 많이 쌓였을 경우 특정 물건을 찾아 꺼내려고 할 때 어디에 보관했었는지 찾기가 쉽지 않을 것이다. 따라서 커다란 창고의 공간을 일정한 크기의 작은 공간들로 구분하고 이들 작은 공간마다 번호(주소)를 차례로 붙여 놓으면 효율적으로 물건을 저장하고 꺼낼 수 있을 것이다. 즉, 물건을 저장할 때 저장장소의 번호(주소)를 알아 놓으면 다음에 물건을 꺼낼 때 그 번호에 해당하는 공간에 가면 바로 물건을 찾을 수 있게 된다.

이와 같은 주소 개념이 기억장치에 그대로 적용된다. 일반적으로 기억장치는 많은 정보를 저장할 수 있는 커다란 창고로 생각할 수 있으며, 저장된 정보를 효율적으로 저장하고 다시 꺼낼 수 있도록 하기 위해 커다란 저장공간을 보다 작은 영역으로 분리하고 각 영역마다 주소를 붙여 관리한다.

[그림 4-25]에 RAM 기억장치의 개념도 및 블록도를 나타내었다. 그림에 나타낸 RAM은 0번지부터 2^n-1번지까지 총 $2n$개의 주소를 가지며, 각 주소번지마다 m비트의 정보를 저장할 수 있다. 이와 같은 RAM은 $2^n \times m$ 비트의 저장용량을 가진다고 말한다. $2^n \times m$비트 RAM은 주소 입력선 n개, 데이터 입출력 선 m개, 읽기/쓰기 제어선 등을 가진다.

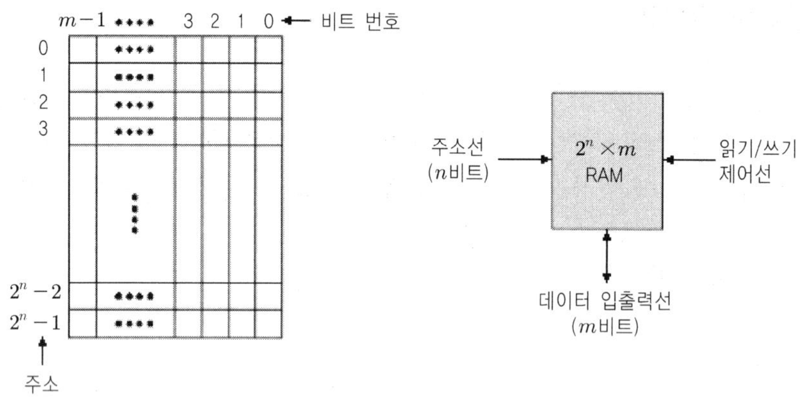

[그림 4-25] RAM의 개념도 및 블록도

(3) 메모리 셀의 설계

1) 입력변수

S : 선택신호

$R/\overline{W}$: 읽기/쓰기 제어신호

I : 입력 데이터($R/\overline{W}=0$일 때에만 사용됨)

2) 출력변수

Y : 출력 데이터 ($R/\overline{W}=1$일 때에만 의미 있음)

3) 상태변수

Q : 소자에 기억된 데이터 값

4) 여기표 작성

입 력		다음상태	출 력
S	$R/\overline{W}$	Q_{n+1}	Y
0	X	Q_n	0
0	1	1	0
1	1	Q_n	Q_n

5) 상태표 및 동작표

입 력			현재 상태	다음 상태	FF 입력		출 력
S	$R/\overline{W}$	I	Q_n	Q_{n+1}	S	R	Y
0	0	0	0	0	0	X	0
0	0	0	1	1	X	0	0
0	0	1	0	0	0	X	0
0	0	1	1	1	X	0	0
0	1	0	0	0	0	X	0
0	1	0	1	1	X	0	0
0	1	1	0	0	0	X	0
0	1	1	1	1	X	0	0
1	0	0	0	0	0	X	0
1	0	0	1	0	0	1	0
1	0	1	0	1	1	0	0
1	0	1	1	1	X	0	0
1	1	0	0	0	0	X	0
1	1	0	1	1	X	0	1
1	1	1	0	0	0	X	0
1	1	1	1	1	0	X	1

6) 카르노 맵을 이용한 논리식 간소화

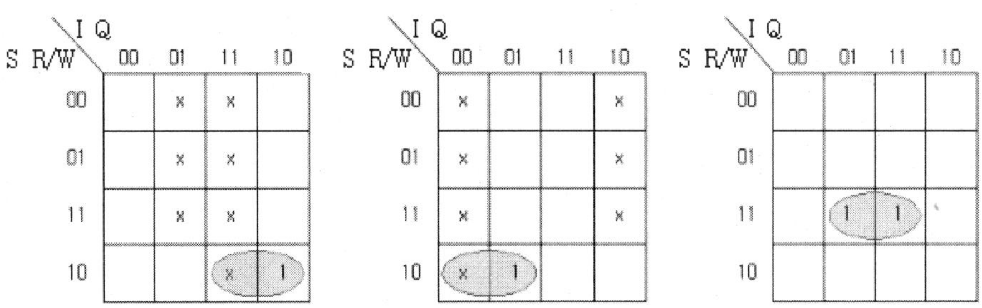

[그림 4-26]

7) 논리식

$$S_0 = S\overline{(R/\overline{W})}I,\ R_0 = S\overline{(R/\overline{W})}\ \overline{I}\ ,\ Y = S(R/\overline{W})Q$$

8) 메모리 셀

· 1비트 정보를 저장하는 메모리 셀(Cell)의 내부 회로를 [그림 4-27]에 나타냈다. 그림에서 S_i는 선택신호로 이 신호값이 1일 때 메모리 셀이 동작한다. 신호는 1일 때 읽기동작을, 0일 때 쓰기동작을 하도록 하는 제어신호이다. I_i 신호는 메모리에 쓰기동작을 할 때 입력되는 데이터 비트이다. Y_i 신호는 메모리로부터 읽기동작을 할 때 출력되는 데이터 비트이다.

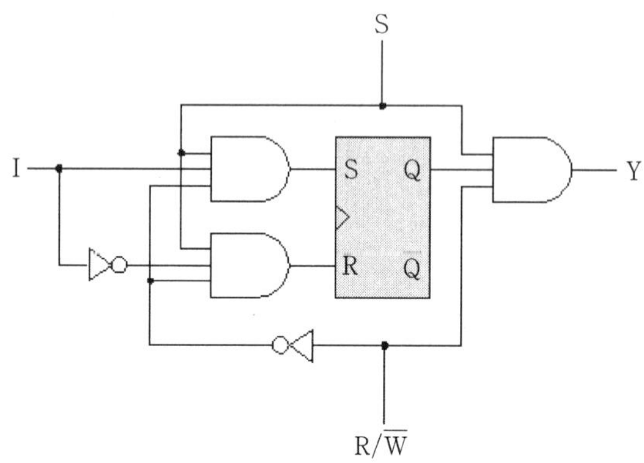

[그림 4-27] 메모리 셀 회로도

(4) 메모리 회로

〈표 4-3〉 RAM 동작표

입 력		동 작
E	R/$\overline{W}$	
0	X	no operation
1	0	write
1	1	read

〈표 4-4〉 디코더 진리표

입 력		출 력
E	A_1 A_0	S_0 S_1 S_2 S_3
0	X X	0 0 0 0
1	0 0	1 0 0 0
1	0 1	0 1 0 0
1	1 0	0 0 1 0
1	1 1	0 0 0 1

[그림 4-28]은 4×3 RAM 회로도이다. RAM 회로 내부에 존재하는 디코더는 E = 1일 경우 주소선으로부터 주소값을 입력받아 해당되는 번지에 속한 셀들을 선택하는 역할을 수행한다.

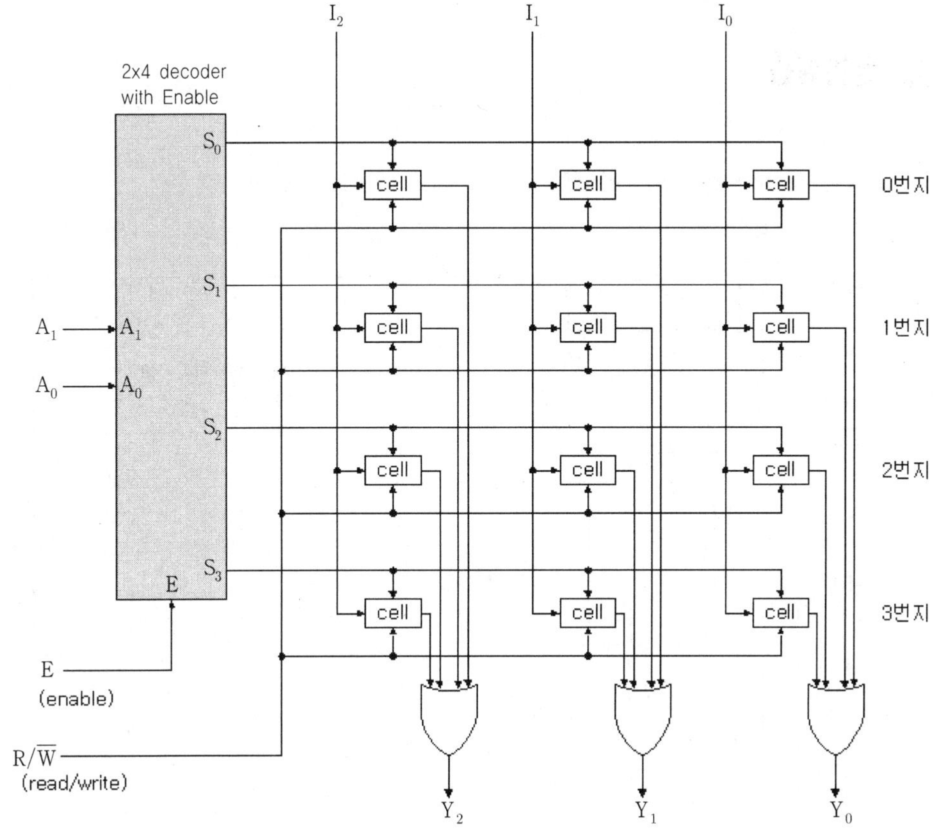

[그림 4-28] 4×3 RAM 회로도

예를 들어 주소선에 $A_1A_0 = 00$이 입력되면 디코더의 출력 $S_0 \sim S_3$ 중 S_0만 1이 되고, 따라서 이 S_0선에 연결되어 있는 맨 윗줄 3개의 셀들(0번지)만이 1을 공급받게 된다. 셀 입장에서 이 1값은 마치 Enable 신호가 들어온 것으로 간주되며, 따라서 맨 윗줄에 있는 3개의 셀들만이 선택되어 동작하게 된다. 같은 원리로 주소선에 $A_1A_0 = 01$이 입력되면 디코더의 출력선 S_1만이 1이 되고 따라서 두 번째 줄에 위치한 3개의 셀들(1번지)만이 선택되어 동작하게 될 것이다.

만일 디코더의 Enable 신호선에 $E = 0$이 입력되면 디코더의 출력선 $S_0 \sim S_3$은 모두 0이 되고 따라서 모든 셀들이 동작을 하지 않는다.

실험실습

1) 다음의 16×4bit 메모리 회로를 구성하고 동작을 확인한다.

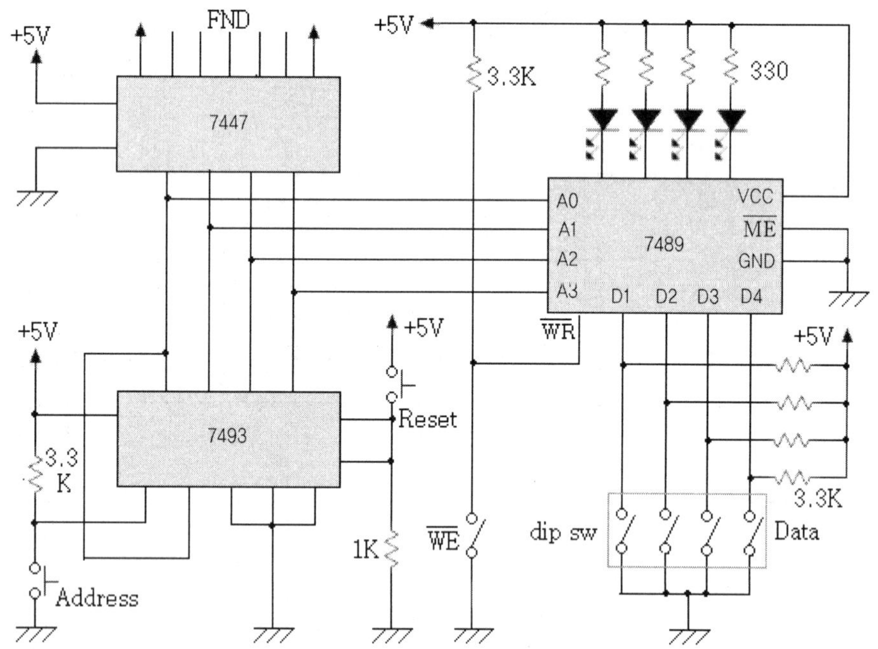

2) Address SW를 사용하여 임의의 주소를 선택한 후 Dip SW를 사용하여 저장할 데이터를 선정한 다음 $\overline{WE}$ SW를 눌러 데이터를 저장한다.

3) 저장된 데이터는 LED의 점등상태로 확인한다.

4) Reset SW를 눌러 주소값을 초기화하고 새로운 주소를 선택하여 같은 방법으로 데이터를 저장한다.

5) 0~15번지까지 임의 데이터를 저장하고 다음 표를 완성한다.

순번	주소값	입력 데이터 $D_1 D_2 D_3 D_4$	출력 (LED 상태)	순번	주소값	입력 데이터 $D_1 D_2 D_3 D_4$	출력 (LED 상태)
1				9			
2				10			
3				11			
4				12			
5				13			
6				14			
7				15			
8				16			

6) 다음 회로에 SN7489 1개 등 소요부품을 이용하여 32×4bit의 용량으로 메모리의 주소를 확장하고, 우측 빈칸에 확장 부분을 그려 완성한다.

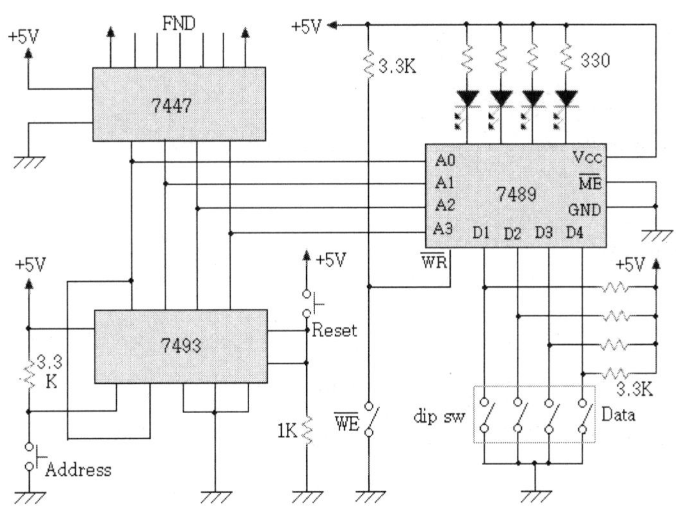

7) 다음 회로에 SN7489 1개와 Dip SW 및 LED 등 기타 소요부품을 이용하여 16×8bit의 용량으로 메모리의 데이터를 확장하고, 우측 빈칸에 확장 부분을 그려서 완성한다.

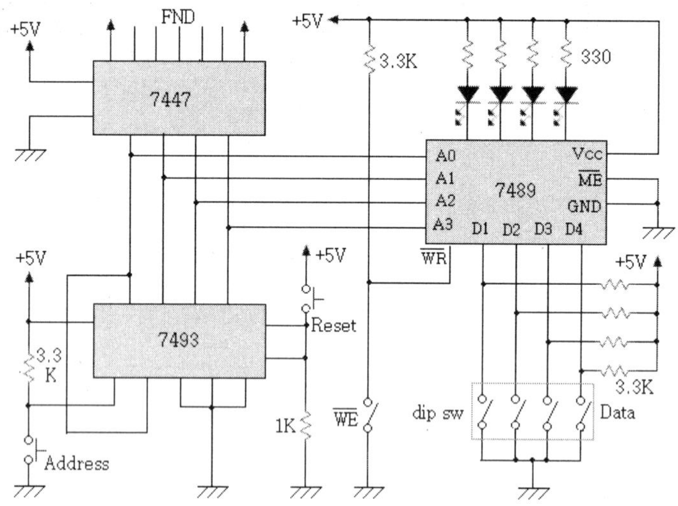

8) 확장된 메모리 회로를 브레드보드에 구성하여 각각 동작을 확인한다.

4-6 | D/A 변환기

(1) D/A 변환기

D/A 변환기(DAC : Digital to Analog Converter)는 부호나 숫자의 조합으로 나타내어지는 양에 의한 정보를 물체의 위치나 전압의 크기와 같은 연속적인 양으로 변환하기 위한 장치이며, 디지털 정보를 아날로그 출력으로 변환한다. 이에 반하여 A/D 변환기는 아날로그 정보를 디지털 데이터로 변환한다.

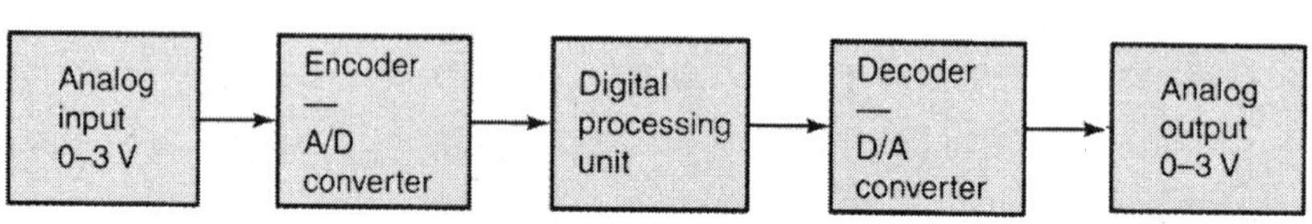

[그림 4-29] A/D 변환과 D/A 변환

(2) 2진식 사다리형 회로망

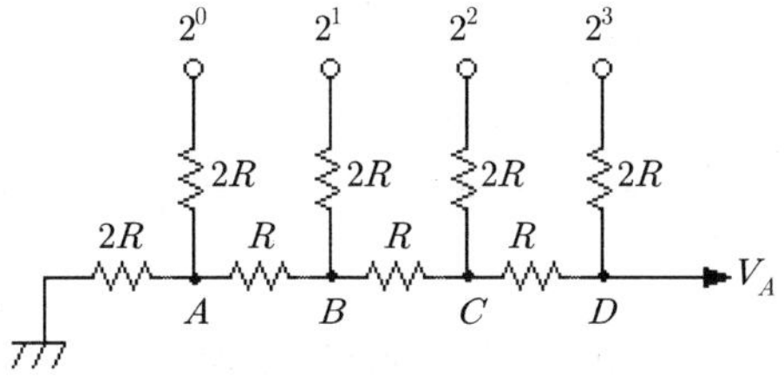

[그림 4-30] 저항 사다리형 회로

① [그림 4-31]의 2진식 사다리형 회로망에서 모든 디지털 입력단이 접지되었다고 하면 이 회로망의 절점에서 시작하여 종단 측을 본 저항은 R이다.

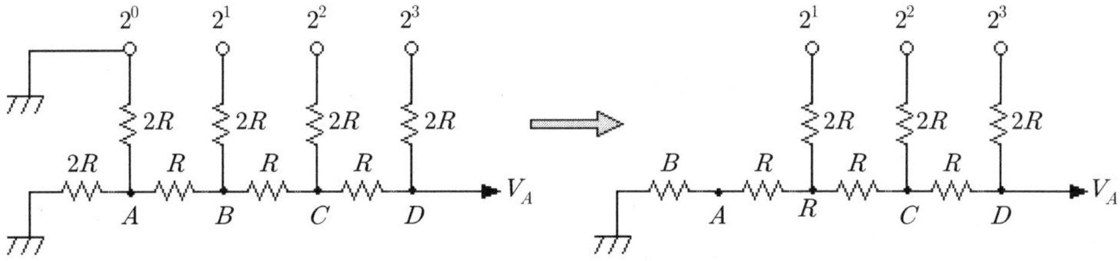

[그림 4-31] 사다리형 회로의 해석

임의의 절점으로부터 종단저항 쪽으로 뒤돌아본 것이나 디지털 입력 쪽으로 본 전체 저항은 $2R$이다. 이것은 디지털 입력이 접지거나 $+V$이거나 같다.

② 디지털 입력이 1000이라면 등가회로와 출력전압은 다음과 같다.

$$V_A = V \times \frac{2R}{2R + 2R} = \frac{+V}{2}$$

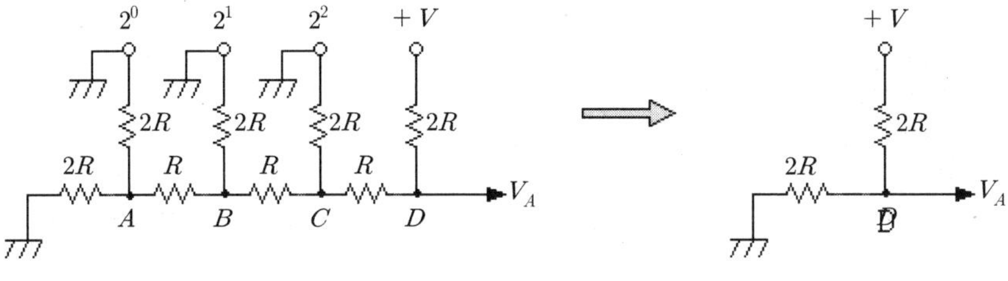

[그림 4-32] 등가회로

③ 디지털 입력이 0100이라면 절점 C의 왼쪽 회로는 $2R$ 저항이다.

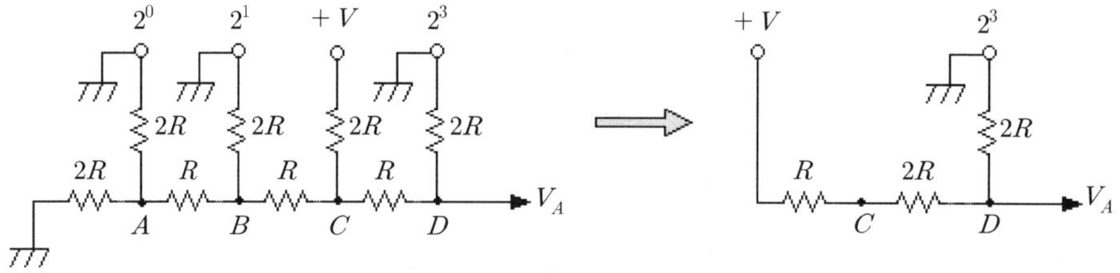

[그림 4-33] 테브난 등가회로

테브난 등가회로로 대치하면 전압원 $+V/2$와 직렬연결된 저항 R이다.

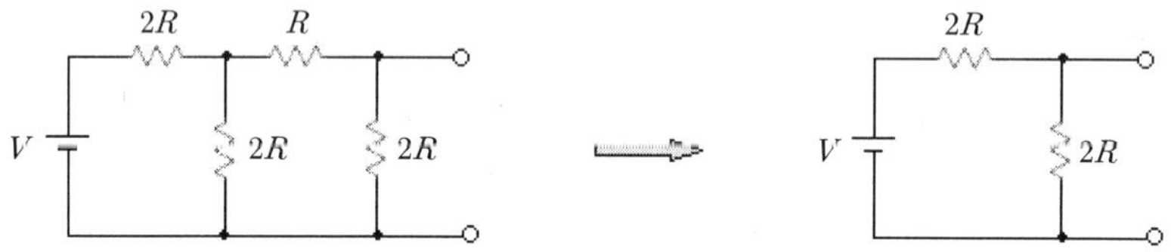

[그림 4-34] 테브난 정리

출력전압은 $V_A = \dfrac{+V}{2} \times \dfrac{\frac{2}{R}}{R+R+2R} = \dfrac{+V}{4}$

두 번째 상위 비트 1은 $+V/4$의 출력전압을 준다.

④ 위 과정을 계속하면 3번째 비트는 $+V/8$이 되고, 4번째 비트는 $+V/16$이 된다. 각 디지털 입력은 가중된 2진 출력전압으로 변환된다.

⑤ 2진식 사다리형 회로 출력전압은 〈표 4-5〉와 같다.

〈표 4-5〉 2진식 사다리형 회로 출력전압

비트 위치	2진 웨이트	출력전압
첫째 MSB	1/2	$V/2$
둘째 MSB	1/4	$V/4$
셋째 MSB	1/8	$V/8$
넷째 MSB	1/16	$V/16$
다섯째 MSB	1/32	$V/32$
여섯째 MSB	1/64	$V/64$
일곱째 MSB	1/128	$V/128$
⋮	⋮	⋮
N번째 MSB	$1/2N$	$V/2N$

(3) 사다리형 D/A 변환기

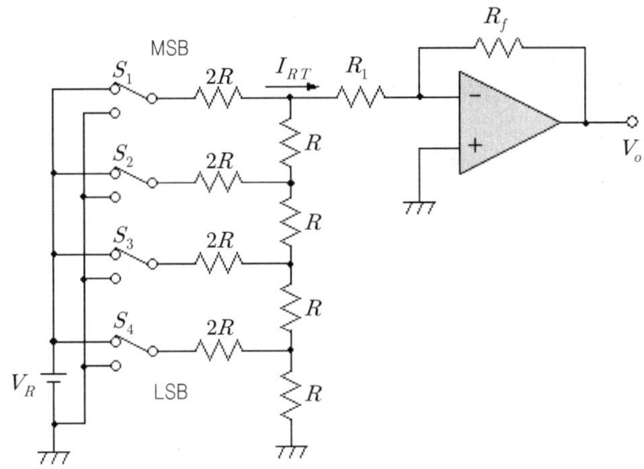

[그림 4-35] 사다리형 D/A 변환기

① [그림 4-35]의 회로에서 R_1을 흐르는 전류는

$$I_{RT} \approx S_1 \times 2^{-1} + S_2 \times 2^{-2} + S_3 \times 2^{-3} + S_4 \times 2^{-4}$$

에 비례하고, 출력전압은

$$V_0 = -R_1 \times I_{RT}$$

이 조건에서 $S_1 = 0$, $S_2 = 1$, $S_3 = 1$, $S_4 = 0$이면 출력전압은 $(0+4+2+0)$으로 6V가 된다.

② 만약 S_1만 1이고 나머지는 모두 0일 때, $R_1 = 1\text{k}\Omega$, $R_f = 8\text{k}\Omega$이라면,
전류 $I_{RT} = 1\text{mA}$, 출력전압 $V_o = 8\text{V}$

③ S_2만 1일 때 $I_{RT} = 1/2\text{mA}$, $V_o = 4\text{V}$

④ S_3만 1일 때 $I_{RT} = 1/4\text{mA}$, $V_o = 2\text{V}$

⑤ S_4만 1일 때 $I_{RT} = 1/8\text{mA}$, $V_o = 1\text{V}$

(4) 웨이티드 저항형 회로망 이용 D/A 변환기

① [그림 4-36]의 회로에서 가산기에 흐르는 전류는 스위치를 닫았을 때의 각 비트

에 웨이티드(Weighted) 저항에 의해 결정되며 스위치가 On된 각 비트 전체의 전류가 가산되어 R_f 에 흐른다.

② 출력전압

$$-V_0 = \left(\frac{1}{R} + \frac{1}{2R} + \frac{1}{4R} + \frac{1}{8R}\right) \cdot R_f \cdot V_R$$

$$= \frac{R_f V_R}{R}(b_3 2^0 + b_2 2^{-1} + b_1 2^{-2} + b_0 2^{-3})$$

각 스위치의 상태가 1001이면($(R_f \times V_R)/8 = 8\text{V}$ 라고 가정)

$$-V_0 = 8(1 \times 2^0 + 0 \times 2^{-1} + 0 \times 2^{-2} + 1 \times 2^{-3}) = 9\text{V}$$

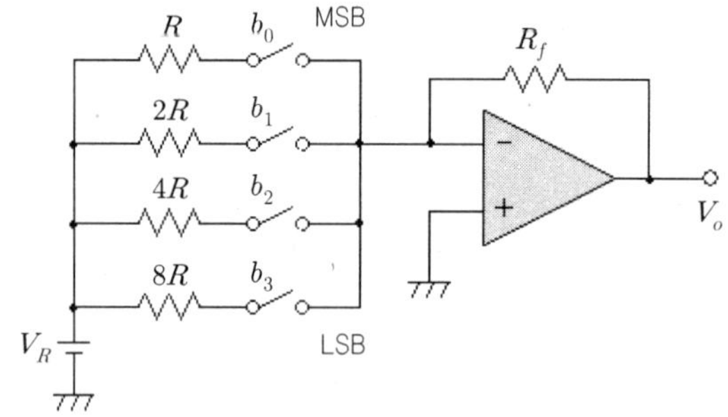

[그림 4-36] 웨이티드 저항형 D/A 변환기

실험실습

(1) D/A 변환기 구성

1) 다음의 D/A 변환기 회로의 디지털 입력회로를 완성하여 브레드보드에 구성한다.
2) 여러 경우의 디지털 입력에 따른 아날로그 출력전압을 확인한다.

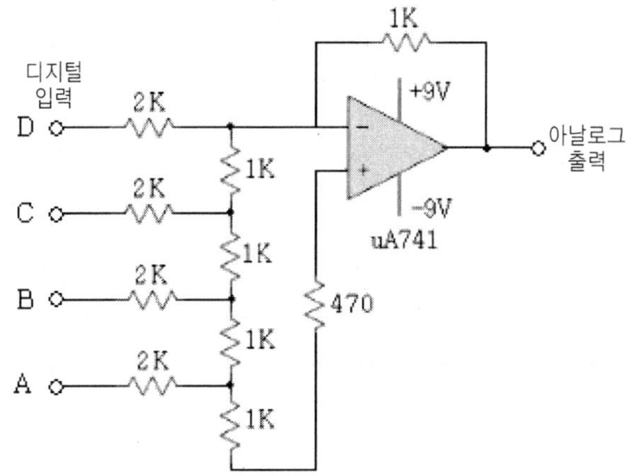

디지털 입력	0000	0011	0101	0111	1100	1111
아날로그 출력						

3) 다음의 D/A 변환기 회로를 구성하고 동작을 분석한다.

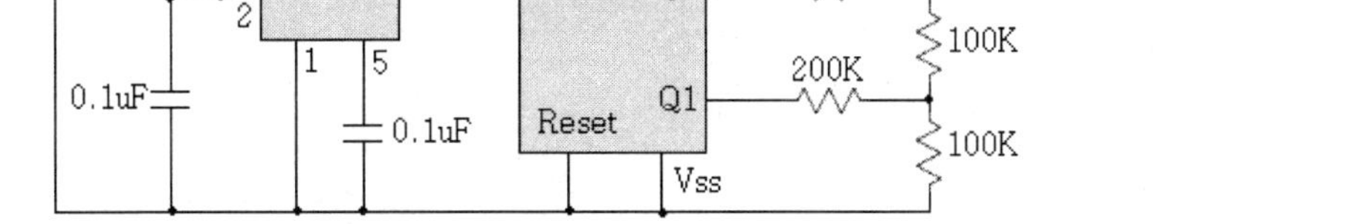

4) V_R을 18kΩ으로 조정하고 CK의 파형과 OUT 파형을 비교 측정한다.

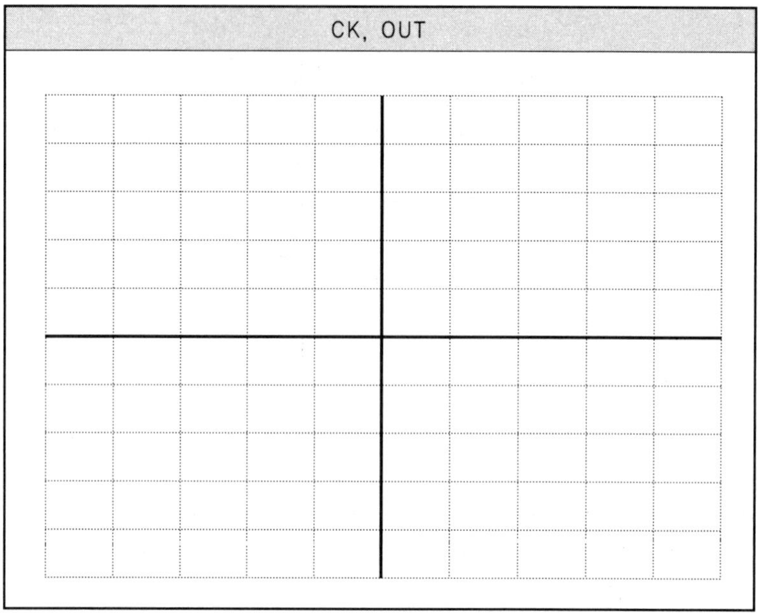

5) 각 디지털 입력에 따른 아날로그 출력전압을 측정하여 입출력 관계 그래프를 그린다.

6) 다음 그림의 D/A 컨버터 IC를 이용한 D/A 변환기의 Digital Input 단자에 2진 데이터를 인가할 수 있는 스위치 회로를 부가하여 동작시킨다.

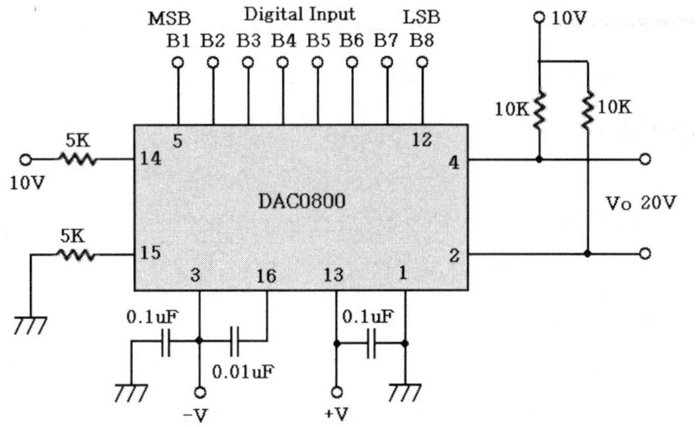

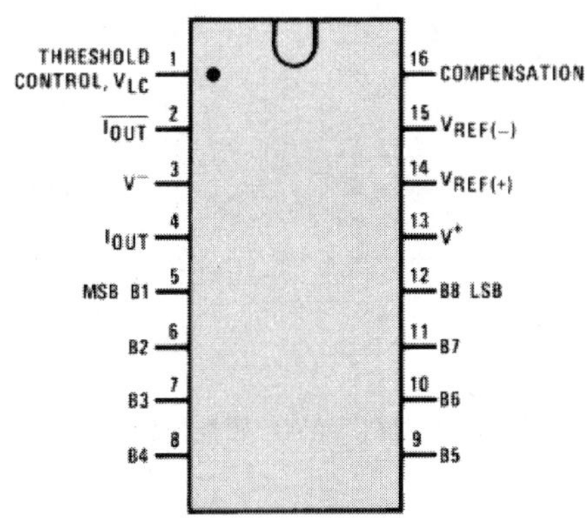

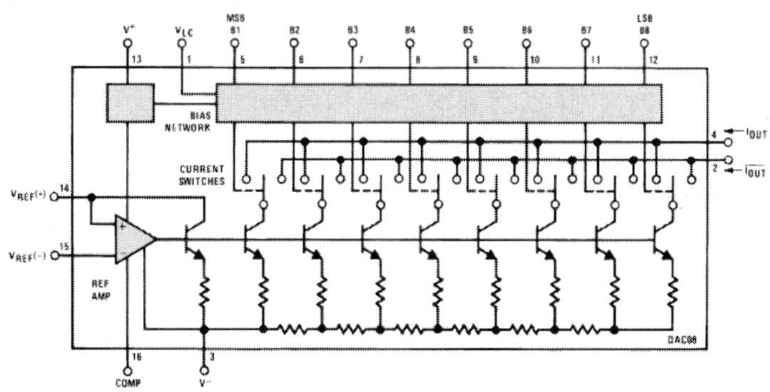

(2) DAC0800 IC를 이용하여 사용할 수 있는 간단한 시스템을 구상하여 회로를 설계하고 제작한다.

4-7 | A/D 변환기

(1) A/D 변환기

자연계의 여러 가지 신호는 대부분 시간에 따라 아날로그적(연속적)으로 변화한다. 우리는 이 신호들을 시간에 따라 그 크기를 알아내야 할 필요가 있다. 또 그 값들을 컴퓨터를 통해 처리하고 분석하기도 한다.

이 아날로그 신호를 컴퓨터에서 처리할 수 있는 디지털 값으로 변환해 주는 장치가 AD 변환기(ADC : Analog to Digital Converter)이다.

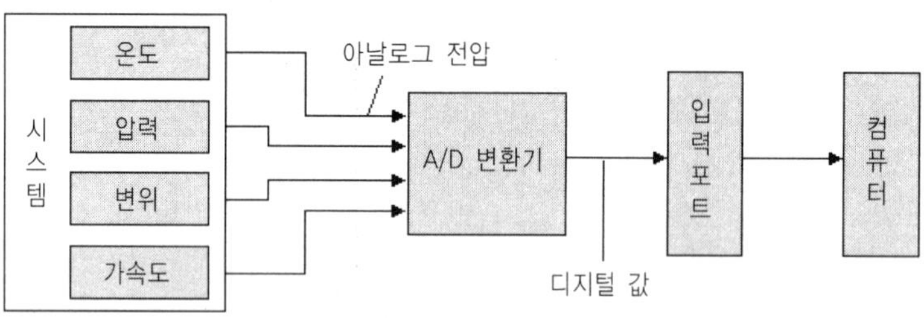

[그림 4-37] A/D 변환기의 이용

A/D 변환은 연속성 아날로그 신호를 표본화(Sampling), 양자화(Quantizing), 부호화(Binary Encoding)를 거쳐 이진 디지털 신호(Binary Digital Signal)로 변환시키는 과정이다. A/D 변환과정은 다음과 같다.

1) 표본화(Sampling)

표본화는 아날로그 전압파형을 일정한 시간 간격인 T초마다 세분(Chopping)하고, 그 사이에 있는 신호파형의 일부를 펄스로 뽑아내서 아날로그 양을 대표하는 진폭으로 삼는 과정을 말한다.

2) 양자화(Quantizing)

표본화된 펄스의 진폭을 디지털 2진 부호로 변화시키기 위하여 진폭의 레벨을 정수로 등분하게 되는데 몇 등분으로 할 것인지는 2진 부호를 몇 비트로 처리하는가에 달려 있다. 보통은 CPU의 데이터 버스와 같이 8비트 또는 16비트가 표준이다. 예를 들어 8비트이면 $2^8=256$ 등분이 되고 16비트이면 $2^{16}=65,536$ 등분이 된다.

3) 부호화(Encoding)

양자화된 펄스를 그 정수단계에 의하여 2진수 0과 1로 변환하는 과정이 필요하게 되는데 이것을 부호화라 하며, 표본화, 양자화, 부호화의 전 과정을 A/D 변환이라 한다.

(2) A/D 변환기의 종류

1) 병렬비교형 A/D 변환기

[그림 4-38]의 회로는 동일저항 8개, 비교기 7개로 구성된 3bit A/D 변환기로서 아날로그 입력 V_i의 레벨에 따라 그보다 높은 전압이 걸리는 비교기 출력은 1, 나머지 상위 비교기 출력은 0이 된다. 만약 아날로그 입력전압이 $3/8V_r < V_i < 4/8V_r$일 때 비교기 $C_1 \sim C_3$의 출력은 모두 1이 되고 비교기 $C_4 \sim C_7$ 출력은 모두 '0' 이 된다. A/D 변환기 출력은 011이다.

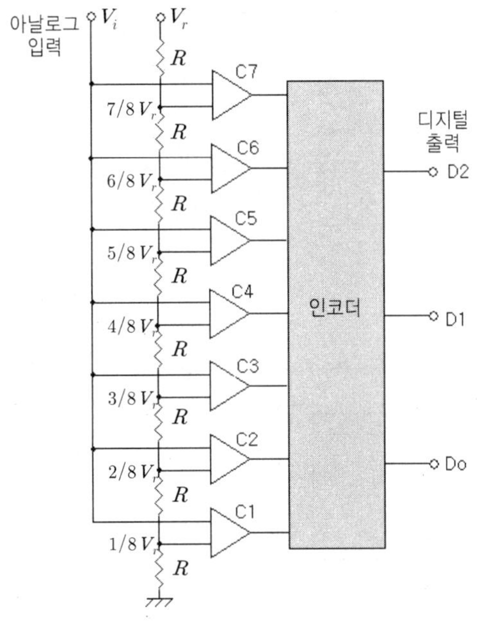

[그림 4-38] 3bit 병렬비교형 A/D 변환기

2) 카운터 램프형(추적형) A/D 변환기

입력전압이 기준전압보다 작아질 때(비교기의 출력이 0이 될 때)까지 톱니파를 이용한 기준전압을 증가시키면서 디지털 값을 카운트한다.

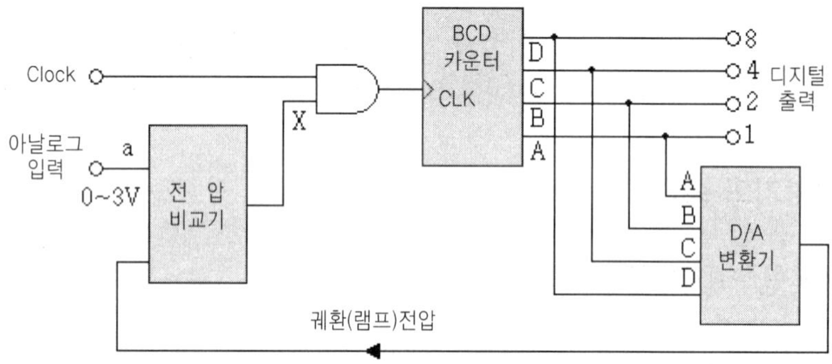

[그림 4-39] 추적형 A/D 변환기

3) 램프형 A/D 변환기

램프형 A/D 변환기는 클록 발생기, 램프 전압 발생기, 전압 비교기, 카운터로 구성된다. 이 변환기는 비교기에 의해 펄스 변환된 입력신호와 기준 램프 신호를 연속적으로 비교함에 의하여 입력신호 값에 비례하는 펄스 수를 카운트함으로써 2진 디지털 출력을 얻는다.

[그림 4-40]과 같이 경사전압이 입력전압보다 작아질 때까지 3개의 카운트를 발생한다. 또한 경사전압이 입력전압보다 작아질 때까지 6개의 카운트를 발생한다.

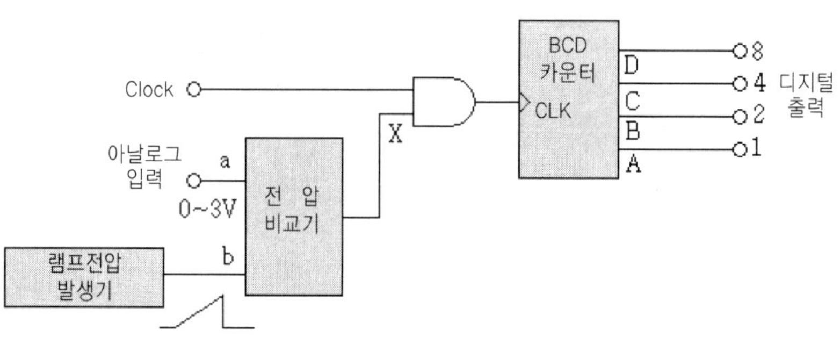

[그림 4-40] 램프형 A/D 변환기

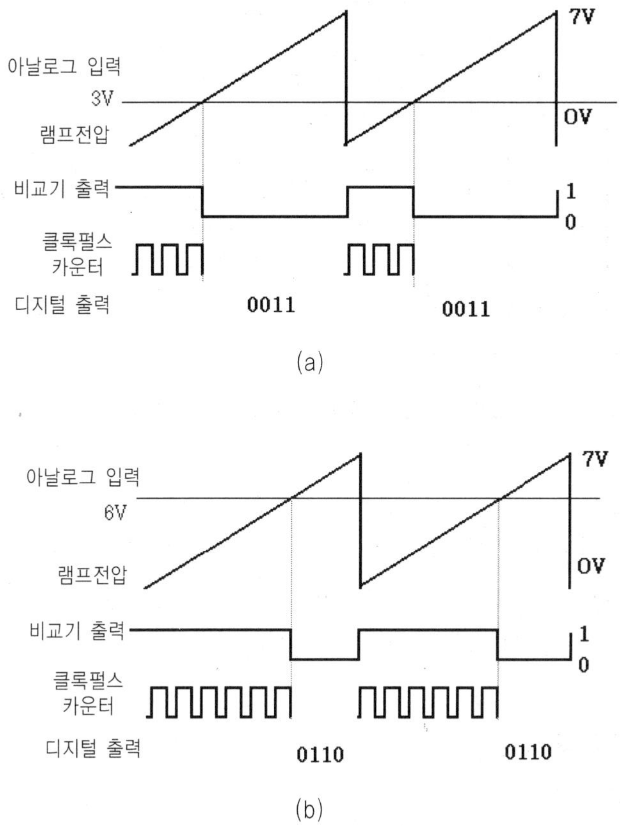

[그림 4-41] 램프형 A/D 변환기의 동작

변환시간은 클록 시간과 양자화 레벨 수의 곱이다. 예를 들어 1MHz의 클록을 갖는 12비트 비교기인 경우 그 변환시간은 $2 \times 1\mu S \times 4096 = 8192 mS$가 된다. 아날로그 입력전압이 높아질수록 카운트를 하기 위한 시간이 길어지는 단점이 있다.

4) 축차 근사형 A/D 변환기

최상위 비트로부터 순서대로 하위 비트 쪽으로 수정하여 가는 방법으로 DAC의 출력을 훨씬 빨리 아날로그 입력전압에 근사시킨다.

100→110→111→110의 과정으로 최종적으로 디지털 변환출력 110을 얻는다. 비교적 변환시간이 빠르고 회로도 간단하여 현재 저가형이면서 분해능이 비교적 높은 범용 A/D 변환기에 가장 널리 사용되고 있으며 변환 중에 아날로그 입력전압이 일정하게 유지되어야 하므로 샘플/홀드가 반드시 필요하다.

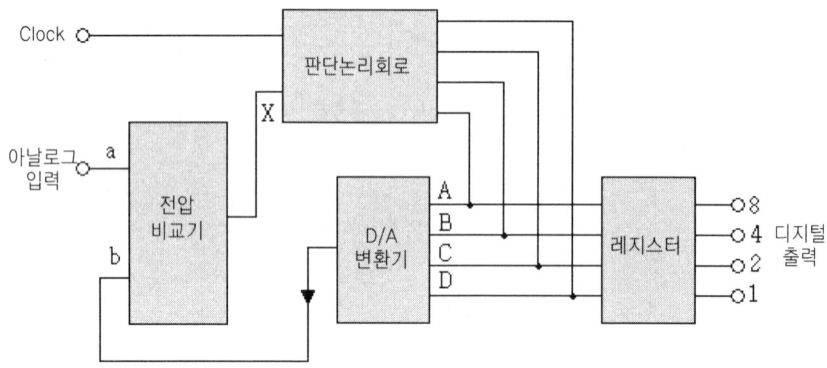

[그림 4-42] 축차 근사형 A/D 변환기

축차 근사형 A/D 변환기는 출력이 입력신호와 비교되는 판단논리와 D/A 변환기로 구성된다. 축차 근사 논리부에서 MSB를 1로 설정하여 비교기 입력전압과 비교하여 크면 1, 작으면 0을 출력하게 되며 비교기 출력이 0이면 다음 자리를 1로 다시 비교 출력이 입력에 접근하도록 순차적으로 접근한다.

(3) A/D 변환기의 분해능

충분히 붙어 있는 두 물체를 하나의 물체로 인식하지 않을 수 있는 능력을 분해능이라고 한다. 분해능이 높으면 아주 가까운 두 물체도 다른 물체로 인식하며, 분해능이 낮다면 멀리 떨어져 있는 두 물체를 하나로 인식한다.

즉, 아날로그 값을 최소한의 디지털 값으로 변환할 수 있는 능력이며, 예를 들어 0~5V 사이의 전압을 4bit의 ADC로 읽어 들일 경우와 10bit로 읽어 들일 경우 분해능을 비교하면 n비트 AD 컨버터의 경우 디지털 데이터의 출력 범위는 $0 \sim 2^n - 1$ 이므로 4bit의 경우는 0~15, 10bit의 경우 0~1023으로 나눌 수 있다. 즉, 4bit는 0~5V 사이의 전압을 $5/2^4 = 0.3125\text{V}$ 의 단위로 나타낼 수 있고, 10bit는 $5/2^{10} = 0.0048828125\text{V}$ 의 단위로 나타낼 수 있다. 후자가 당연히 전압의 변화에 따른 민감한 변화를 디지털 데이터의 값으로 알아낸다. 따라서 분해능의 값은 AD의 비트 수에 좌우하므로 비트 수가 높으면 높을수록 분해능이 좋다.

그러나 분해능이 좋을수록 가격이 비싸지므로 어느 경우에나 분해능을 매우 높일 필요는 없다.

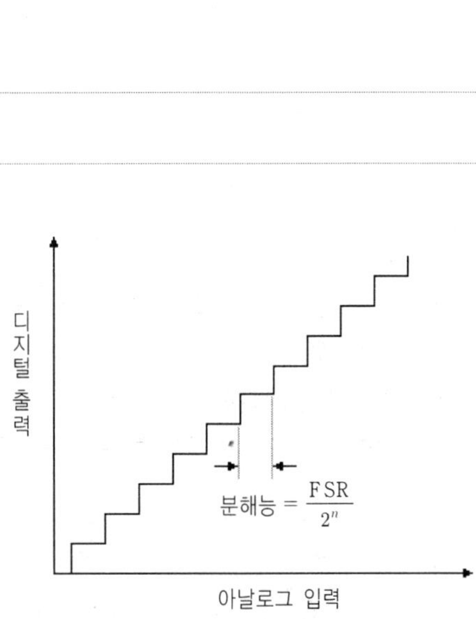

[그림 4-43] A/D 변환기의 분해능

실험실습

(1) NE555 타이머 IC를 이용한 간단한 A/D 변환기 구성

1) NE555를 이용한 비안정 멀티바이브레이터의 발진시정수 회로를 Vcc로부터 분리하여 입력단자에 직류 0~5V의 전압을 가하면서 출력 펄스의 주파수를 측정한다.

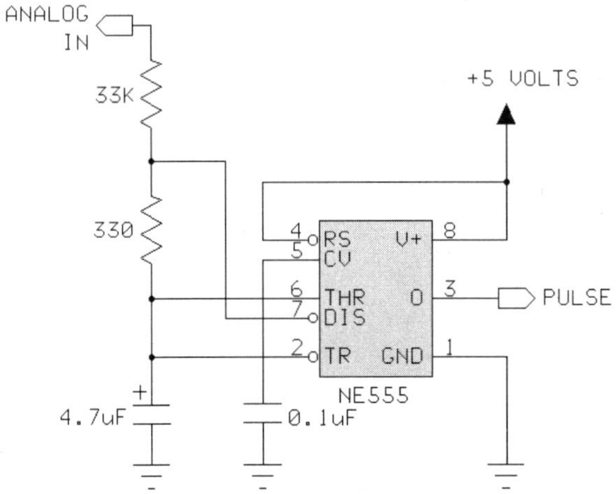

〈표 4-6〉 주파수 측정

0V	
1V	
2V	
3V	
4V	
5V	

(2) 디지털 전압계 구성

1) 회로의 클록 단자에 NE555를 이용한 펄스 발생기를 부가한다.
2) 회로의 Reset 입력에 리셋 회로를 부가한다.
3) 완성된 회로를 브레드보드에 구성하여 동작을 확인한다.
4) 아날로그 입력단자에 테스트 리드봉을 연결하여 직류전압을 측정한다.

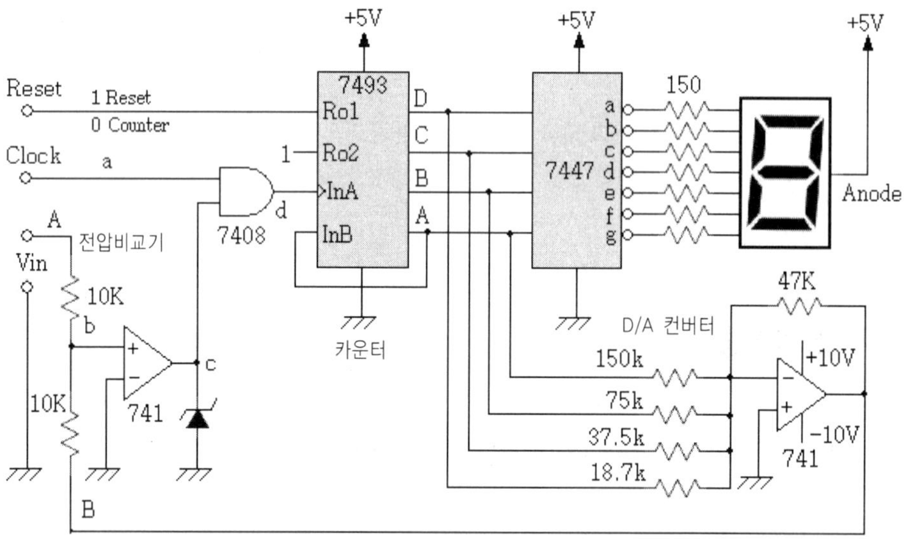

5) 입력전압을 0~5V까지 변화시키면서 회로의 a, b, c, d점의 전압과 파형을 측정한다.

측정점	전 압	파 형
a		
b		
c		
d		

4-8 | 디지털 조도 측정기

(1) A/D 변환기용 IC

[그림 4-44]는 축차 근사형 A/D 변환기용 IC ADC0804의 핀 배치도이다. 2개의 차동 아날로그 입력 $V_{IN}(+)$과 $V_{IN}(-)$가 있다. 실질적 아날로그 입력은 이들 전압의 차 $V_{IN} = V_{IN}(+) - V_{IN}(-)$이 되며, V_{IN}은 아날로그 GND에 연결한다. 일반적으로 기준전압 V_{ref}는 5V를 사용하므로 아날로그 입력전압의 범위는 0~5V가 된다. 디지털 출력 코드($D_0 \sim D_7$)는 8bit이므로 $\frac{5V}{8} = 19.6\,\text{mV}$의 분해능을 가진다.

클록 발진 주파수는 $\frac{1}{1.1RC}$가 되므로 CK IN 단자와 CK OUT 단자에 연결되는 R, C값으로 결정된다. 한편 GND는 아날로그와 디지털 GND로 구분되어 있으며 잡음발생에 의한 오동작 방지를 위해 분리시킨다.

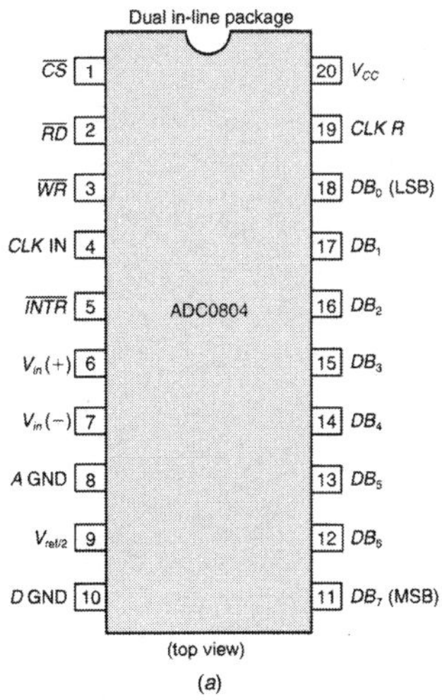

(a)

Pin No.	Symbol	Input/Output or Power	Description
1	$\overline{CS}$	Input	Chip select line from μP-control
2	$\overline{RD}$	Input	Read line from μP-control
3	$\overline{WR}$	Input	Write line from μP-control
4	CLK IN	Input	Clock
5	$\overline{INTR}$	Output	Interrupt line goes to μP interrupt input
6	$V_{in}(+)$	Input	Analog voltage (positive input)
7	$V_{in}(-)$	Input	Analog voltage (negative input)
8	A GND	Power	Analog ground
9	$V_{ref/2}$	Input	Alternate voltage reference (+)
10	D GND	Power	Digital ground
11	DB_7	Output	MSB data output
12	DB_6	Output	Data output
13	DB_5	Output	Data output
14	DB_4	Output	Data output
15	DB_3	Output	Data output
16	DB_2	Output	Data output
17	DB_1	Output	Data output
18	DB_0	Output	LSB data output
19	CLK R	Input	Connect external resistor for clock
20	V_{CC}(or ref)	Power	Positive of 5-V power supply and primary reference voltage

[그림 4-44] ADC0804의 핀 배치도 및 기능

$V_{ref}/2$ 는 변환기가 사용하는 아날로그 입력 범위를 바꾸기 위해 사용되는 선택입력단자이다. 이 입력이 연결되지 않으면 2.5V(5V/2)가 된다. 이 값에 따른 아날로그 입력의 범위는 다음과 같다.

$V_{ref}/2$	아날로그 입력전압 범위	분해능 mv
개방	0~5.0	19.6
2.25	0~4.5	17.6
2.0	0~4.0	15.7
1.5	0~3.0	11.8

(2) 조 도

① 조도(照度 : Illumination)란 단위면적에 입사하는 광속의 양을 말하며 단위는 럭스(Lux : lx)를 사용한다. 조도는 광원에 가까울수록 높고 멀어질수록 낮아지며, 그 값은 거리의 제곱에 반비례한다.

② 피조면(被照面)에 입사하는 광속의 면적밀도를 말한다. 피조면 상의 한 점 주위 화소를 dS, 입사 광속을 dF 라 하면 그 점의 조도는 dF/dS 이다. 어느 면의 평균 조도는 그 면이 받는 광속 F 와 그 면의 면적 S 와의 비 F/S 로 나타낸다. 기호는 E, 단위는 럭스, 포토, 푸트 캔들 등을 사용한다.

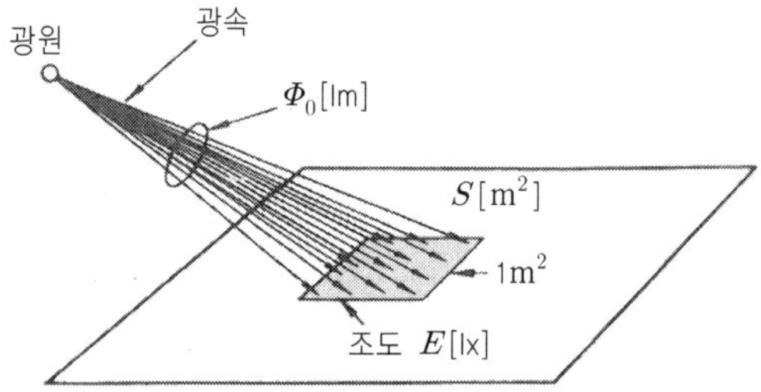

$S[m^2]$의 면에 광속 Φ_0[lm]가 닿는 경우의 면의 평균 조도 E는

$$E = \frac{\Phi}{S}[lx]$$

[그림 4-45] 조도의 계산

③ 조도계(照度計 : Illuminometer) : 조도를 측정하는 계기로서 가장 많이 보급되고 있는 것은 광전지 조도계이다. 수광기는 셀렌의 얇은 금속판으로, 여기에 빛이 닿으면 빛의 양에 비례한 기전력이 발생하여 전류가 흐른다. 이 전류를 광전류라 한다. 이 전류는 눈의 시감도와 근사하므로 전류계를 동작시켜 조도로 읽도록 되어 있다. 조도계의 종류는 광전지 조도계, 광전관 조도계, 디지털 조도계가 있다.

④ 조도는 우리 생활환경에 따라 다르며 장소 및 작업의 종류에 따라 필요한 조도 또한 각기 다르다. 조도가 적당하면 눈의 피로가 적어지고 일이 능률이 상승한다.

⑤ 장소에 따른 적당한 조도

구 분	조명장소	적정조도(lux)
주택	정밀한 작업 장소 독서, 공부방 거실 현관, 복도, 계단	1,500~700 700~300 150~70 70~30
공장	전자부품 조립라인 초정밀작업, 활자 검사등 프레스, 성형, 인쇄, 검사 조작업, 염색등 창고등	2,000~1,000 1,500~700 300~150 150~70 30~15
사무실	설계, 제도, 컴퓨터실 일반사무, 문서열람실 회의실, 응접실, 식당 엘리베이터홀 등	1,500~700 700~300 500~200 150~70

⑥ 작업등급에 따른 기준조도

기준조도 / 작업등급	국가별	최저 허용조도(lx)	표준 기준조도(lx)	최고 허용조도(lx)
초정밀	한국 미국 일본	1,500 2,000 1,500	2,000 3,000 2,000	3,000 5,000 3,000
정밀	한국 미국 일본	600 1,000 750	1,000 1,500 1,000	1,500 2,000 1,500
보통	한국 미국 일본	300 500 300	400 750 500	600 1,000 750
단순	한국 미국 일본	150 200 150	200 300 200	300 500 300

실험실습

1) 다음의 A/D 변환기용 IC ADC0804를 이용하여 조도측정기를 구성하고 CdS에 가해지는 광량을 조절하면서 표시 숫자의 변화를 확인한다.

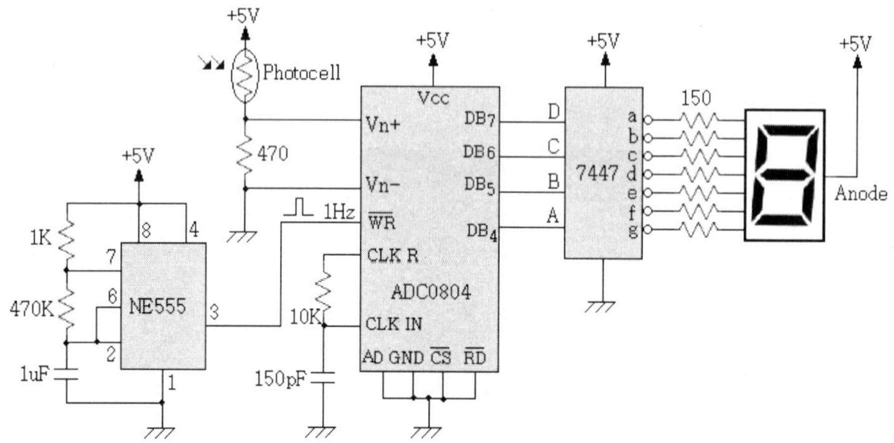

2) 실제 조도계를 사용하여 동일한 장소와 조건으로 조도를 측정한 후 실습한 조도측정기를 교정한다.

3) 다음의 환풍기 제어회로를 구성하여 동작을 시험하고 모터가 구동되는 온도를 측정한다.

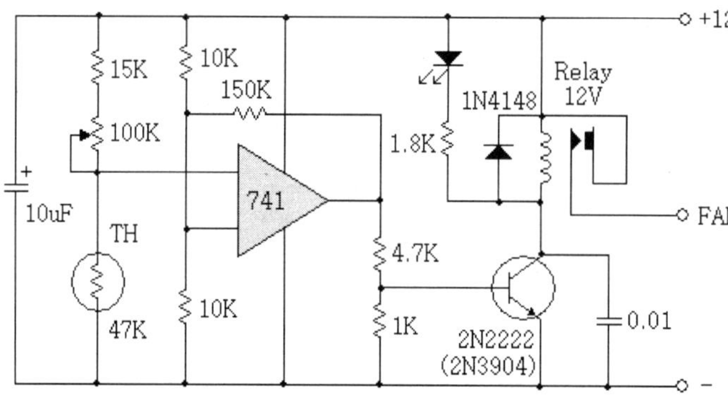

4) 위 회로에 AD 변환기용 IC ADC0804를 이용하여 실내온도를 측정할 수 있는 회로를 부가하고 실내온도를 임의로 설정하여 설정온도에서 모터가 구동되도록 한다.

4-9 | 스텝 모터 컨트롤러

(1) 스텝 모터

스텝 모터(Stepper Motor; Pulse Motor, Stepping Motor)가 가지는 독특한 특성과 정확한 위치 제어 때문에 OA, FA 등에 많이 사용되고 있다. 스테핑 모터는 AC 서보, DC 서보 모터에 비하여 값이 싸고 정확한 각도 제어에 유리하여 우리 주위에서 쉽게 접할 수가 있다.

일반적으로 기계적인 이동량을 정밀하게 제어하는 일에 DC 서보 모터나 스테핑 모터가 많이 사용되고 있으며, 특히 스테핑 모터는 펄스에 의해 디지털적으로 제어하는 것이 가능하므로 마이컴에서 사용하기에 적합한 모터이다. 스테핑 모터가 DC 모터나 AC 모터와 크게 다른 점은 모터의 샤프트(Shaft)의 위치를 검출하기 위한 피드백 없이, 정해진 각도를 회전하고, 상당히 높은 정확도로 정지할 수 있다는 점이다. 그리고 시스템이 짜인 뒤에도 초기 성능이 만족하여 있으면, 경년변화가 적고, 보수가 용이하며, 매우 신뢰성이 높은 시스템을 구성할 수 있다.

또 다른 모터에 비해 정지 시 매우 큰 유지 토크(정지 토크)가 있기 때문에 전자 브레이크 등의 유지 기구를 필요로 하지 않는다. 회전속도에 있어서도 스테핑 모터에 부여하는 펄스 비(Pulse Rate)에 비례하므로 임의로 제어할 수 있다. 스테핑 모터는 시리얼 프린트(Serial Print)의 종이 보내기 제어, 프린터 헤드의 인자위치 제어, XY 플로터의 펜 위치 제어나 플로피디스크의 헤드 위치 제어, 지폐 계수기, 봉재기기, 전동타자기, 팩시밀리 등에도 사용되고 있다.

[그림 4-46] 유니폴러 스텝 모터의 외형

(2) 스텝 모터의 특징

1) 장 점

① 모터의 총 회전각은 입력 펄스 수의 총수에 비례하고, 모터의 속도는 1초간 당의 입력 펄스 수에 비례한다.
② 1스텝당 각도 오차가 5% 이내이며 회전각 오차는 스텝마다 누적되지 않는다.
③ 회전각 검출을 위한 피드백이 불필요하여, 제어계가 간단해서 가격이 상대적으로 저렴하다.
④ DC 모터 등과 같이 브러시(Brush) 교환 등과 같은 보수를 필요로 하지 않고 신뢰성이 높다.
⑤ 모터 축에 직결함으로써 초저속 동기 회전이 가능하나.
⑥ 기동 및 정지 응답성이 양호하므로 서보모터로 사용할 수 있다.

2) 단 점

① 특정 주파수에서 진동 · 공진 현상이 발생하기 쉽고, 관성이 있는 부하에 약하다.
② 고속운전 시에 탈조하기 쉽다.
③ 보통의 드라이버도 구동 시에는 권선의 인덕턴스 영향으로 인하여 권선에 충분한 전류를 흘리게 할 수 없으므로 펄스 비가 상승함에 따라 토크가 저하하며 DC 모터에 비해 효율이 떨어진다.

(3) 스텝 모터의 동작원리

스텝 모터에서 그 내부를 구성하는 고정자라고 하는 극의 수에 따라 단상(1상), 2상, 3상, 4상, 5상, 6상 등의 종류가 있으며, 기본적으로 이 극의 수에 따라 모터의 스텝 각 등의 기본 특성이 달라진다. 여기서는 일반적으로 가장 많이 사용되고 있는 4상 스텝 모터를 예로 들어 동작원리를 알아본다.

모터는 회전자(Rotor)와 고정자(Stator)로 구성되어 있으며 [그림 4-47]과 같이 회전자에는 축방향으로 자화된 영구자석과 그 바깥쪽에 회전자 이빨의 철심 A, B가 있다. 그리고 각각 N극과 S극으로 자화되고, 철심 A와 B와의 이빨은 반 피치가 어긋나 있다.

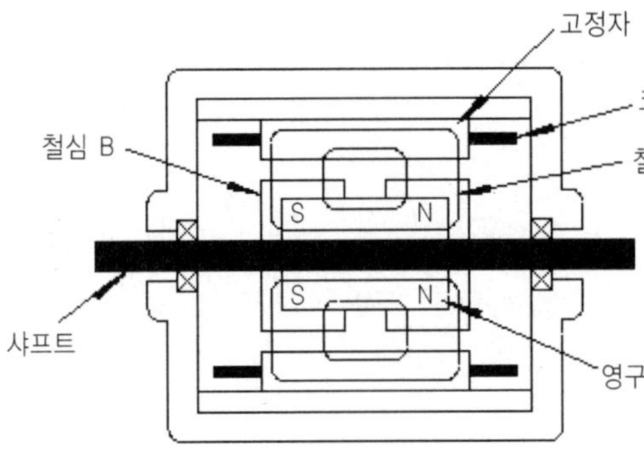

[그림 4-47] 고정자와 회전자의 구성

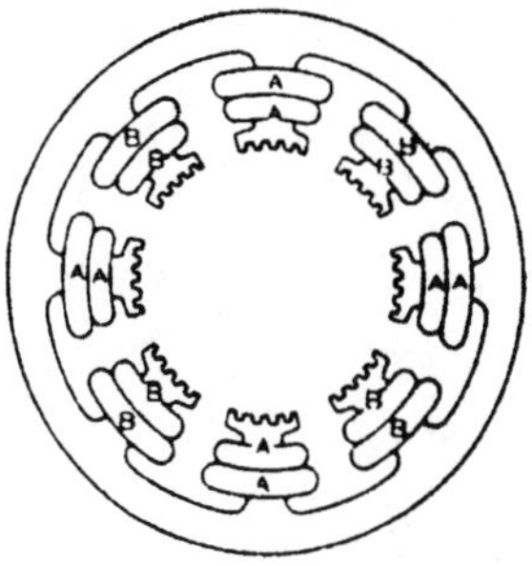

[그림 4-48] 권선의 상태

고정자에는 4상의 여자 코일이 [그림 4-48]과 같이 감겨져 있다. 그리고 코일에 직류를 흐르게 함으로써 고정자는 자화되고 회전자를 끌어당긴다. 또 A상과 A'상, B상, B'상은 감은 방향이 반대로 되어 있으며, 반대의 극성이 발생한다. 각 상씩 여자할 때의 상태를 [그림 4-49]에 나타낸다.

또한 스텝 각이 1.8° 의 일반적인 4상 모터에서는 회전자 쪽에는 50회전자 이빨, 고정자 쪽에는 48의 고정 이빨이 각각 등간격으로 만들어져 있다. 그 약도가 [그림 4-50]에 있으며, 이 그림은 S극 쪽을 나타내고 A상이 여자된 위치이다.

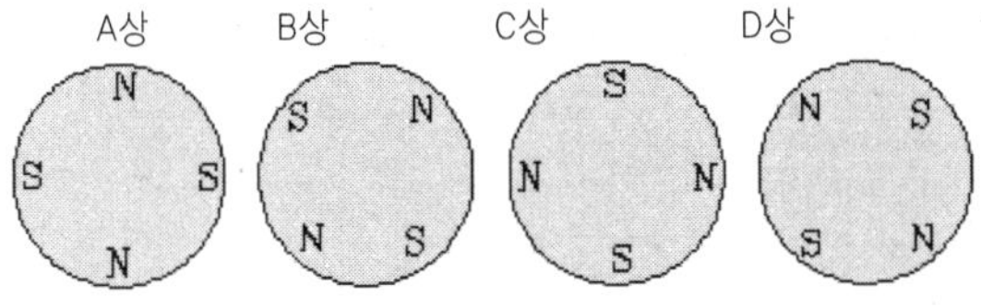

[그림 4-49] 각 상이 여자되었을 때의 극의 상태

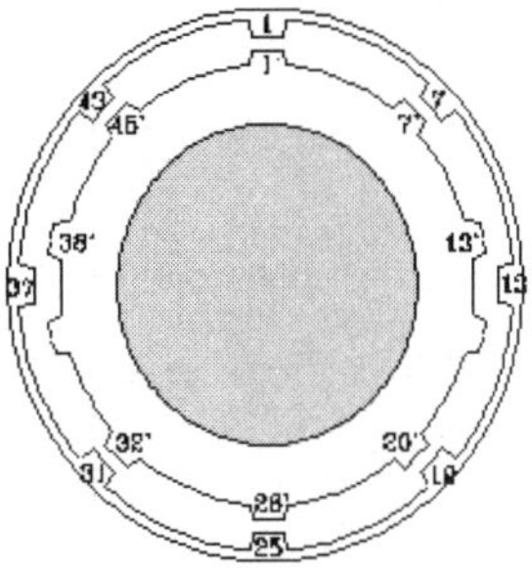

[그림 4-50] 고정자 이빨과 회전자 이빨과의 관계

1) 기본 동작법

여기서는 모터의 기본 동작을 아는 것이 목적이므로 간단히 스위치로 모터의 여자를 변환해서 회전시켜 본다. 따라서 소전류로 동작하는 스테핑 모터가 알맞다. 일반적으로 쉽게 구할 수 있고 센터 탭(Center Tap)이 있는 스텝 각도 15° 라는 시방의 모터이다. 모터에 나와 있는 코일의 리드 선은 모터의 종류나 메이커에 따라 다르지만, 대강 [그림 4-51]과 같이 되어 있다.

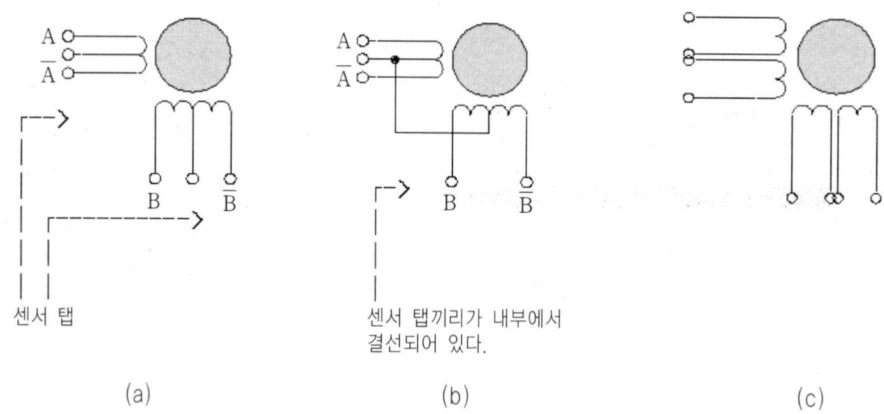

[그림 4-51] 스텝 모터의 결선 예

왼쪽 그림과 같이 코일의 센터 탭이 단독으로 나와 있는 것과, 내부에서 센터 탭끼리 서로 접속되어 한 가닥이 나오는 가운데 그림과 같은 것이 있다. 일반적으로는 왼쪽 그림의 유형으로 되어 있다. 모터와 스위치 및 전원의 결선은 [그림 4-52]와 같다.

전원은 원래 모터의 V_{CC}보다 같거나 좀 낮은 것을 쓴다. 우선 스위치 S_1~S_4를 모두 Off한 다음 전원을 접속한다.

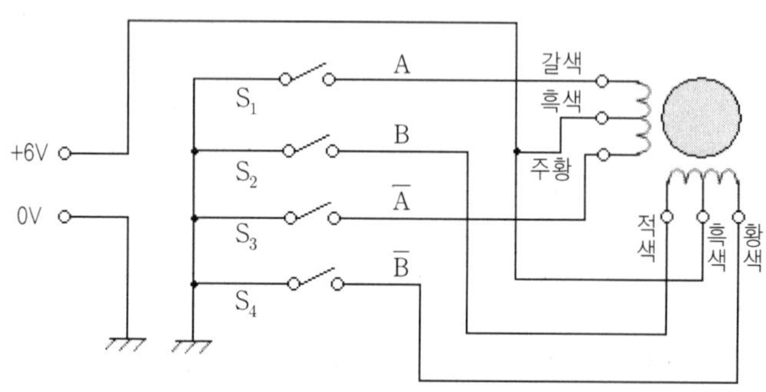

[그림 4-52] 모터와 스위치와의 결선

2) 회전시키기 위한 순서

회전법에는 여자방법에 따라 1상, 2상, 1-2상 여자방법이 있다. 여기서는 비교적 쉬운 1-2상 여자방법을 택한다.

CCW ↑

STEP	S_1	S_2	S_3	S_4
1	O			
2	O	O		
3		O		
4		O	O	
5			O	
6			O	O
7				O
8	O			O
1	O			

CW ↓

(a)

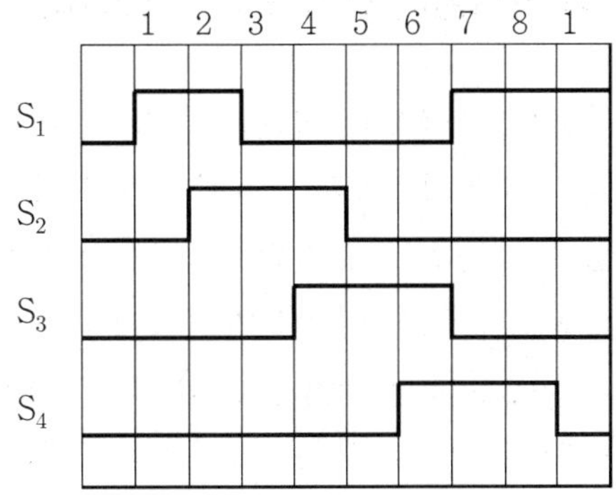

(b)

[그림 4-53] 스위치의 On/Off 순서

[그림 4-53]의 순서와 같이 스위치를 On/Off하여 보자.

우선 S_1을 On 한다. 그러면 그때까지는 모든 코일이 Off 상태(비여자상태)이므로 코일에 처음으로 전류가 흐르게 된다. 따라서 이때 스텝 각은 반드시 정해진 각도는 되지 않는다. 즉, 여자상태에서의 정지와 비여자상태에서의 정지는 틀린다. 그리고 다음의 스위치에 의한 여자부터 정상동작이 된다. 그러면 S_2를 On 한다. 이것으로 a상, b상이 함께 여자된 것이 된다. 그리고 이때의 변위각은 약 7.5° 이다. 다시 스위치를 전환시켜 본다.

다음은 S_1을 Off로 한다. 즉 b상만 여자되어 있는 상태이다. 이때도 7.5° 쯤 시계방향으로 회전하고 있다. 그런데 모터의 특성에서는 스텝 각은 15° 이지만 여기선 7.5° 이다. 실은 1-2상 여자는 1상, 2상 여자와는 달리 스텝 각이 절반이다.

[그림 4-53]의 순서와 같이 스위치를 전환하면 모터는 시계방향으로 회전한다. 그래서 어느 정도 회전시켰으면 이번에는 스위치를 반대방향으로 On/Off를 실행해 보기 바란다. 그러면 반시계방향으로 7.5° 씩 회전하고 최후에는 원위치로 복귀할 것이다.

이 사실에서 스테핑 모터는 여자하는 순서에 따라서 일정 각도의 회전을 하고 여자상이 변화했을 때에 회전하는 것을 안다. 또 여자 중, 즉 코일에 전류가 계속해서 흐르고 있는 동안은 모터 축은 일정 위치로 유지된다.

(4) 바이폴러 스텝 모터 드라이버

[그림 4-54]의 회로는 초퍼 드라이브 기반의 고전류 바이폴러 스테핑 모터 컨트롤러 회로이다. 초퍼 드라이브는 스테핑 모터에 정전류를 공급함으로써 고속회전과 성능을 개선한 전압전원 공급 방식이다.

초퍼 드라이버 방식의 컨트롤러 IC 소자는 L297과 L298이다. 이 회로의 논리회로부 전원(Logic Supply)은 DC 5V, 300mA이며 모터 전원(Motor Supply)은 DC 8~30V이다. [그림 4-55]은 바이폴러 스텝 모터의 외형과 구조이다.

[그림 4-56]에 Stepper Motor Controller IC L297의 핀 기능 및 내부 회로를 보였고, 또한 [그림 4-57]에서 L297과 L298의 연결방법을 보였다.

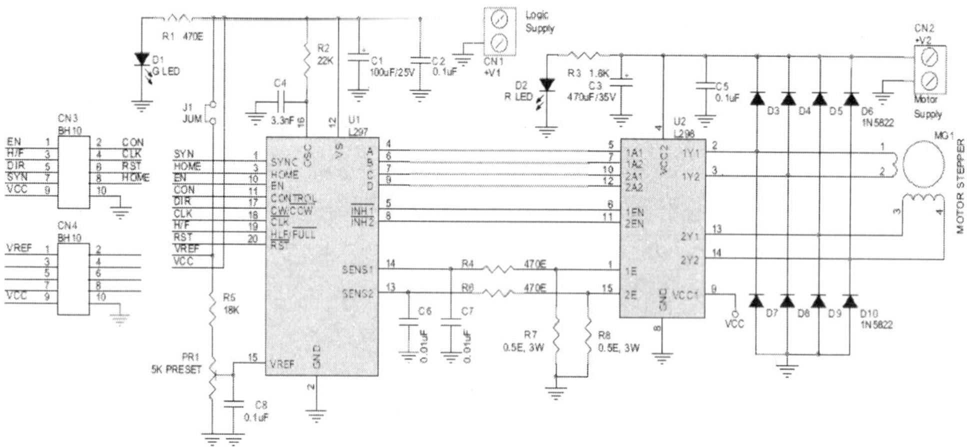

[그림 4-54] 스텝 모터 드라이버

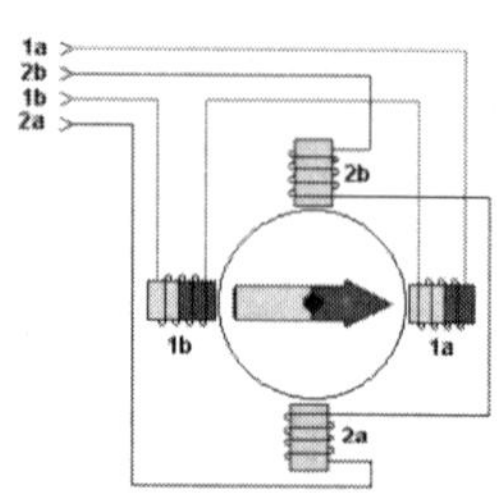

[그림 4-55] 바이폴러 스텝 모터

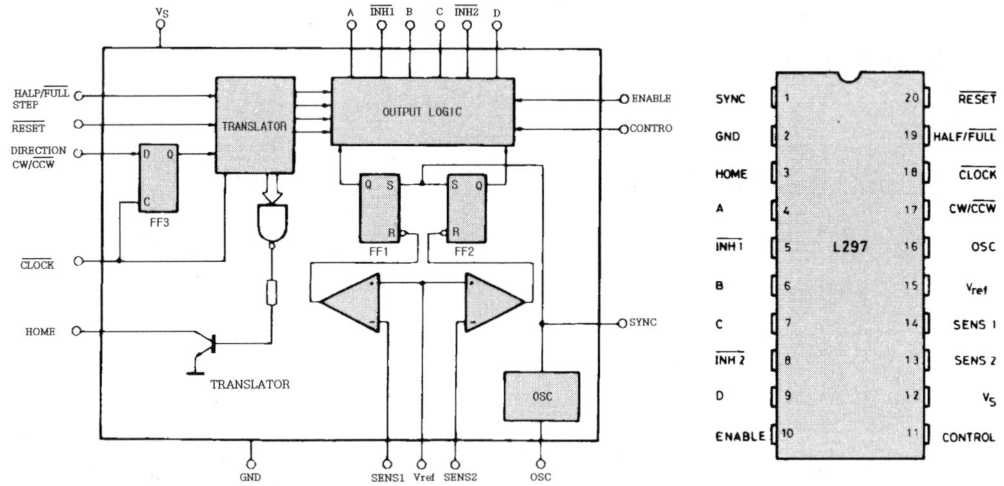

[그림 4-56] Stepper Motor Controller L297의 핀 기능 및 내부 회로

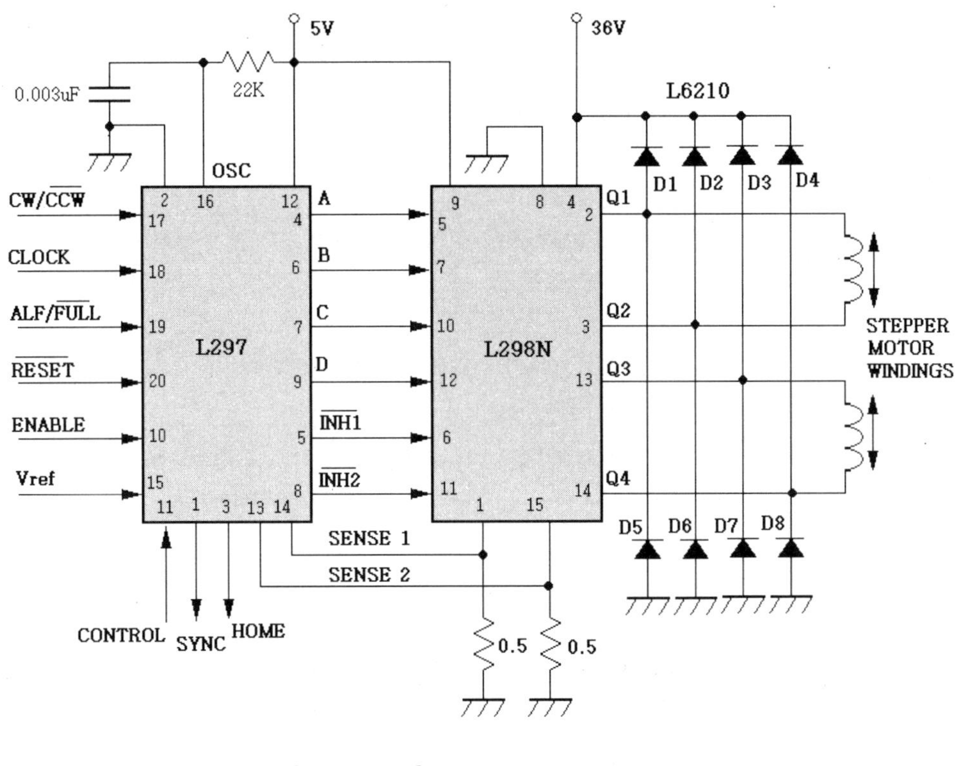

[그림 4-57] L297과 L298의 연결

실험실습

(1) 간단한 스텝 모터 구동

1) 다음 회로를 구성하여 STEP 입력단자에 PWM 펄스를 가하여 스텝 모터를 구동한다.

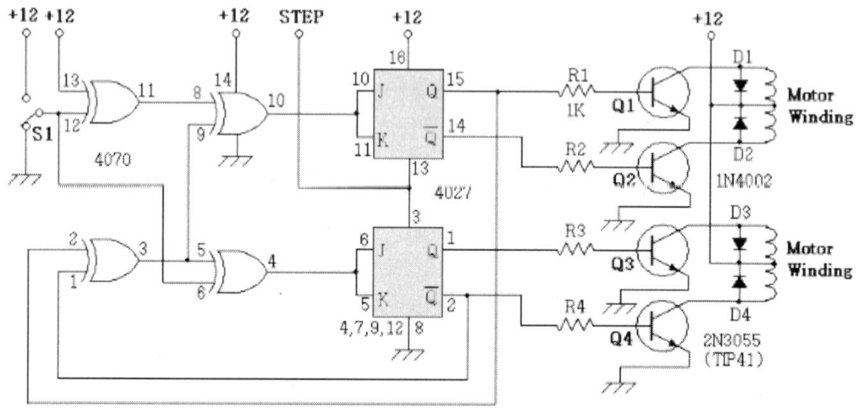

2) STEP 펄스 주파수를 변화시키면서 구동상태를 확인한다.
3) NE555 등을 이용한 STEP 펄스 발생기를 구성하여 STEP 입력에 연결하여 구동한다.
4) S_1을 GND 측에 위치시킨 상태에서 모터의 회전방향을 확인하고 드라이브용 TR에 공급되는 구동 펄스를 측정한다.
5) S_1을 V_{CC} 측에 위치시키고 모터의 회전방향을 확인하고 드라이브용 TR에 공급되는 구동 펄스를 측정한다. 다음 그림은 TR 2N3055의 외형과 핀 구조이다.

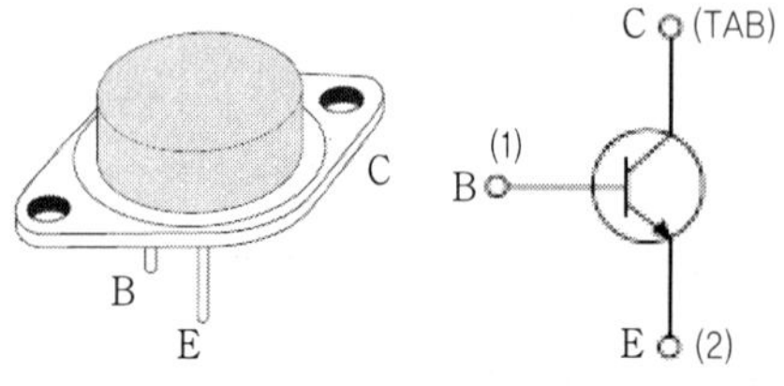

6) 다음 그래프에 논리회로를 이용한 구동회로 타이밍 차트를 작성한다.

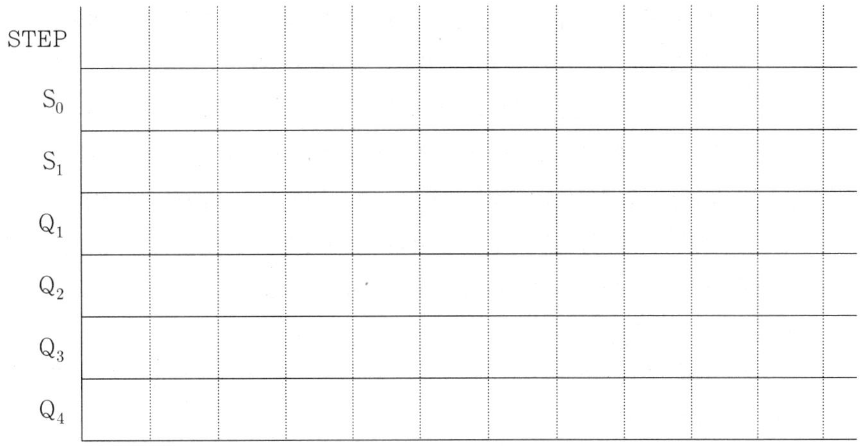

(2) 범용 IC를 이용한 스텝 모터 구동

1) 다음 그림의 4bit 양방향 시프트 레지스터를 이용한 구동회로를 구성하고 동작특성을 측정한다.

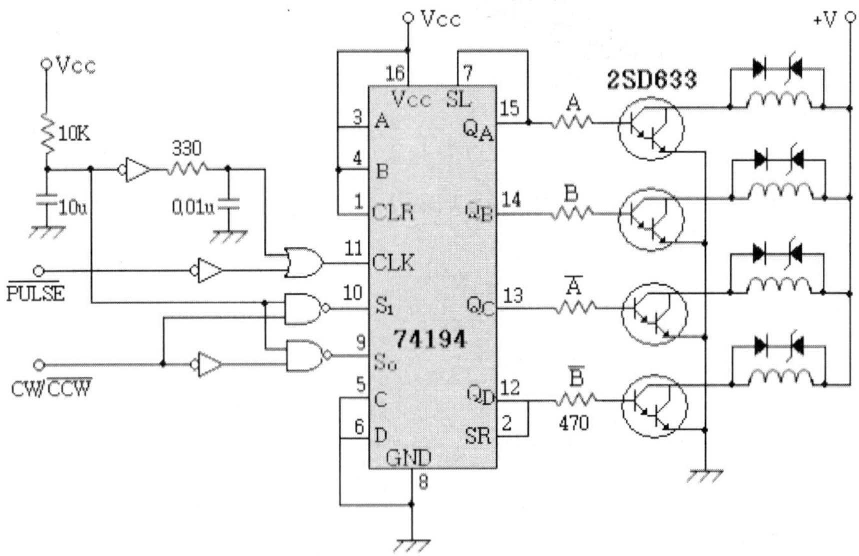

① 시프트 레지스터 74194를 이용한 이 회로는 전원공급 시 병렬입력 2bit(A, B)에 'H'를 로드하고 펄스 발생회로로부터 펄스가 들어올 때마다 오른쪽이나 왼쪽(CW나 CCW)에 시프트한다. 펄스회로는 모터를 구동하는 속도를 결정하기 위한 펄스열을 여기에 추가하는 셈이다. 또 1bit(A)를 'H'에 나머지 bit(B, C, D)를 'L'에 로드하도록 구성하면 1상 여자회로가 된다.

② 이 회로의 동작은 전원을 On하면 콘덴서 10μF으로 충전하는 사이에 S_1, S_0을 'H'로 세트하고 양쪽 'H'일 때 약간 뒤진 클록에 의해 A와 D의 입력 데이터가 내부 플립플롭을 세트한다. 양방향 시프트 레지스터 74194의 Q_A를 SL에 Q_D를 SR에 접속하고 있기 때문에 펄스가 들어갈 때마다 2bit의 'H' 데이터는 오른쪽이나 왼쪽(CW나 CCW)으로 계속해서 회전한다. 1상 여자로 하려면 74194의 A입력을 Vcc로 하고 B, C, D입력을 GND로 연결하면 된다.

③ 그림과 같은 시프트 레지스터 74194를 이용한 스테핑 모터 구동회로를 구성한다.

④ 펄스 발생기와 정역(CW/CCW) 제어회로를 구성하여 회로에 연결하여 동작실험을 한다.

⑤ 회로의 동작상태를 타이밍 차트를 작성하여 확인한다. 다음 그림은 달링턴 트랜지스터의 외형과 핀 구조이다.

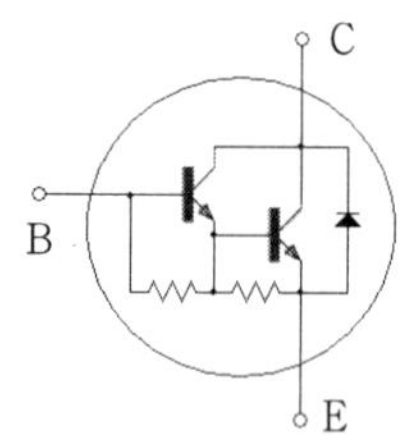

⑥ 74194를 이용한 구동회로 타이밍 차트

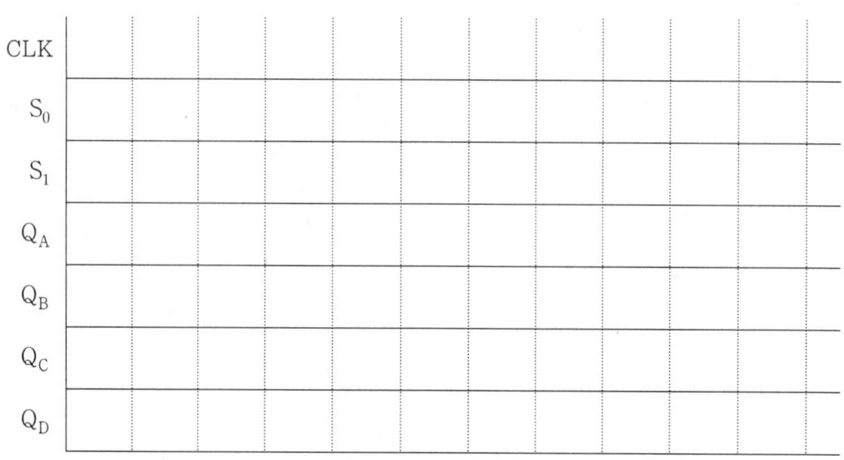

2) 다음 그림의 시프트 레지스터를 이용한 1-2상 구동회로를 구성하고 동작특성을 측정한다.

① 이 회로는 8bit 양방향 시프트 레지스터 74198을 이용한 회로로서 2상 여자와 마찬가지로 전원을 공급하면 병렬입력 3bit(A, B, C)를 'H'에 로드하고 오른쪽이나 왼쪽(CW나 CCW)에 시프트한다. 또 4bit(A, B, C, D)를 'H'로 로드하도록 구성하면 2상 여자회로가 된다. 또한 이 회로는 8bit 시프트 레지스터를 사용하고 있으므로 출력은 1bit간격(Q_A, Q_B, Q_C, Q_D)으로 취하고 1펄스 입력으로 1시프트가 된다.

② 이 회로의 동작은 전원을 On하면 콘덴서 10μF으로 충전하는 동안 S_1, S_0는 'H'로 되고 양쪽 'H'일 때에 약간 뒤진 클록에 의해 A~H의 입력 데이터가 내부 플립플롭을 세트한다. 양방향 시프트 레지스터 74198의 Q_A를 SL에 Q_H를 SR에 접속하고 있기 때문에 부펄스가 들어갈 때마다 3bit의 'H' 데이터는 오른쪽이나 왼쪽(CW나 CCW)으로 계속해서 회전한다. 8bit 출력 중 하나 건너 출력에 접속되어 있기 때문에 1출력이 'H'인 경우와 2출력이 'H'인 경우를 교대로 반복한다, D입력을 'H'로 하면 2펄스로 1상 시프트의 2상여자로 된다.

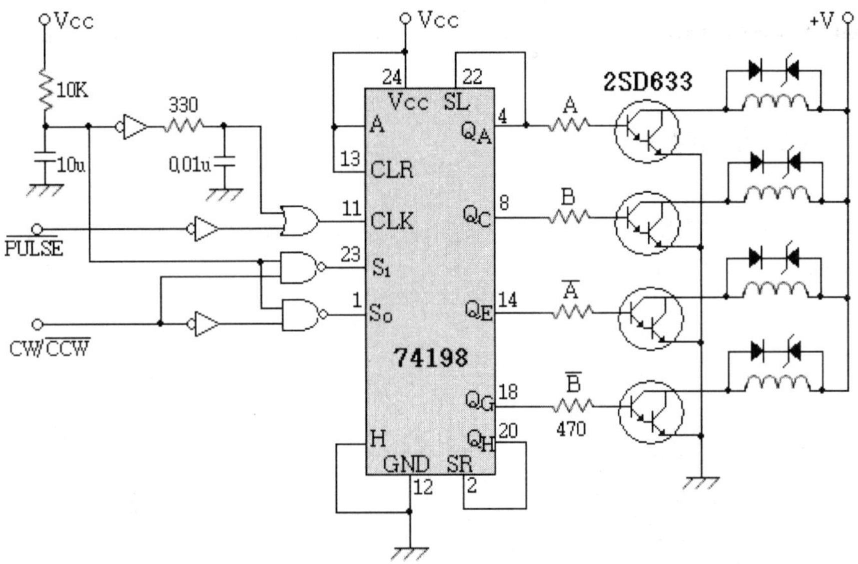

③ 시프트 레지스터 74198를 이용한 스텝 모터 구동회로를 구성한다.

④ 펄스 발생기와 정역(CW/CCW) 제어회로를 구성하여 회로에 연결하여 동작실험을 한다.

⑤ 회로의 동작상태를 타이밍 차트를 작성하여 확인한다.

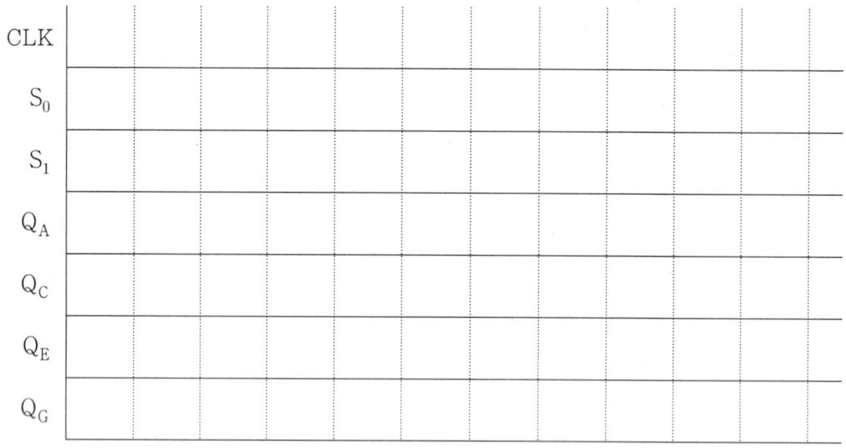

4-10 | 기타 응용회로

(1) 멜로디 도어링거

멜로디 도어링거(Melody Door Ringer) 회로를 구성하여 동작을 확인하고 회로의 동작원리를 해석한다.

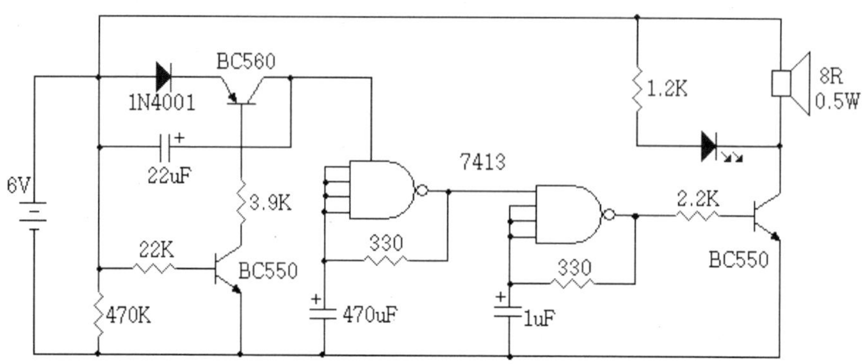

[그림 4-58] 멜로디 도어링거 회로

(2) MOSFET TESTER

이 회로는 모든 불량 MOSFET의 모든 결함 MOSFET 조건을 테스트할 수 있다. MOSFET이 정상동작하면 비안정 멀티바이브레이터는 정상동작을 하며 LED가 점멸한다. 비정상 MOSFET는 멀티바이브레이터가 부동작상태가 되므로 LED가 점멸하지 않는다. 회로의 MOSFET의 다른 반쪽은 회로가 저렴하게 하기 위해 NPN 트랜지스터를 사용한다. 오른쪽으로 NPN 트랜지스터는 MOSFET의 드레인에서 펄스를 받아 LED를 드라이브하기 위한 공통 이미터 버퍼로 사용된다.

피측정 N-MOSFET를 회로의 MOSFET 위치에 접속하고 테스트한다. P-MOSFET를 측정하는 회로구성을 한다. 이 회로를 제작하여 실전에 활용한다.

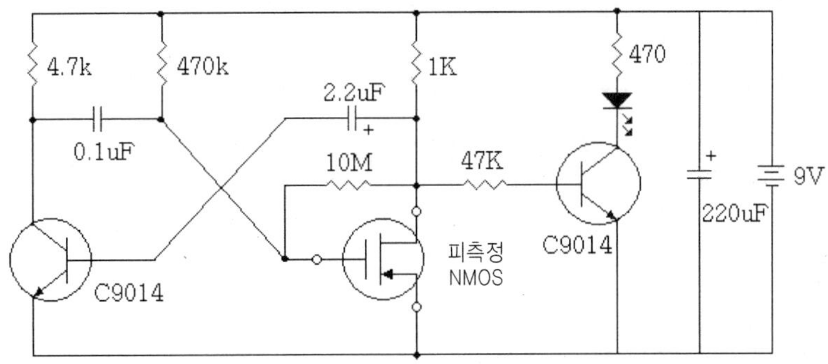

[그림 4-59] MOSFET TESTER 회로

(3) CMOS 로직 프로브

로직 프로브(Logic Probe)를 제작하여 실전에 활용한다.

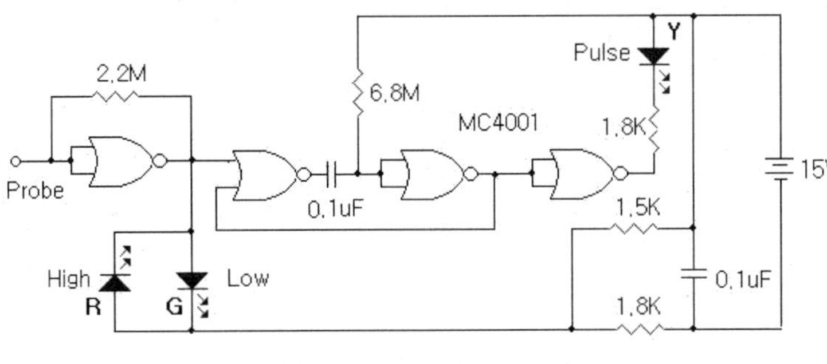

[그림 4-60] CMOS 로직 프로브 회로

(4) 서보 테스터

서보 테스터(Servo Tester)를 제작하여 실전에 활용한다.

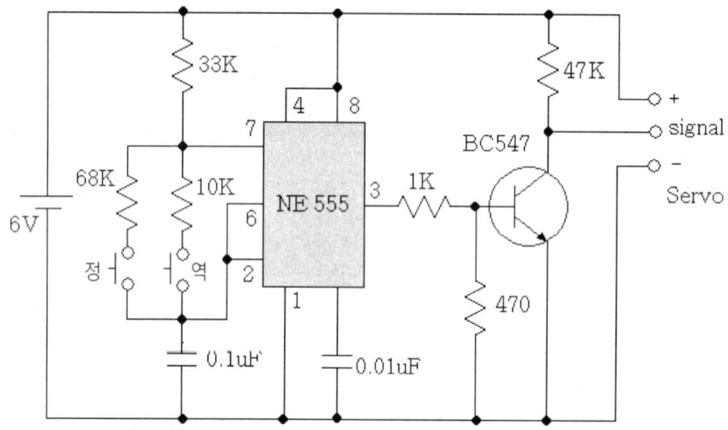

[그림 4-61] 서보 테스터 회로

(5) 경광등

경광등 회로의 동작원리를 해석하고 경광등 회로를 보완하여 도난경보기 회로를 구성한다.

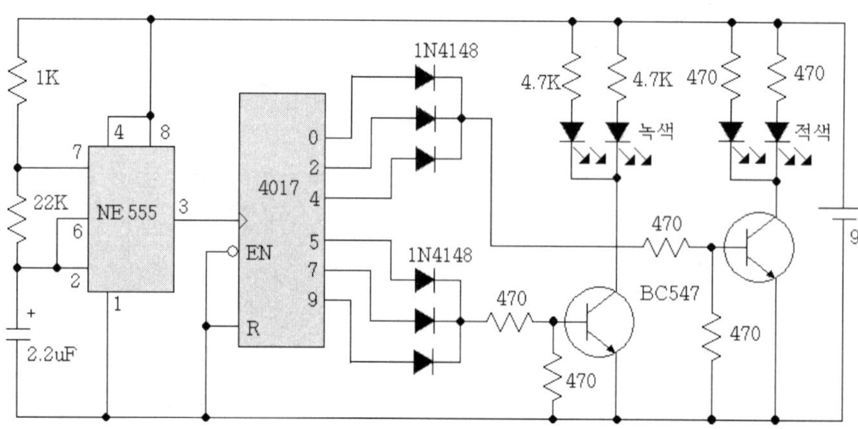

[그림 4-62] 경광등 회로

(6) Security Door Electronic Key

이 회로는 4조의 양방향 전류 스위치 IC 4066을 이용한 단순한 전자키 회로로서 1, 4, 7번 SW를 IC의 전류 스위치 Enable 단자에 연결한 것이다.

감금장치를 해제하려면 내부에서는 스위치 S_1을 외부에서는 스위치 S_{12}를 누른다.

이 회로의 비밀번호는 147이며 IC 내부의 전류 스위치 Enable 단자(13, 5, 6번 핀)에 연결되어 있다. 만약 비밀번호를 변경하려면 IC 내부의 전류 스위치 Enable 단자를 임의 다른 SW에 연결하면 된다.

이 회로에서 Photo Coupler 신호는 전송되나 입력 측과 출력 측을 전기적으로 절연하여 회로를 보호하는 작용을 한다. Photo Coupler 출력단에 릴레이나 SSR 등을 사용하여 전동문을 연결하여 사용한다. 이 회로를 구성하여 동작을 확인하고 동작원리를 해석한다.

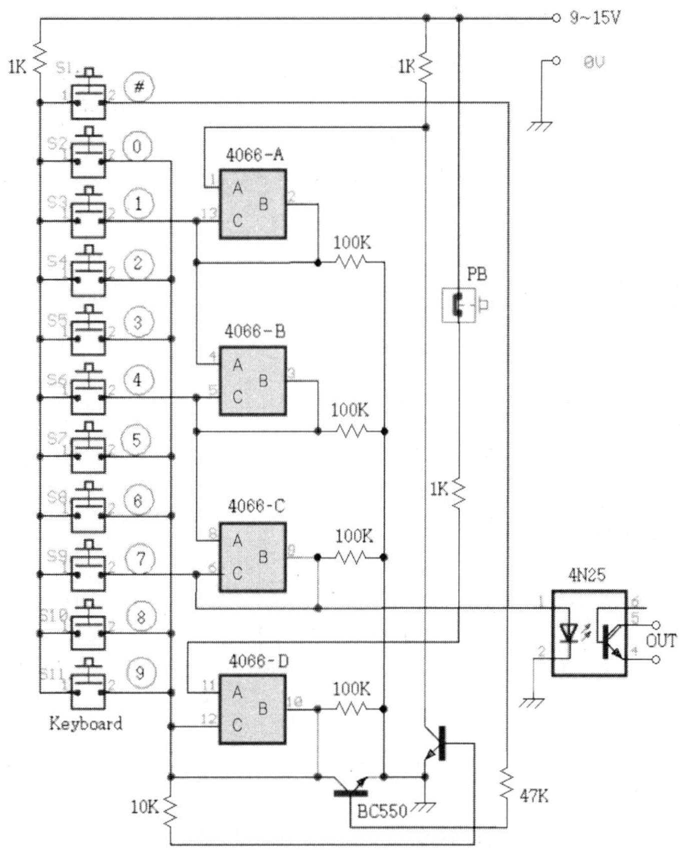

[그림 4-63] Electronics Door Key 회로

(7) Wide Rage Timer

1분에서 20시간까지 세팅이 가능한 가변 타이머 회로이며 3접점 2회로 로터리 스위치를 사용하여 타이머 시간을 세팅한다. 이 회로의 동작을 해석하고 동작을 시험한다.

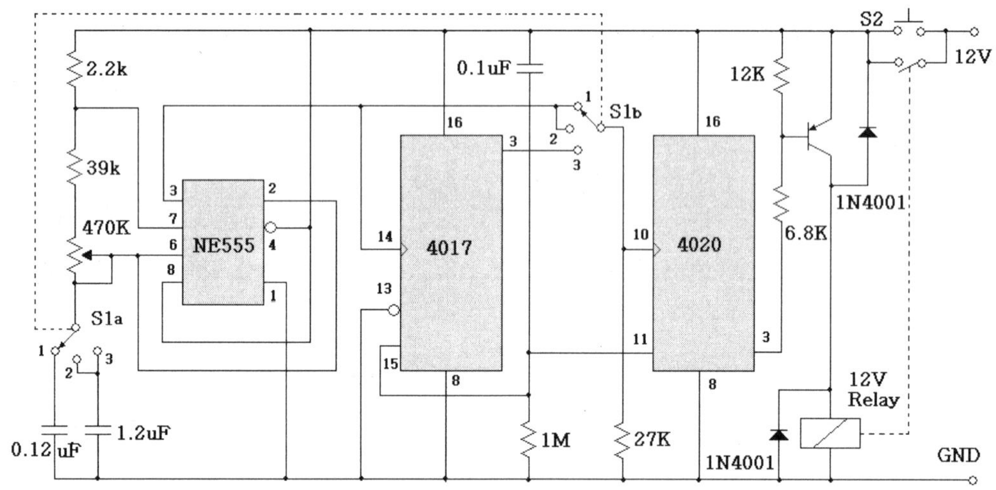

[그림 4-64] Wide Rage Timer

(8) 자동 야간조명 회로

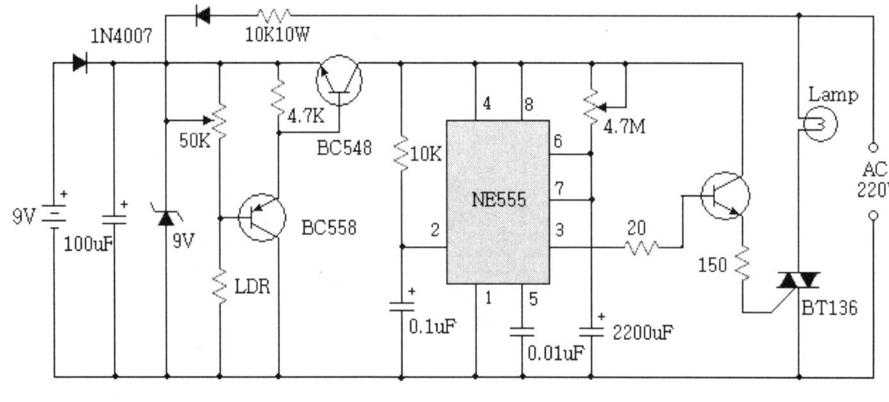

[그림 4-65] 자동 야간조명 회로

① 자동 야간조명(Automatic Night Light) 회로를 구성하여 동작을 확인한다.

② 어두워지면 설정된 일정 시간(약 3시간; 4.7MΩ로 설정)동안 램프는 점등되고, 밝아지면 설정된 시간 후에 소등되는 회로이다. 동작원리를 해석한다.

(9) 함수 발진기

① [그림 4-66]의 회로는 듀얼(Dual) 범용 연산 증폭기 LM1458 IC 2개를 사용한 함수 발진기이다. 이 회로는 구형파 · 삼각파 · 정현파 신호를 발생한다.

② 이 회로를 구성하여 동작을 확인한다.

③ 이 함수 발진기의 주파수를 가변할 수 있도록 회로를 보완한다.

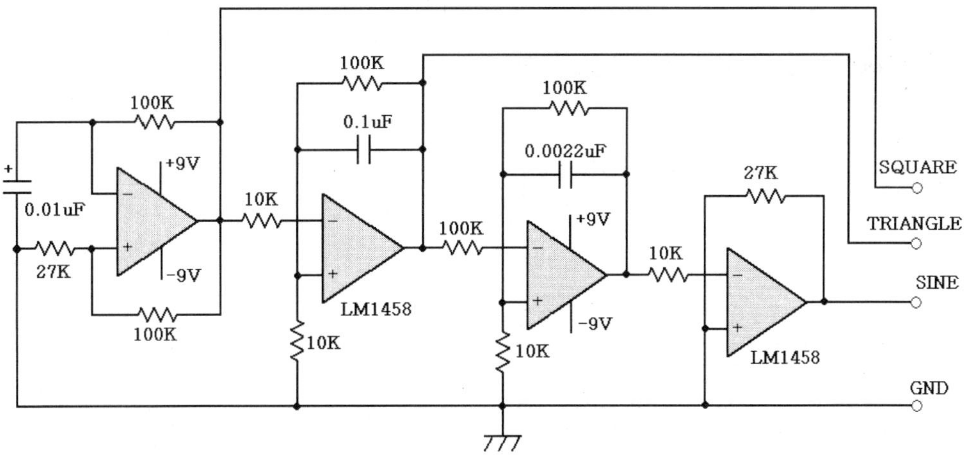

[그림 4-66] 함수 발진기

(10) 적외선 리모컨(Transmitter와 Receiver)

① [그림 4-67]의 회로는 적외선 LED를 이용한 송신기와 포토트랜지스터를 사용한 수신기로 구성된 리모컨 회로이다. 이 회로를 구성하고 동작을 확인한다.

② 적외선 송신기의 주파수를 측정한다.

③ 수신기 출력단에 릴레이나 SSR을 연결하여 모터나 전구 부하를 컨트롤해 본다.

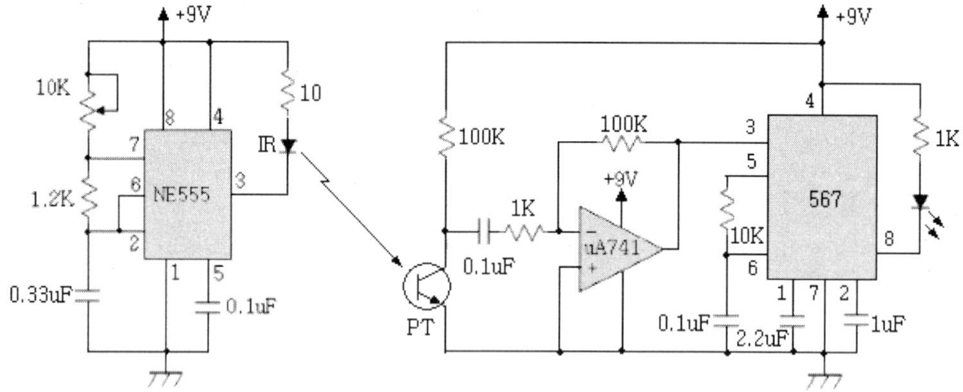

[그림 4-67] 적외선 Remote Control System

(11) Pseudo-Random Voltage Generator

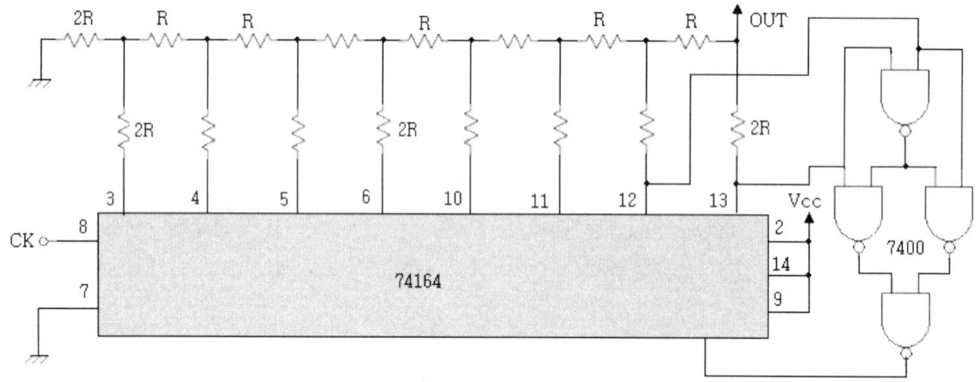

[그림 4-68] Pseudo-Random Voltage Generator

(12) 8 Bit Serial-to-Parallel Data Converter

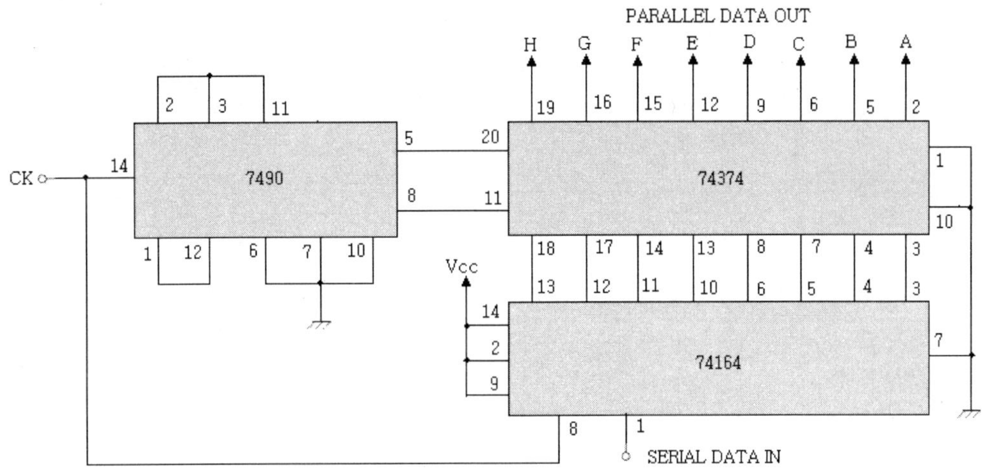

[그림 4-69] 8 Bit Serial-to-Parallel Data Converter

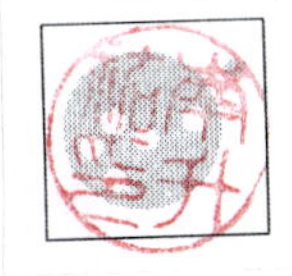

디지털 전자회로

2013년 8월 25일 1판 1쇄 발행

저 자 박문수 · 남채우
발행인 남 승 우

발행처 도서출판 상尙 학學 당堂

서울시 동작구 사당로9가길 6(사당동)
TEL : 02) 595-1692 ~ 4
FAX : 02) 595-1394
E-mail : namdoo6@unitel.co.kr

신고 : 2-155호 (1968. 11. 29)

정가 22,000원

ISBN 978-89-6587-083-8 93560

〈디자인〉 편집 이선경 / 표지 나아기획